물리학 속의 첨단과학

저자 소개

손종역
경희대학교 응용물리학과 교수

물리학 속의 첨단과학

초판 발행 2024년 02월 28일

지은이 손종역
펴낸이 류원식
펴낸곳 교문사

편집팀장 성혜진 | **책임진행** 윤정선 | **디자인 · 편집** 신나리

주소 10881, 경기도 파주시 문발로 116
대표전화 031-955-6111 | **팩스** 031-955-0955
홈페이지 www.gyomoon.com | **이메일** genie@gyomoon.com
등록번호 1968.10.28. 제406-2006-000035호

ISBN 978-89-363-2532-9 (93420)
정가 24,000원

ADVANCED SCIENCE

물리학 속의 첨단과학

WITHIN PHYSICS

손종역 지음

교문사

머리말

자연을 뜻하는 고대 그리스어 피지스(φύσις)에서 유래된 물리학(physics)은 물질로부터 발생하는 현상을 다루는 학문으로 정의된다. 초기의 물리학에서는 눈에 보이는 대상들, 즉 사과가 바닥으로 떨어지는 현상과 같이 눈으로 관찰되는 것이 중심이 되었다. 관성의 법칙, 힘의 법칙 그리고 작용·반작용의 법칙으로 구성되는 뉴턴의 물리학은 고전역학의 중심을 이루게 된다. 뉴턴의 사고에 큰 영향을 준 케플러의 행성 운동법칙은 천체들의 거동에 대한 기본적인 모델을 제시하게 되는데, 이는 은하계 중심에 있는 블랙홀을 중심으로 은하계를 구성하는 별들이 공전하는 것과 유사하다. 고전물리학의 중심에는 고전역학이 있으며 열역학, 전자기학, 광학, 파동 등의 다양한 분야가 포함된다.

현대물리학은 19세기 말부터 원자를 구성하는 전자, 핵, 양성자, 중성자 등과 같은 미시적인 물리계를 중심으로 발전한 양자역학, 상대성이론, 원자물리학, 입자물리학, 고체물리학 등으로 구성된다. 고전물리학의 중심에는 뉴턴역학이 있지만 현대물리학에는 양자역학과 상대론이 그 중심에 있다. 양자역학은 전자와 같이 작은 입자를 파동성과 입자성을 동시에 가진 대상으로 다루는 슈뢰딩거 방정식을 사용한다. 흥미롭게도 슈뢰딩거 방정식에서 파동성을 무시하면 뉴턴역학과 같아진다. 현대물리학으로 오면서 물리계를 구성하는 대상의 크기가 작아짐에 따라 파동성이 중요해져 물질들의 존재를 파동함수로 다루게 된다. 전자의 파동함수는 전자가 발견될 확률밀도함수로 전자는 모든 공간에서 확률적으로 존재할 수 있으므로 특정한 위치에 100% 확률을 가지고 있지 않는다. 이는 양자역학의 관점에서 물리계를 구성하는 물질들의 상태를 확률적으로 예측한다는 것을 뜻한다. "고전역학에서 주어진 예측이 정확하다고 할 수 없다"라는 물리관을 제시함으로써 고전물리학에 익숙한 물리학자들에게는 혼란을 주게 된다. 그 물리학자 중 한 사람이 바로 아인슈타인이며, 그는 이와 관련하여 "신은 주사위 놀이를 하지 않는다"라는 말을 남긴다.

양자역학에서 다루는 입자들은 질량과 크기가 작은 만큼 이동속도는 빛의 속도에 가까울 정도로 클 때가 있어 이를 다룰 때는 상대론적인 양자역학으로 불리는 양자장론을 다루게 된다. 재미있는 것은 물리학 관련 학과에서 양자역학을 대학원까지 다루지만, 양자장론은 잘 다루지 않는 것이다. 왜냐고 물어보면 "양자장론이 너무 난해한 수학으로 되어 있다" 또는 "가장 많이 쓰이는 분야는 입자물리학으로 전공하는 수효가 많지 않다"라고 다들 말한다. 그러나 최근 고체물리학 또는 반도체 소재 분야에서 많이 다루는 2차원 소재 중 하나인 그래핀은 전자 캐리어들의 질량이 없어지면서 빠른 속도로 움직이므로 이와 같은 저차원 소재에 대한 이해를 위한 양자장론의 필요성은 증가하고 있다.

물리학은 물리계에 따라서 다양한 물리 분야로 분류될 수 있다. 고전역학에서는 회전하는 팽이와 같이 눈에 보이는 물리계를 다루는 것이 중심이 되며, 천체물리학에서는 우주를 구성하는 중성자별이나 블랙홀과 같은 천체들이 물리계가 될 수 있다. 또한 도선에 전류가 흐를 때 도선 주변으로 자기장이 어떻게 형성되는지를 알려면 고전물리학을 구성하는 전자기학의 암페어의 법칙이 도움을 줄 수 있다. 도선에 전류가 흐른다는 것은 도선 내에 자유전자들이 흘러가고 있는 상태로 자유전자들을 고전역학의 입장으로 다룰지 또는 자유전자들의 파동함수를 고려하여 양자역학으로 다룰지에 대한 의문을 가질 수 있다. 도선을 이루는 금속 내 자유전자들은 금속을 이루는 원자, 즉 양이온과는 상호작용을 하며 온도가 높을 때 원자들의 진동, 즉 포논은 자유전자의 이동을 막는 역할을 한다. 고전역학인 전자기학에서 다루는 암페어의 법칙 내면에는 양자역학으로 이해될 수 있는 부분들도 분명 존재한다는 것이 흥미롭다.

전자기학에서 다루는 영구자석과 같은 자성체를 구성하는 원자들은 스핀을 갖는 전자들이 일정한 배열을 나타냄으로써 자성을 띠게 되며, 전자 사이 에너지 관계에 의한 스핀 정렬을 이해하기 위해서는 양자역학을 기반으로 하는 이해가 필요하다. 이처럼 다른 물리학 분야에서 다루는 물리계라 할지라도 어떻게 접근하는지에 따라서 양자역학이나 상대론 등의 또 다른 물리학 분야들에 의해서 이해될 수 있다는 것은 모든 물리계가 다양한 물리학 분야 간에 공통으로 적용될 수 있음을 나타낸다.

이 책에서는 우리가 주변에서 접할 수 있는 다양한 물리계에 포함된 다양한 물리학 분야의 물리법칙을 이해하는 것이 중심이 된다. 특히, 물리현상을 활용하는 라디오, 초음파 세척기, 망원경 등의 다양한 활용 분야와 양자점 LED, 단전자 트렌지스터, 강유전체 메모리, 양자 컴퓨터 등과 같은 첨단과학기술에 대해 다룬다. 또한 다양한 물리현상에서 파생될 수 있는 새로운 기술들을 고려해 봄으로써 새로운 기술에 대한 창의적인 생각들을 함께해 볼 수 있는 내용이 포함되어 있다. 다음과 같이 간단한 현상을 활용하는 주변 기술은 인류의 삶을 더욱 편리하게 해 주었다. 나뭇잎은 물이 잘 묻지 않는 소수성 표면으로 이루어져 있다. 작은 털 또는 왁스가 표면에 형성되어 있어 물이 표면에 묻는 것을 방지하여 오염이나 세균 증식이 억제된다. 이와 같은 소수성 표면의 성질은 물이 묻지 않는 자동차 유리 코팅제로 활용할 수 있다. 소수성 표면의 예로 전복 내부 껍질이 있는데, 전복의 내부 껍질은 수백 나노미터의 돌기구조로 인해 소수성 표면이 된다. 비슷한 예로 스마트폰 디스플레이의 표면에 규칙적으로 배열된 나노 돌기를 형성시켜 초소수성 표면이 만들어지면 물이 묻지 않는 깨끗한 표면의 스마트폰이 가능해진다. 이처럼 물리현상의 이해로부터 새로운 첨단 기술을 끌어낼 수 있어서 물리학은 기초과학으로서 중심에 있는 것이라고 여겨진다. 이 책을 통해서 기존에 알고 있거나 새로 알게 된 물리법칙을 더욱 완벽히 이해하는 과정으로부터 새로운 기술을 만들어 낸다면 무척이나 의미 있는 일이 될 것이다.

긴 시간을 아우르며 이 책의 시작과 마무리, 반복되는 교정을 함께해 주신 (주)교문사 관계자 여러분에게 감사드린다.

2024년 봄

손종역

차례

3 물리학과 천체

4 파동

5 물질과 에너지

6 열역학

7 광학

8 전기

9 자성

10 나노과학과 신재생 에너지 기술

1
물리학의 다양한 분야

1-1. 양자역학과 슈뢰딩거의 고양이

고전물리학과 현대물리학의 경계를 구분할 때 20세기에 등장한 양자역학이 그 중심에 등장한다. 고전역학에서는 어떤 입자가 그 위치에 확실히 있거나 확실히 없다는 것을 정의할 수 있다. 그러나 양자역학에서는 그 입자가 특정한 위치에 있다는 것을 파동함수라는 확률밀도로 나타낸다. 고전역학에서는 있거나 없거나 둘 중 하나지만 양자역학에서는 반은 있고 반은 없다는 것이 가능하다는 의미다. 양자역학의 기반을 세운 오스트리아 물리학자 슈뢰딩거(Erwin Schrödinger, 1887~1961)는 고전역학의 중심이 되는 뉴턴 방정식에 파동의 개념을 넣어 슈뢰딩거 방정식을 만들었다. 이 슈뢰딩거 방정식은 양자역학의 기본 방정식으로 수소 원자의 전자 궤도, 에너지 등에 대한 정확한 해답을 줄 뿐 아니라 광자, 쿼크(quark), 힉스

(higgs) 입자와 같은 기본 입자들의 물리적 특성을 이해할 수 있게 한다.

슈뢰딩거는 양자역학에서 전자의 위치는 정확하게 정의될 수 없고, 파동함수를 통해 확률적으로 제시될 수 있다는 개념을 박스 안 고양이 사고실험으로 설명하였다. 〈그림 1〉과 같이 밀폐된 박스 안에 고양이를 넣고, 1시간 동안 50%의 확률로 방사능이 감지되는 가이거 계수기에 의해서 50%의 확률로 청산가리가 담긴 병이 깨진다면 고양이는 50%의 확률로 죽거나 살 수 있다. 슈뢰딩거는 "박스 내부에서 어떤 사건이 일어나는지 알 수 없기 때문에 고양이는 산 것도 죽은 것도 아니라, 반은 죽었고 반은 살았다고 할 수 있다."라고 말한다. 이는 고양이가 살아 있는 상태와 죽은 상태가 중첩되어 있는 상태라는 것이다.

양자역학에서는 어떤 사건이 일어나는 것에 대해서 명확히 예측할 수 없으며, 단지 확률적으로 어떤 사건의 가능성을 제시한다. 수소 주변에 있는 전자 하나가 어디 있을지는 확실하지 않으며, 이를 확률적으로 제시하

그림 1. 슈뢰딩거의 고양이 사고실험

는 것이다. 즉, 양자역학에서는 확률적으로 물리현상을 논의하게 되는데, 이는 고전역학과 크게 부딪히는 부분이 된다. 고전역학에서는 모든 물리계를 정확히 예측할 수 있으므로 양자역학의 확률적인 예측에 대한 거부감이 클 수밖에 없었다. 양자역학에서는 확률밀도함수로 전자가 있을 확률을 제시하며, 이 확률밀도함수를 켓벡터(ket vector, Ψ)로 나타내기도 한다.

현대물리학의 중심이 되는 양자역학은 고전물리로 이해되지 못했던 반도체 분야를 포함한 다양한 물리계 전반에 대한 이해를 제공하므로, 물리학에서 중요한 부분을 차지하게 되었다. 여기서 물리계에서 일어나는 현상들을 고전역학에서부터 양자역학에 이르는 물리 분야의 다각적 시각으로 접근해보고 또한 우리 주변에서 관찰되는 여러 가지 물리현상을 논의해보려고 한다.

1-2. 물리학이란?

물리학은 자유낙하, 지구의 공전, 마찰전기, 빛의 굴절 등 자연을 구성하고 있는 물리계에서 일어나는 일들을 정성적, 정량적으로 분석하는 자연과학분야로 정의된다. 하나의 예로 자유낙하에 대해 생각해보자. 여기서는 지구와 자유낙하하는 물체가 물리계에 속한다. 지구와 물체 사이의 만유인력으로 물체는 지구의 중심으로 자유낙하 하는 현상을 보인다. 이를 정성적 그리고 정량적으로 분석해보자. 정성적으로는 지구와 물체 사이의 만유인력에 의해서 물체가 인력을 받아 자유낙하를 한다고 할 수 있다. 정량적으로는 자유낙하에서 얻어지는 중력가속도, 속도, 낙하거리 등의 물리량을 수치적으로 제시하는 것이다. 결국 물리학에서는 물리계에서 일어나는 현상들에 대한 정성적인 분석과 함께 물리량을 정량적으로 계산하기 위한 수학적 표현이 필요하다.

1-3. 다양한 물리량

특정한 물리계가 주어질 때 그 물리계가 가진 물리량들을 정리하는 것이 가능하다. 지구가 태양 주변을 공전할 때 지구의 자전에 대한 각속도, 공전에 대한 선속도, 공전주기 등의 물리량들은 이 물리계의 물리량이 된다. 다양한 물리량을 나타내기 위해서 〈그림 2〉와 같은 국제단위계인 SI 단위계(international system of units)를 사용한다. SI 단위계는 시간(s), 길이(m), 밝기(cd), 전류(A), 온도(K), 물질의 양(mol), 질량(kg)의 7개 기본단위를 쓴다. 0.001초와 1,000,000초같이 아주 짧거나 아주 긴 시간에 대해서는 1ms와 1Ms 같은 접두어를 써서 간단하게 표현할 수 있다. 〈표 1〉과 같이 다양한 접두어를 작거나 큰 물리량들에 대해 SI 단위계로 표현할 수 있다. 최근 데이터 통신 속도는 초당 10^{10}B 정도로 늘어났으며, 이를 10GB로 쓰고 10기가바이트라고 읽는다. 앞으로 통신 속도는 기가 영역에서 테라 영역까지 향상될 것으로 기대된다.

1960년대 반도체가 등장한 이후 2000년 초에는 10^{-6}m의 크기, 즉 μm 크기의 소자들로 구성된 마이크로프로세서로 만들어진 중앙처리장치를 사용한 고성능 컴퓨터가 등장하였다. 10^{-9}m 정도의 작은 크기를 nm로 표시하며, 나노미터라고 읽는다. 이는 나노미터 크기의 나노소재를 활용하는 나노기술과도 밀접한 관계가 있다. 반도체 소자의 크기는 꾸준히 축소하고 있으며, 2020년에는 7nm 수준의 미세패턴까지 그 크기가 줄어들었다. 따라서 마이크로프로세서는 나노프

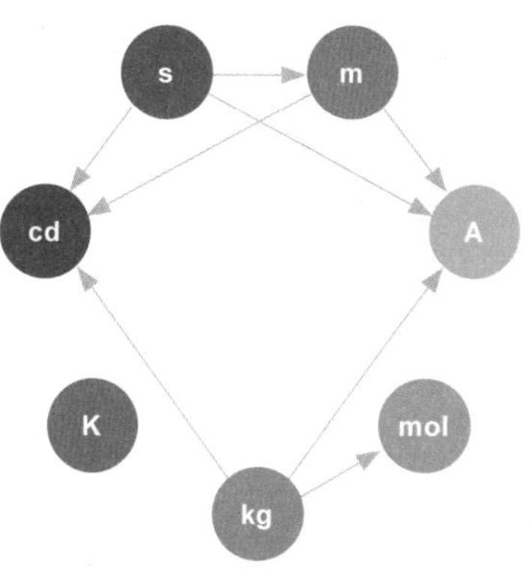

그림 2. 물리량을 나타내기 위한 SI 기본 단위

표 1. SI 단위계를 위한 접두어

인수	접두어	명칭	기호
10^{24}	yotta-	요타	Y
10^{21}	zetta-	제타	Z
10^{18}	exa-	엑사	E
10^{15}	peta-	페타	P
10^{12}	tera-	테라	T
10^{9}	giga-	기가	G
10^{6}	mega-	메가	M
10^{3}	kilo-	킬리	k
10^{2}	hecto-	헥토	h
10^{1}	deka-	데카	da
10^{-1}	deci-	데시	d
10^{-2}	centi-	센티	c
10^{-3}	milli-	밀리	m
10^{-6}	micro-	마이크로	μ
10^{-9}	nano-	나노	n
10^{-12}	pico-	피코	p
10^{-15}	femto-	펨토	f
10^{-18}	atto-	아토	a
10^{-21}	zepto-	젭토	z
10^{-24}	yocto-	욕토	y

로세서라고 부르는 것이 더욱 정확한 표현이며, 나노프로세서를 구성하는 소자에서 일어나는 물리현상들은 나노기술을 활용하게 된다.

1-4. 다양한 물리계를 이해하기 위한 물리 분야

물리학은 대상이 어떤 물리계가 되느냐에 따라서 다양한 물리학 분야로 분류될 수 있다. 예를 들어서 수소원자를 이루는 원자핵과 원자핵 주변에 존재하는 전자가 물리계로 주어지면 양자역학에 따라 분석해야 하므로, 이 물리계는 양자역학이라는 분야에 속한다고 할 수 있다. 양자역학은 20세기 이후에 등장하였으며, 양자역학을 중심으로 물리학을 고전물리학과 현대물리학으로 분류한다. 고전물리학은 역학, 열역학, 전자기학, 광학 등으로 구성되며, 양자역학이 중심이 되는 현대물리학은 양자역학, 원자물리학, 입자물리학, 고체물리학 등으로 이루어져 있다.

〈그림 3〉과 같이 대포에서 발사되는 포탄은 중력의 힘을 받아 포물선을 따라 이동한다. 이 물리계는 물리학 분야 중 고전물리학에 속하는 역학을 통해서 분석될 수 있다. 포탄이 포물선 모양으로 이동하는 것은 지구와 대포 사이에 작용하는 만유인력에 의해서이다. 비행기와 같이 날개를 단 인간 날다람쥐는 하늘을 300km/h 정도의 빠른 속력으로 이동할 수 있다〈그림 4〉. 인간 날다람쥐의 비행에 대한 분석은 공기와 같은 유체 내에서 인간의 몸에 단 날개가 어떻게 상호작용하는지 알아야 하며, 고전물리학에 속하는 유체역학으로 분석할 수 있다.

멀리 있는 물체를 크게 확대해서 볼 수 있는 망원경과 우주를 관찰할 때 사용되는 천체망원경은 빛의 굴절 현상을 이용하는 렌즈를 조합하여 만들어지며, 고전물리학으로 분류되는 광학을 통해 이해될 수 있다. 석탄

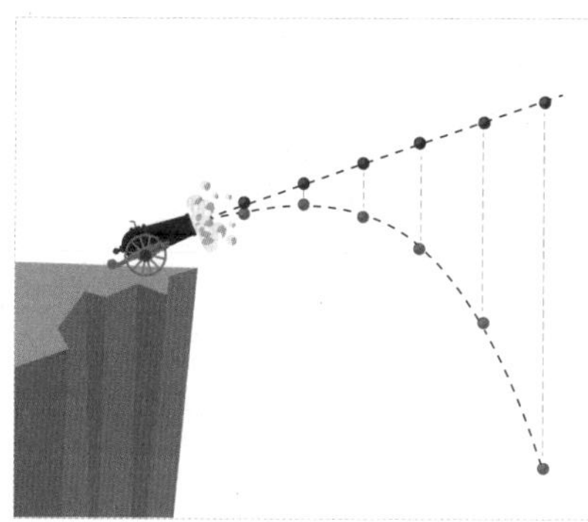

그림 3. 대포에서 발사된 포탄의 경로

그림 4. 인간 날다람쥐의 비행

그림 5. 별을 관찰하기 위해 만들어진 천체망원경

을 태워서 얻는 열에너지로 움직이는 증기기관차는 200km/h의 최고속력으로 달릴 수 있으며, 열과 에너지의 관계를 알기 위한 고전물리학의 열역학으로 이해될 수 있다〈그림 6(a)〉.

컴퓨터의 핵심이 되는 중앙처리장치(CPU) 내에는 반도체 소자들이 회로를 이루며, 미세 전류의 흐름에 의해서 데이터가 처리된다. 이와 같은 반도체 소자를 이루는 반도체 소재들의 물리적 특성을 이해하기 위해서 현대물리학으로 분류되는 양자역학, 고체물리학 등이 필요하다. 기본 입자들을 충돌시켜 다양한 기본 입자의 물리적 특성을 조사하기 위해서는 〈그림 6(b)〉와 같은 입자가속기를 활용한다. 입자가속기 내에서는 중성자와 같은 작은 입자들이 가속되고 충돌하는 현상들과 관련된 실험을 하며, 이 현상들을 이해하기 위해서는 현대물리학으로 분류되는 양자역학 그리고 입자물리학이 필요하다.

인류는 전기에너지에 의존도가 높아짐에 따라 이산화탄소를 배출하는

(a)

(b)

그림 6. (a) 빠른 속도로 달리고 있는 증기기관차 (b) 입자가속기를 이루는 선형 가속기

그림 7. 전기 생산에 사용되는 원자력 발전 설비

화력발전의 비율을 줄이기 위한 많은 노력을 기울이고 있다. 태양전지와 수력발전과 같은 신재생 에너지 기술들은 낮은 효율이 문제가 되며, 원자력 발전 기술은 높은 효율과 전력생산량에 의해서 전기에너지 생산에 중심이 되고 있지만, 핵폐기물 문제가 있다. 원자력 발전은 우라늄이 핵분열을 할 때 발생하는 열에너지를 전기에너지로 변화시키며, 현대물리학으로 분류되는 핵물리학으로 이해될 수 있다.

예제

1-1. 우리 주변에서 관찰할 수 있는 자연현상 중 하나를 정성적, 정량적으로 분석해보자.

1-2. SI 단위계에서 사용하는 접두어를 활용하여 수소 원자의 반지름과 수소 원자핵의 반지름을 표현해보자.

1-3. 대포에서 발사된 포탄이 포물선운동을 하지 않고 직선운동을 하려면 어떤 조건이 필요한지 논의해보자.

1-4. 컴퓨터의 핵심 부품인 중앙처리장치를 구성하는 반도체 소자를 이해하기 위해 필요한 물리학 분야에는 어떤 것들이 있는지, 왜 필요한지 논의해보자.

참고문헌

"물리학이 이렇게 쉬울 리 없어", 최원석 저, 생각학교, 2022년

"새로운 물리학개론", 류웅성 편저, 한빛지적소유권센터, 2010년

"슈뢰딩거의 고양이", 애덤 하트 데이비스 저/강영옥 역, 시그마북스, 2017년

"슈뢰딩거의 고양이를 찾아서", 존 그리빈 저/박병철 역, 휴머니스트, 2020년

"알기 쉬운 지구물리학", Robert J. Lillie 저/김기영 · 김영화 역, 시그마프레스, 2006년

2
고전역학

2-1. 속력과 속도

초기의 물리현상들은 자유낙하와 같이 눈으로 관찰되는 물리계들을 중심으로 고전물리학을 형성하였으며, 눈으로 관찰되지 않고 전자현미경 등으로 관찰되는 원자 크기 정도의 물리계들은 현대물리학의 중심이 된다. 고전물리학 분야 중 하나인 고전역학은 눈에 보이는 큰 물체들의 운동에 대해 기술한다.

〈그림 1〉과 같이 자동차들이 빠르게 고속도로를 달리고 있는 물리계에서 우리는 자동차들에 대해 어떤 물리량을 기술할 수 있을까? 우선 자동차가 얼마나 빠르게 움직이는지를 나타내기 위해 속력(speed) 또는 속도(velocity)라는 물리량들을 이야기할 수 있다. 속력은 단순하게 단위시간당 이동한 거리(distance)를 나타낸다. 속력 그리고 시간과 거리는 모두 크기만

그림 1. 고속도로를 달리고 있는 자동차들

을 가지는 물리량으로 스칼라(scalar)이다.

스칼라와 다른 물리량은 벡터(vector)이며, 크기와 방향을 동시에 가진다. 그러면 벡터에 해당하는 변위(displacement)에 대해 살펴보자. 〈그림 2〉와 같이 P점에서 Q점을 파란 선을 따라 이동할 때 거리는 파란 선 전체에 해당한다. 이와는 다르게 P점에서 Q점까지의 최단거리를 표시한 붉은 화살표는 P점에서 Q점까지의 변위가 된다. 이 변위는 크기와 방향을 가지며, P점에서 Q점까지 이동할 때 소요된 시간에 따라 P점에서 Q점까지의 속도가 결정된다. 같은 시간 동안 거리는 변위보다 크므로, P점에서 Q점까지 이동할 때 속력은 속도에 비해 더 큰 값을 가진다. 속도는 변위라는 벡터에 의해서 정의되므로, 벡터임을 알 수 있다. 운

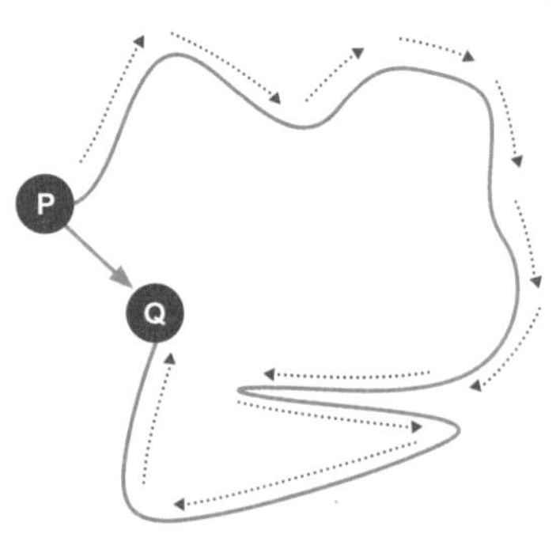

그림 2. P점에서 Q점으로 이동할 때의 거리와 변위

동에서 사용되는 물리량은 거리, 시간, 속력과 같은 스칼라와 변위, 속도, 가속도와 같은 벡터로 나눌 수 있다.

2-2. 운동

〈그림 2〉에 나타난 P점에서 Q점까지의 거리를 파란 선을 따라 움직일 때 직선으로 이동하는 병진운동(translational motion)만으로는 따라갈 수 없다. 이에 회전운동(rotational motion)을 추가하면 어떤 위치로든 이동할 수 있게 된다. 즉, 병진운동과 회전운동을 조합하면 원하는 어떤 위치로든 이동이 가능하다. 원운동은 주기운동(periodic motion)을 포함하므로, 이는 진동운동(vibrational motion)으로 표현될 수 있다.

고전역학은 외부력이 주어지지 않는 운동학(kinematics)과 외부력이 주어지는 동력학(dynamics)으로 분류될 수 있다. 외부력이 없을 때 물체는 등속도운동(uniform motion)을 한다. 등속도라는 것은 〈그림 3〉과 같이 시간이 지나도 속도가 일정하다는 것이다. 또한 속도가 일정하므로 일정한 시간 동안 일정한 변위를 이동한다.

$$\sum F = 0 \Leftrightarrow \frac{dv}{dt} = 0$$

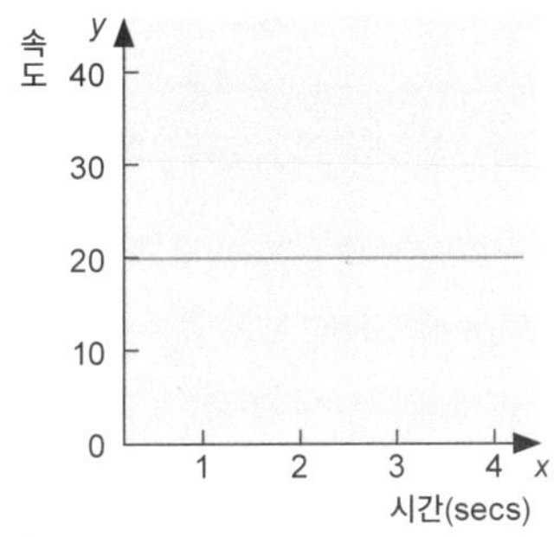

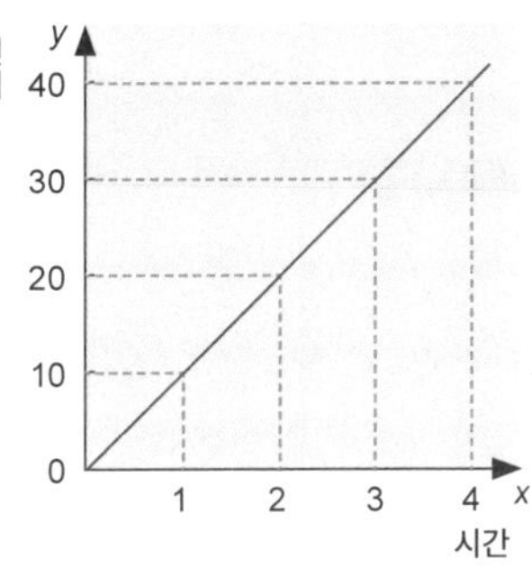

그림 3. 외부력이 없을 때 시간에 따른 속도와 변위

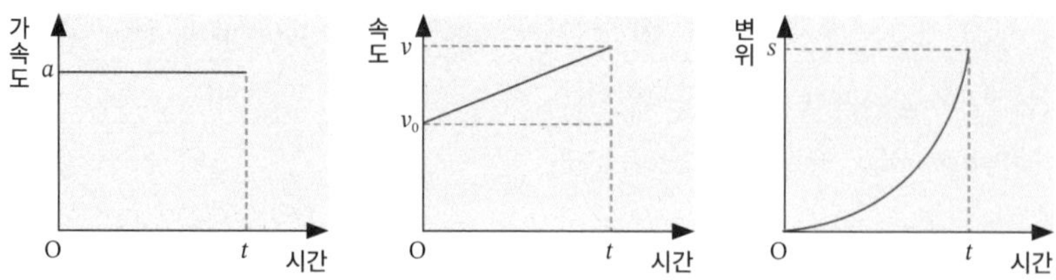

그림 4. 등가속도운동에서 가속도, 속도, 변위

등속도운동과는 다르게 속도가 변화하는 운동을 가속도운동이라고 한다. 그중 가속도가 일정한 등가속도운동(uniform accelerated motion)은 일정한 크기의 힘이 물체에 작용할 때 일어난다. 그중 대표적인 것은 중력가속도에 의한 자유낙하이다.

〈그림 4〉와 같이 속도가 시간에 따라 일정한 가속도(a)로 변화할 때, 속도(v)를 적분하면 변위(s)가 되며, 속도를 미분하면 가속도(a)가 된다. 등가속도운동은 〈그림 4〉와 같이 가속도는 시간에 따라 a로 일정하며, 속도는 일정한 기울기로 증가하는 시간에 대한 1차 함수이다. 변위는 시간에 대한 2차 함수의 형태를 가진다. 아래의 수식을 직접 유도해보고 이를 활용하여 다양한 계산에 활용할 수 있다.

$$v = v_0 + at$$

$$s = v_0 t + \frac{1}{2}at^2 = \frac{v_0 + v}{2}t$$

$$|v|^2 = |v_0|^2 + 2a \cdot s$$

2-3. 자유낙하

우주를 구성하는 모든 물체 사이에 작용하는 네 가지 기본 힘은 크게 중력, 쿨롱힘, 강한 핵력, 약한 핵력으로 나눌 수 있다. 중력은 질량을 가진 물체 사이에 작용하는 만유인력으로 분류되며, 질량이 클수록 큰 중력을 보인다. 쿨롱힘은 전하와 전하 사이에 작용하는 힘으로 전기와 자기에서 다룰 예정이다. 강한 핵력은 원자핵 내 중성자들과 양성자를 구성하는 힘이며, 강한 핵력과는 다르게 방사선 붕괴를 일으키는 핵에는 약한 핵력이 작용한다. 여기서는 중력에 대해 먼저 살펴보고 나머지는 이후에 다루기로 하겠다.

돌멩이를 던질 때 일어나는 자유낙하에 대해 살펴보기로 하자. 자유낙하는 지구의 중력에 의해서 물체가 낙하하는 현상이며, 16세기 갈릴레오 갈릴레이는 피사의 사탑에서 자유낙하에 대한 실험을 하였다. 골프공과 깃털을 동시에 떨어뜨리면 무엇이 빨리 떨어질까? 깃털이 골프공보다 더 느리게 떨어진다고 예상할 수 있을 것이다. 이는 깃털은 부피에 비해 무게가 작아 공기저항에 의해서 낙하 속도가 느려지기 때문이다.

깃털은 자유낙하할 때 정지한 상태에서 속력이 어느 정도 증가하다가 공기저항에 의해서 더 이상 증가하지 않고 일정한 속도를 가지고 낙하한다. 이와 같은 현상은 〈그림 6〉과 같이 낙하산을 타고 높은 곳에서 낙하할 때에도 일어난다. 낙하산이 자유낙하하면서 속도가 증가하게 되고, 동시

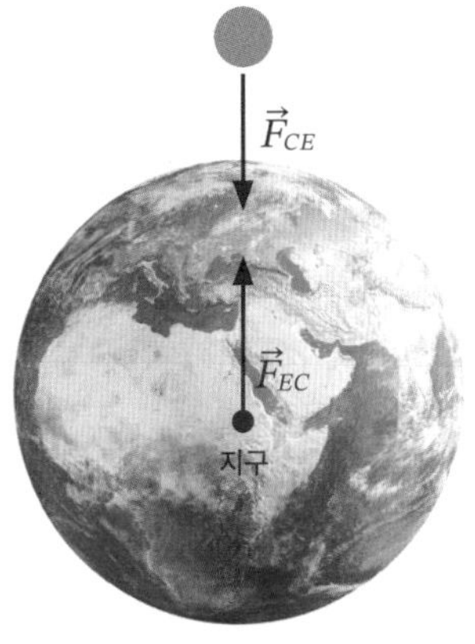

그림 5. 물체에 작용하는 지구의 중력

그림 6. 낙하산의 공기저항을 활용한 자유낙하

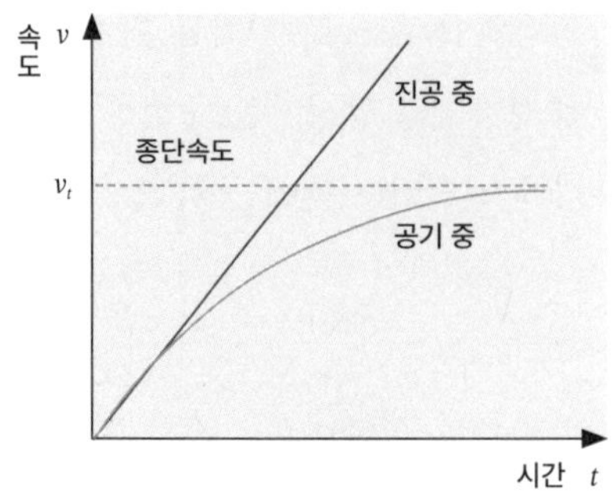

그림 7. 종단속도에 대한 속도-시간

에 공기저항도 증가하므로 낙하산이 일정한 속도에 도달한 후 속도는 더 이상 증가하지 않는다. 공기저항은 속도에 비례해서 증가하므로 낙하산의 속도가 증가하면 공기저항이 증가한다. 공기저항이 중력과 같아지게 되면 가속도는 0이 되는데, 이렇게 속도가 더 이상 증가하지 않는 것이 종단속도(terminal velocity)이다.

〈그림 7〉과 같이 공기 중에서 낙하하는 물체는 공기저항에 의해서 일정한 속도 이상이 되지 않는 종단속도를 형성한다. 반대로 공기가 없는 진공 중에서는 공기저항이 없기 때문에 종단속도는 형성되지 않는다. 따라서 속도는 중력가속도에 의해서 꾸준히 증가하게 된다.

2-4. 무게와 질량

저울로 물체의 무게를 측정하는 것은 지구의 중력에 의해서 물체가 얼마의 힘을 받는지를 측정하는 것이다. 지구의 질량은 달의 질량보다 6배 크므로 달은 지구에 비해 1/6의 작은 중력을 가진다. 따라서 같은 물체의 무게를 지구에서 측정하는 것보다 달에서 측정하면 무게는 1/6로 줄어든다. 무게는 지구 또는 달에 의한 중력을 이용하여 힘을 측정하는 것이므로 어디서 측정하는지에 따라 차이를 보인다.

질량에 대해 논의하기에 앞서 질량을 측정하는 방법에 대해 살펴보자. 뉴턴의 힘의 법칙은 $F = ma$로 표현되며 질량(m)과 가속도(a)의 곱이 힘(F)으로 주어진다. 물체에 일정한 힘을 가하면 물체는 일정한 가속도를 보이

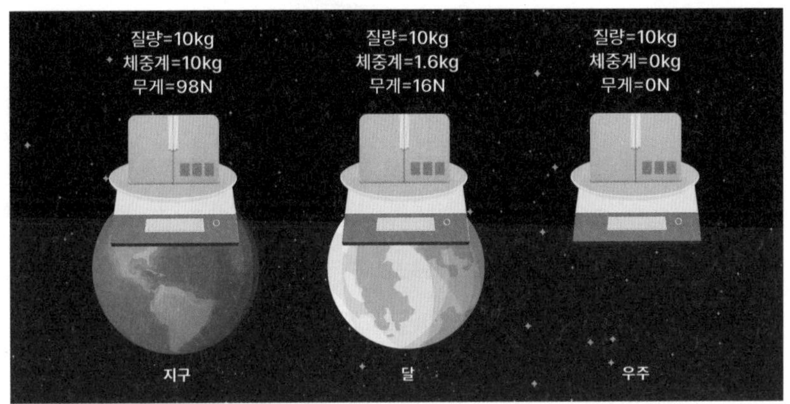

그림 8. 지구, 달, 우주공간에서 무게와 질량의 차이

며, 이 가속도와 힘의 관계에서 질량을 얻을 수 있다. 어떤 물체에 힘을 1N 가할 때 가속도가 $1m/s^2$이 되면 그 물체의 질량은 1kg이라는 것을 알 수 있다. 〈그림 8〉은 질량이 10kg인 물체가 지구, 달, 우주공간에 있을 때 무게와 질량의 차이를 비교한 것이다. 질량은 변함없지만 무게는 중력의 차이에 의해서 지구, 달, 우주공간 순으로 줄어든다.

2-5. 탈출속도와 블랙홀

지구의 표면에서 〈그림 9〉와 같이 대포를 쏘면 포탄은 포물선운동을 할 것이라 예상할 수 있다. 포탄의 운동에너지가 지구의 중력에 의한 위치에너지 이상이 되면 포탄은 지구를 포물선으로 낙하하지 않고, 지구의 중력권을 벗어나는 운동을 하게 된다. 이때 포탄의 속도를 지구에 대한 탈출속도라고 정의하며, 지구에 대한 탈출속도는 약 11.2km/s이다. 탈출하려는 대상의 질량이 높을수록 탈출속도는 커지게 되며, 태양에 대한 탈출속도는 약 617.5km/s로 매우 크다.

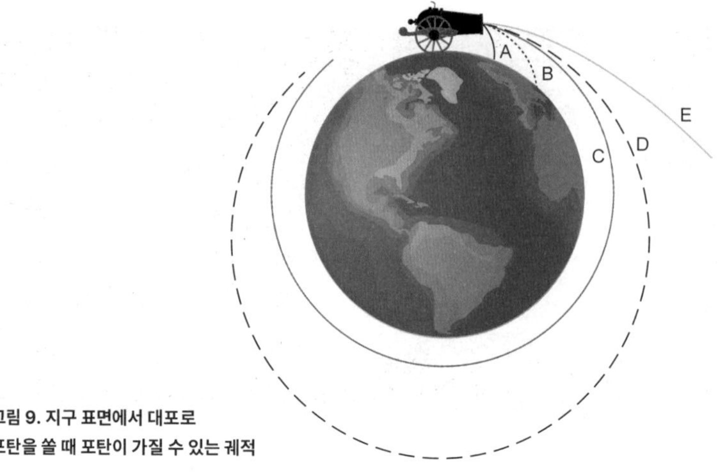

그림 9. 지구 표면에서 대포로 포탄을 쏠 때 포탄이 가질 수 있는 궤적

우주에는 태양에 비해서 질량이 매우 높은 존재들이 있다. 빛이 탈출할 수 없는 높은 질량을 가진 존재를 우리는 '블랙홀'이라고 부른다. 속도가 측정되는 물체 중 가장 빠른 것이 빛이며, 빛은 300,000km/s의 속도를 가진다. 최근 태양계가 포함된 우리은하계에서 태양의 질량에 400만 배인 궁수자리 블랙홀이 관찰되었다. 우리은하계에서 가장 가까운 안드로메다의 중심에도 블랙홀이 존재한다는 것이 밝혀지면서, 은하계의 중심에 블랙홀들이 존재한다는 것이 알려지게 되었다.

지구가 나타내는 중력은 지구를 구성하는 모든 물질들의 중력이 작용하는 물체에 가해지는 만유인력의 합으로 주어진다. 지구의 질량이 변하지 않는 상태에서 지구의 반지름을 줄이면, 지구를 구성하는 물질들의 위치가 상대적으로 물체에 가까워지는 효과를 준다. 〈그림 10〉과 같이 반지름이 줄어든 지구가 물체에 작용하는 만유인력의 크기는 반지름이 줄어들수록 증가한다. 지구의 반지름은 6,500km 정도이며, 지구의 반지름을 65km로 줄이면 탈출속도는 약 10배인 110km/s로 증가한다. 지구의 반지름을 1/3inch가 되게 극한으로 줄이면 지구는 블랙홀과 같은 높은 중력을 가지

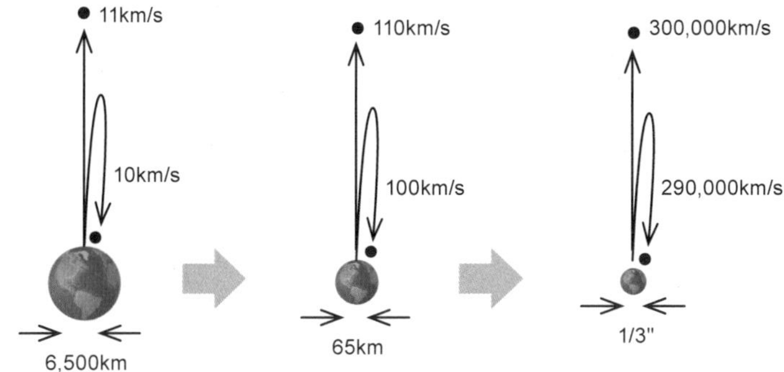

그림 10. 지구의 질량을 변화시키지 않고 지구의 반지름을 줄일 때 탈출속도의 변화

게 된다. 따라서 반지름이 1/3inch인 지구의 탈출속도는 300,000km/s가 되며, 지구는 블랙홀이 된다.

2-6. 뉴턴의 운동 법칙

갈릴레오 갈릴레이가 세상을 떠난 다음해 태어난 아이작 뉴턴(Isaac Newton, 1643~1727)을 생각하면, 떨어지는 사과를 보고 만유인력을 발견한 일화가 가장 먼저 떠오를 것이다. 뉴턴의 만유인력은 케플러(Kepler, 1571~1630)의 행성운동에 대한 법칙으로부터 알게 되었다고 전해진다. 뉴턴은 케플러의 법칙을 기반으로 뉴턴의 운동법칙과 미적분을 통해 만유인력에 대한 수학적 표현을 이끌어 내었다. 뉴턴의 업적에는 반사식 망원경인 뉴턴식 망원경을 개발한 것도 있지만, 무엇보다 고전역학에서 다루는 물리계를 이해하는 데 뉴턴의 운동법칙이 그 중심이 된다는 데 있다.

뉴턴의 운동법칙은 관성의 법칙, 힘의 법칙 그리고 작용 반작용의 법칙 3가지로 구성되므로 뉴턴의 3법칙이라고 한다. 뉴턴의 제1법칙은 '관성의 법칙'이다. 〈그림 11〉과 같이 달리는 버스가 갑자기 급정거하면 버스 안 승

그림 11. (a) 달리는 버스가 급정거할 때 승객 반응 (b) 정지한 버스가 급출발할 때 승객 반응

객들은 앞으로 쏠리게 된다. 반대로 정지 버스가 급출발하면 버스 안 승객들은 뒤로 쏠리게 된다. 이는 정지한 물체는 정지한 상태를 유지하려고 하고, 반대로 운동하는 물체는 운동 상태를 유지하려고 하기 때문이다. 이와 같이 물체가 운동 상태를 유지하려는 특성을 관성이라고 하며, 모든 물리계는 관성의 법칙을 따른다.

뉴턴의 제1법칙인 관성의 법칙을 보여주는 좋은 예로 동전과 컵을 이용한 간단한 실험이 있다〈그림 12〉. 컵 위에 종이를 두고 그 위에 동전을 올려놓은 상태에서 종이를 손가락으로 톡 치면 종이는 튕겨나지만 동전은 관성에 의해 그 자리에 정지하려고 하므로 컵 안으로 떨어지게 된다. 이와 유사하게 먼지 묻은 옷을 손으로 툭툭 치면 먼지가 옷에서 떨어지게 되는데, 옷이 흔들릴 때 먼지는 관성에 의해 그 자리에 있으려고 하기 때문에 옷에

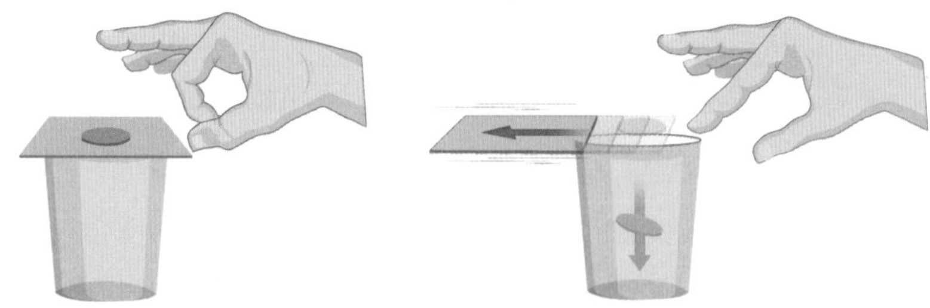

그림 12. 컵과 동전을 이용한 관성의 법칙 실험

서 분리되는 것이다.

뉴턴의 제2법칙은 '힘의 법칙'이며, 정지하거나 일정한 속도를 가진 물체가 가속도를 가지게 하기 위해서는 힘이 주어져야 한다는 것을 나타낸다. 힘의 법칙은 $F=ma$로 표현되며 질량이 m인 물체에 F의 힘을 가하면 물체는 a의 가속도를 보인다. 힘과 가속도의 관계에서 질량의 정의가 가능하다는 것을 앞에서 논의한 바 있다.

〈그림 14〉의 자동차와 같이 질량이 큰 물체가 정지한 상태에서 일정한 속도로 가속하기 위해서는 비교적 큰 힘이 요구된다. 가속도 a는 dv/dt 또는 d^2r/dt^2로 표현되므로 힘의 법칙에 따라 다양한 물리계를 분석할 수 있다. 힘의 법칙 중 가속도와 힘의 관계에서 속도와 위치는 일차 또는 이차 미분방정식의 형태로 나타난다. 다양한 물리계에 대한 미분방정식을 직접 풀어보면 고전역학을 이해하는 데 큰 도움이 될 것이다. 이 때문에 $F=ma$로 표현되는 힘의 법칙은 고전역학의 핵심이 되는 방정식으로 사용된다. 특히 양자역학의 슈뢰딩거 방정식에서 파동성을 제거하면 힘의 법칙으로 변환될 수 있다. 반대로 힘의 법칙에 파동성을 추가하면 양자역학의 슈뢰딩거 방정식이 된다.

마지막으로 뉴턴의 제3법칙은 '작용 반작용의 법칙'이다. 〈그림 13(a)〉와 같이 선풍기의 스위치를 켜면 모터가 회전하면서 프로펠러도 회전하게 된다. 이때 프로펠러는 바람을 일으켜서 선풍기 앞으로 나가게 한다. 선풍기 앞으로 나가는 바람의 힘과 동일한 힘으로 선풍기는 뒤로 힘을 받게 된다. 〈그림 13(b)〉와 같이 배에서 사람이 항구로 내릴 때 발로 배를 밀면 사람은 앞으로 밀리고 배는 뒤로 밀리게 된다. 힘이 작용하면 그 힘의 반대로 힘이 작용하게 되는데, 이를 작용 반작용의 법칙이라고 정의한다. 우리가 손바닥으로 벽을 밀어내는 힘을 작용하면 벽은 손바닥을 미는 반작용을 하는 것이다. 작용 반작용의 법칙을 가장 잘 보여주는 물리계는 로켓이다.

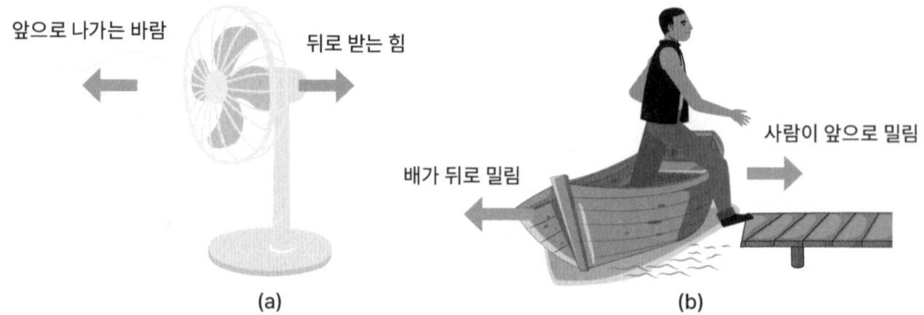

그림 13. (a) 선풍기의 프로펠러가 회전할 때 작용과 반작용 (b) 배에서 항구로 내릴 때 작용과 반작용

20세기에 들어서 개발된 로켓기술로 인류는 수많은 인공위성을 지구의 궤도에 올려놓을 수 있었을 뿐만 아니라 지구를 벗어난 우주공간으로 인류의 손을 뻗어 나갈 수 있게 하였다. 로켓은 연료를 태워 뿜어낸 기체의 반작용을 이용해 가속하며, 로켓의 속도는 로켓방정식으로 계산할 수 있다.

2-7. 마찰력

자동차를 타고 빠른 속도로 달리다 〈그림 14(a)〉와 같이 갑자기 브레이크를 잡으면 타이어는 회전을 멈추고 자동차는 정지하게 된다. 이때 타이어의 표면과 도로의 노면 사이에는 마찰력이 작용하며, 마찰력이 클수록 제동거리는 더욱 짧아진다. 마찰력은 정지마찰력과 운동마찰력으로 분류할 수 있다. 정지마찰력은 정지한 상태에서 물체가 받을 수 있는 마찰력이다. 〈그림 14(b)〉와 같이 물체가 정지한 상태에서 외부의 힘을 받으면 마찰력이 꾸준히 증가해 최대정지마찰력을 초과하면서 물체는 움직이기 시작한다. 최대정지마찰력보다 더 작은 힘을 주면 물체는 이동하지 않으며, 최대정지마찰력을 초과할 때 물체는 이동한다. 물체가 이동할 때 바닥과 물체 사이에는 운동마찰력이 형성되며, 이때 운동마찰력의 크기는 정지마찰력

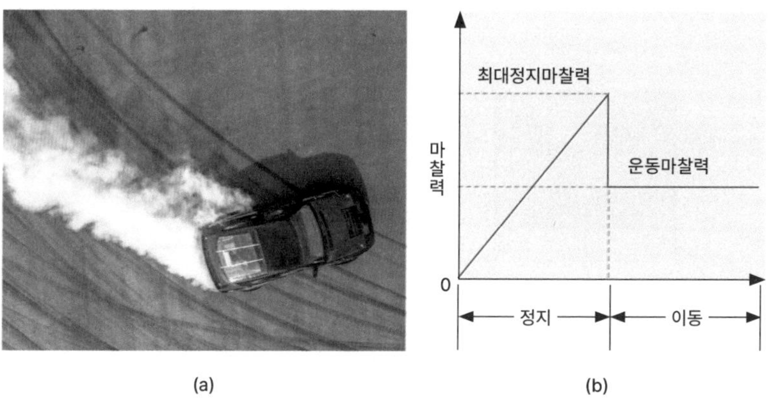

(a) (b)

그림 14. (a) 경주용 자동차의 급정거 (b) 물체가 정지한 상태에서 힘을 받아 움직일 때의 마찰력 변화 그래프

보다 작다. 이는 정지한 물체를 이동시킬 때 한 번에 꾸준히 이동시키는 것이 여러 번 정지하면서 이동하는 것보다 힘이 더 작게 든다는 것을 나타낸다. 물체가 다시 멈추게 되면 물체는 바닥에 대해 정지마찰력을 가지므로 물체를 움직이게 하기 위해서는 최대정지마찰력보다 더 많은 힘을 주어야 한다.

〈그림 15(a)〉와 같이 물체가 N이라는 힘으로 바닥을 누르고 있는 상황에서 마찰력은 $f = \mu N$으로 주어지며, μ는 정지 또는 운동마찰력 계수, N은 물체가 바닥을 누르는 수직항력이다. 질량이 1kg인 물체는 질량에 중력가속도 9.8m/s^{2}을 곱해서 수직항력이 9.8N이 된다. 특히, 마찰력 계수 μ는 물체와 바닥 사이의 재질과 면적에 따라 달라진다. 따라서 마찰력을 크게 하기 위해서는 마찰력 계수와 수직항력을 동시에 높이면 된다. 〈그림 15(b)〉와 같이 동일한 질량과 모양의 블록들을 각기 다른 면적의 바닥에 접하게 할 때 마찰력의 차이에 대해 살펴보자. 마찰력 계수는 물체와 바닥이 닿는 면적이 넓을수록 증가하므로 제일 위에 있는 블록의 마찰력이 가장 크게 형성된다. 이는 같은 질량의 물체라도 표면에 닿는 면적을 넓게 할수록 마

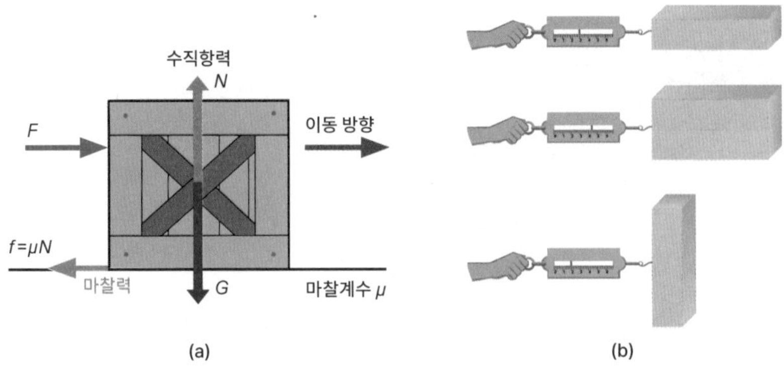

그림 15. (a) 물체에 주어지는 마찰력 (b) 접촉면의 넓이 변화에 따른 마찰력

찰력이 향상된다는 것을 의미한다. 따라서 자동차의 제동거리를 더욱 짧게 하기 위해서는 폭이 넓은 타이어를 선택하면 된다. 이는 자동차의 타이어 폭이 넓을수록 마찰력이 증가하기 때문이다.

2-8. 운동량

속도는 같고, 질량은 다른 두 물체를 손으로 멈추게 할 경우 질량이 무거운 물체를 정지시킬 때 더 많은 힘이 든다. 이는 질량이 크고 속도가 크면 물체를 정지시키기가 더 힘들다는 것을 나타낸다. 물체의 운동에 대한 정도를 정량적으로 나타내기 위해 운동량이라는 물리량을 사용한다. 운동량(P)은 $P = mv$과 같이 질량(m)과 속도(v)의 곱으로 주어지며, 물체가 가지는 운동의 정도를 나타낸다. 질량이 2kg인 물체가 3m/s의 속도로 움직일 때 운동량은 6kg·m/s이며, 8m/s로 움직일 때 운동량은 16kg·m/s로 운동량의 크기 비교는 쉽게 된다.

〈그림 16〉과 같이 몸무게가 다른 럭비 선수들이 다른 속도로 충돌할 때 어떻게 될지 생각해보자. 먼저 위의 경우를 보면 180kg의 현규가 1m/s

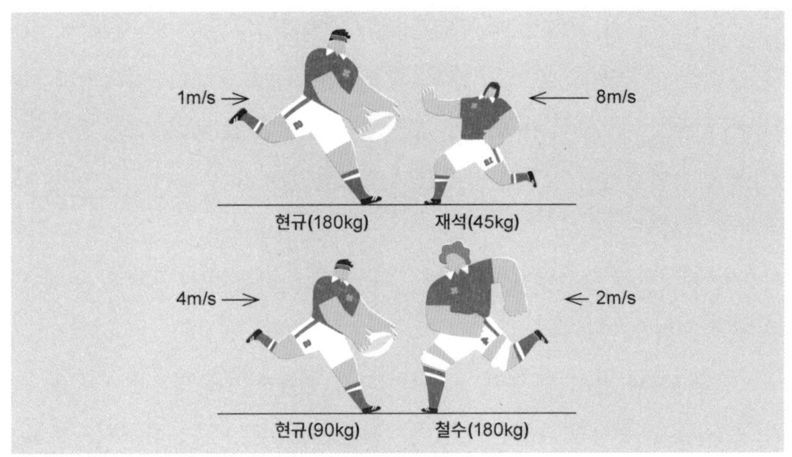

그림 16. 럭비 선수들의 충돌

로 이동하고, 45kg의 재석이가 8m/s로 이동하던 중 둘이 충돌하면 어떤 일이 일어날까? 두 선수의 운동량을 보면 현규와 재석이는 각각 180과 360kg·m/s의 운동량을 가진다. 그러므로 두 선수가 충돌하면 둘 중 운동량이 더 작은 현규가 뒤로 넘어질 가능성이 높다.

다음은 아래의 경우에 대해 살펴보자. 90kg의 현규는 4m/s로 이동하고 180kg의 철수는 2m/s로 이동한다고 할 때 두 선수의 운동량을 비교해 보면 모두 360kg·m/s로 같은 값이라는 것을 알 수 있다. 운동량이 같으므로 두 선수가 충돌할 때 둘 다 뒤로 넘어질 것이라 예측할 수 있다. 이와 같이 운동하는 물체의 질량과 속도를 통해 운동량을 구할 수 있으며, 운동량이 큰 물체의 운동 정도가 더욱 크다는 것을 알 수 있다.

2-9. 운동량 보존 법칙

관성의 법칙을 보면 평지에서 일정한 속도 v로 굴러가고 있는 질량이 m

인 구슬은 마찰을 무시할 때 속도의 변화 없이 일정한 속도로 계속 이동한다는 것을 예상할 수 있다. 구슬은 일정한 속도 v를 가지고 있으므로 mv의 운동량으로 꾸준히 이동하며, 운동량은 일정한 값 mv로 보존된다. 또한 구슬에 마찰력이 작용하면 구슬의 속도와 운동량은 줄어든다. 이는 마찰력에 의해서 구슬의 에너지가 줄어들었기 때문이다. 이와 같이 물리계는 외부와 에너지를 주고받지 않을 때 운동량에 변화를 일으키지 않는 운동량 보존 법칙을 따른다.

〈그림 17〉과 같이 두 물체가 움직이다가 충돌하는 물리계에서 충돌 전과 충돌 후 운동량의 총합은 같으며, 이때 운동량은 보존된다. 충돌 전 m_1의 질량은 1kg, 속도는 2m/s이고, m_2의 질량은 2kg, 속도는 1m/s로 주어졌다. 충돌 후 m_2의 속도가 1.5m/s가 되면, 운동량 보존 법칙에 의해서 m_1의 속도는 1m/s가 된다는 것을 쉽게 예측할 수 있다. 운동량 보존 법칙은 물리계가 외부와 에너지 교환이 없다는 것을 의미한다. 이는 물리계의 에너지가 일정하게 유지된다고 보는 에너지 보존 법칙이 성립함을 나타낸다.

운동량 보존 법칙을 보여주는 예 중 하나는 〈그림 18〉과 같은 뉴턴의 크래들(cradle)이다. 뉴턴의 크래들에서 구슬 하나를 들어서 놓으면 구슬은 아래에 정지한 가까운 구슬과 충돌하고, 이 에너지는 옆으로 이동해서 가장 반대편 구슬까지 전달된다. 이때 반대편 구슬은 처음 들어올린 구슬의 높이만큼 올라간다. 이 구슬은 다시 내려가서 가까운 구슬과 충돌하고 가

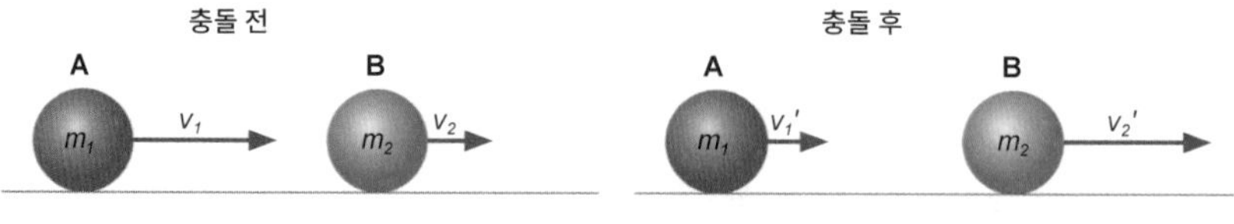

$$m_1v_1 + m_2v_2 = m_1v_1' + m_2v_2'$$

그림 17. 두 물체의 충돌 전과 충돌 후의 총운동량

장 반대편 구슬은 다시 처음 들어올린 구슬의 높이만큼 올라간다. 구슬을 두 개 들었다 놓으면 반대편 구슬 두 개가 튕겨나가고 유사한 운동을 반복하게 된다. 반대편 구슬이 부딪히는 속도와 그 반대편 구슬이 튕겨나가는 속도는 같으며, 이는 운동량이 보존된다는 것을 나타낸다. 두 개의 구슬도 같은 속도로 튕겨나가며 운동량은 보존된다. 구슬들의 높이가 일정하게 유지된다는 것은 위치에너지가 일정하게 유지된다는 것을 의미하며, 구슬들이 부딪히는 속도가 일정하다는 것은 운동에너지가 일정하다는 것을 나타낸다. 이는 크래들의 운동량과 함께 에너지도 보존된다는 것을 의미한다.

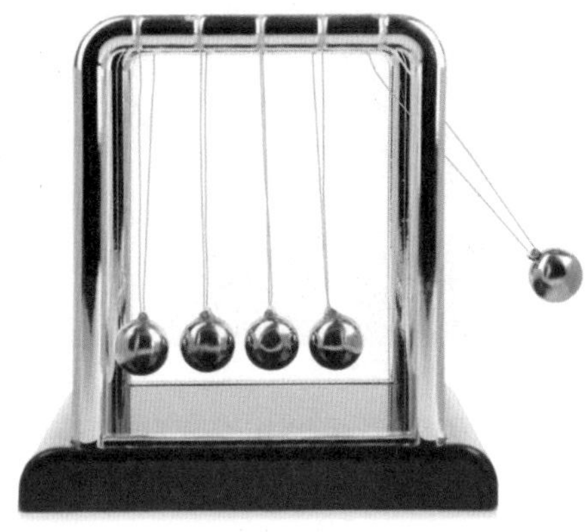

그림 18. 운동량 보존 법칙을 보여주는 뉴턴의 크래들

2-10. 충돌과 충격량

두 물체가 같은 공간으로 이동할 때 동시에 모두 들어갈 수 없으므로 두 물체는 충돌을 일으킨다. 두 물체의 충돌 전 운동량은 충돌 후에도 유지된다. 그래서 운동량 보존 법칙에 의해서 충돌 전후의 운동을 예측할 수 있게 된다. 충돌하는 다양한 물리계가 있으며, 야구 배트와 야구공의 충돌과 같이 주변에서 흔히 관찰되는 충돌, 우주공간에서 일어나는 아주 큰 행성들 간의 충돌 그리고 쿼크와 같이 아주 작은 입자들의 충돌도 있다.

중형자동차와 경차가 같은 속도로 달리다가 충돌할 때 어떤 일이 일어날까? 두 자동차가 같은 속도로 달리고 있었으므로 자동차의 운동량은 자

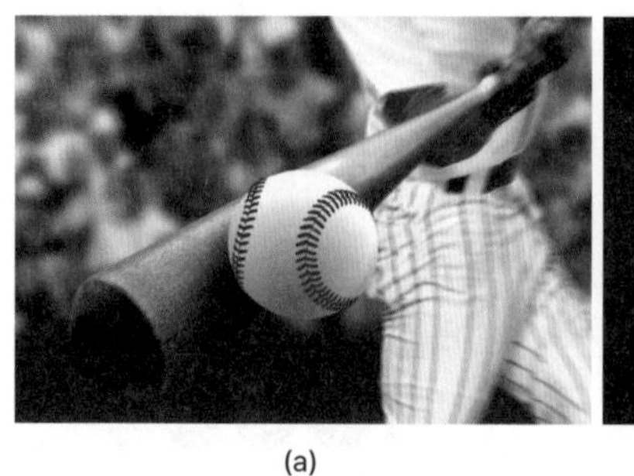

(a)

(b)

그림 19. (a) 야구 배트와 공의 충돌 (b) 행성 간의 충돌

동차의 무게가 많은 쪽이 더 크다. 서로 운동량을 주고받으므로 무게가 적은 경차가 뒤로 튕겨나가면서 중형자동차에 비해 더 많은 충격을 받을 것이고, 속도는 같으므로 중형자동차의 운동량이 경차보다 크다는 것을 알 수 있다.

야구공을 배트로 칠 때 어떻게 하면 더욱더 멀리 날아가게 할 수 있을까? 이를 알기 위해 충격량이라는 물리량에 대해 살펴보자. 충격량은 두 물체가 충돌할 때 주어지는 충격력이 얼마나 많은 시간 동안 주어지는지를 나타낸다. 〈그림 20〉의 그래프와 같이 충격력이 가해진 시간이 이루는 면적의 넓이가 충격량에 해당한다. 그러므로 충격량을 크게 하기 위해서는 충격력과 충격력이 가해지는 시간을 동시에 증가시키면 된다. 예로 야구공을 멀리 치기 위해서는 배트가 야구공에 가하는 충격력을 높이는 동시에 충격력이 가해지는 시간을 증가시키기 위해서 배트를 밀어 치면 된다. 충격량은 충격력(F)과 작용시간(Δt)의 내적으로 구할 수 있으며, 이는 운동량이 얼

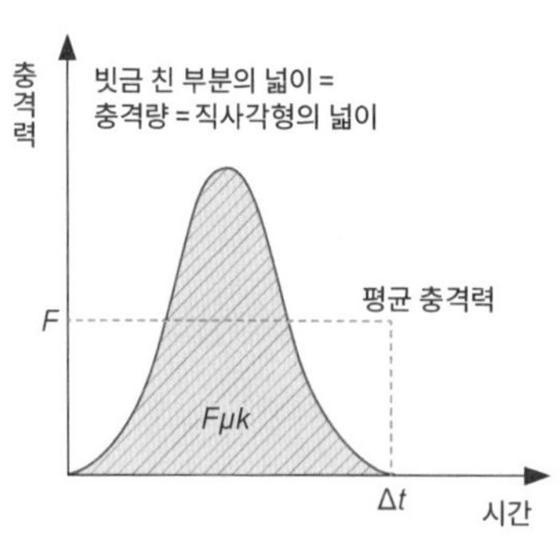

그림 20. 시간 관계에 따른 충격량

그림 21. 복싱 선수들의 작용시간과 충격력에 따른 충격량

마나 변화하는지를 나타내게 된다. 즉, 운동량의 변화가 크다는 것은 속도의 변화가 크다는 것을 의미하므로 이는 충격량이 크다는 것과 상응한다.

〈그림 21〉과 같이 복싱 선수가 날아오는 주먹에 얼굴을 맞을 때 같은 충격량을 받더라도 충격력을 줄일 수 있다면 덜 아플 것이다. 그래서 같은 충격량이라도 작용시간을 길게 하면 충격력은 작아지고, 작용시간을 짧게 하면 충격력은 더욱 커지게 된다.

2-11. 회전운동의 각운동량과 각운동량 보존 법칙

〈그림 22〉와 같이 회전하는 물체에서 세로로 이동하는 부분을 관찰하면 물체는 회전할 때 위로 갔다 아래로 갔다 하는 운동을 반복한다. 이는 회전운동의 수직 성분이 진동운동과 연관이 있다는 것을 보여준다. 또한 가로로 움직이는 수평 성분도 유사하다. 물체가 회전하는 속도는 각속도(ω)로 나타내고, 각속도는 단

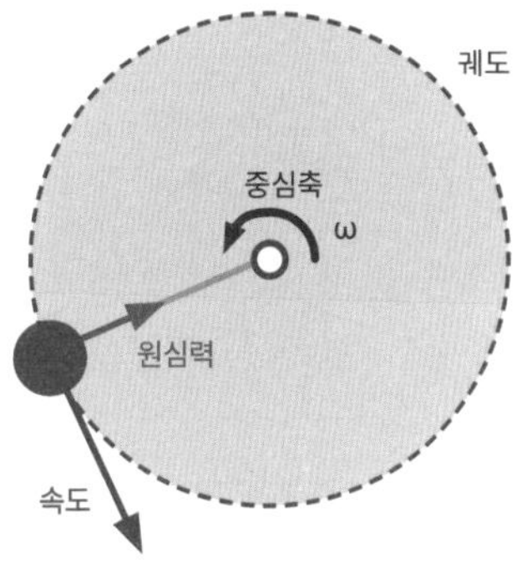

그림 22. 회전하는 물체의 선속도, 각속도 및 원심력

위시간당 회전각(θ)의 크기를 의미하며, 공식은 $\omega = d\theta/dt$과 같다. 즉, 단위 시간당 회전횟수가 많을수록 각속도가 크다. 〈그림 22〉에서 물체가 회전하는 원모양의 궤도에 대한 접선 방향의 성분을 선속도라고 한다. 이 선속도는 각속도가 커질 때 증가하며 원의 반지름이 커지면 함께 증가한다는 것을 알 수 있다. $d\theta$의 회전각에 의해 주어지는 원호의 길이는 $rd\theta$이므로 그림에서 원에 접선 방향으로 표시된 선속도는 $v = r\omega$가 된다.

〈그림 22〉와 같이 물체가 원운동을 할 때 물체는 바깥으로 힘을 받는데, 이를 원심력이라고 한다. 물체가 받는 원심력은 $mr\omega^2 = mv^2/r$이며, 반지름이 작을수록, 질량이 클수록, 선속도가 클수록 원심력은 증가한다. 버스가 회전할 때 속도를 2배 증가시키면 원심력은 4배 증가하며, 회전반경을 반으로 줄일 때 원심력은 2배 증가한다는 것을 예측할 수 있다.

회전하는 물체의 운동 정도를 나타내기 위해서 각운동량을 정의하며, 각운동량이 큰 물체는 운동량도 크다. 〈그림 23〉과 같이 회전하는 물체의 선속도가 $\vec{v}$로 주어질 때 직선 성분에 해당하는 선운동량은 $\vec{p} = m\vec{v}$이며, 회전하는 성분에 해당하는 각운동량은 $\vec{L} = \vec{r} \times \vec{p}$으로 정의된다. 각운동량은 선운동량과 반지름이 클수록 큰 값을 가진다. 반지름 $\vec{r}$벡터와 선운동량 $\vec{p}$벡터의 벡터 외적에 의해서 각운동량 $\vec{L}$이 주어지며, 〈그림 23(a)〉에 표시

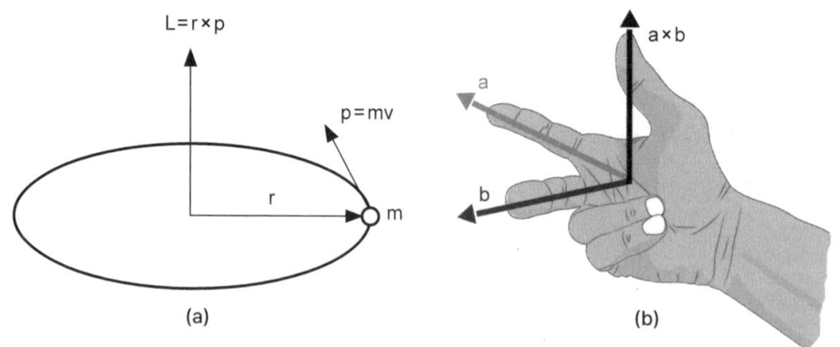

그림 23. (a) v의 선속도로 회전하는 물체의 각운동량 (b) 벡터의 외적을 이해하기 위한 오른손 법칙

된 것과 같이 각운동량 $\vec{L}$의 방향이 주어진다. 각운동량 $\vec{L}$의 방향은 회전운동에서 각속도(ω)의 벡터 방향과 같은 방향을 가진다. 즉, 회전축의 방향은 바로 각속도와 각운동량 벡터의 방향과 일치한다. 〈그림 23(b)〉와 같이 두 벡터 a와 b의 외적에 의한 벡터의 방향은 그림의 오른손 법칙으로 간단히 얻을 수 있다. 〈그림 26(a)〉의 반지름 $\vec{r}$벡터와 선운동량 $\vec{p}$벡터의 외적은 두 벡터에 모두 수직이 되는 각운동량 $\vec{L}$의 방향이 된다. 이는 각운동량 $\vec{L}$의 크기는 mvr이며 방향은 반지름 $\vec{r}$벡터과 운동량 $\vec{p}$벡터에 모두 수직으로 형성되어 그림과 같이 회전하는 물체의 회전축과 나란한 벡터로 정의된다.

특히 각운동량 $\vec{L}$은 크기와 방향을 동시에 가지므로 크기나 방향이 변화하면 각운동량도 변화한다. 선운동량에 대해서는 운동량이, 회전운동에 대해서는 각운동량이 보존된다. 이를 각운동량 보존 법칙이라고 하며, 각운동량 $\vec{L}$은 외부와 에너지를 주고받지 않는 한 일정하게 유지된다. 이는 각운동량 $\vec{L}$벡터가 가지는 크기와 방향이 변화하지 않는다는 것을 의미한다. 즉, 회전하는 물체의 각운동량은 외부에서 힘을 주지 않는 한 유지되므로, 회전축은 변화하지 않고 일정한 벡터의 방향을 가지며, 회전속도 또한 일정한 각속도를 유지하게 된다. 회전하는 물체에 힘을 주어서 회전축의 방향을 바꾸면 그 힘의 반대 방향으로 힘이 작용하면서 물체의 회전축을 변화하지 않으려고 한다. 이와 같은 회전체의 각운동량 보존 법칙을 활용하는 센서가 자이로스코프(gyroscope)이다.

〈그림 24〉와 같이 회전반경이 다른 두 회전운동에서 각운동량의 크기는 각각 mv_1r_1과 mv_2r_2이다. 회전반경이 r_1인 회전운동에서 각운동량이 변화하지 않고 회전반경이 r_2로 줄어들면 속도는 어떻게 변화할까? 각운동량이 일정하게 유지되어야 하므로 $mv_1r_1 = mv_2r_2$이 되고, $v_2 = r_1/r_2 \cdot v_1$이 된다. 이는 회전운동에서 각운동량이 변화되지 않고 반지름이 줄어들면 회전속

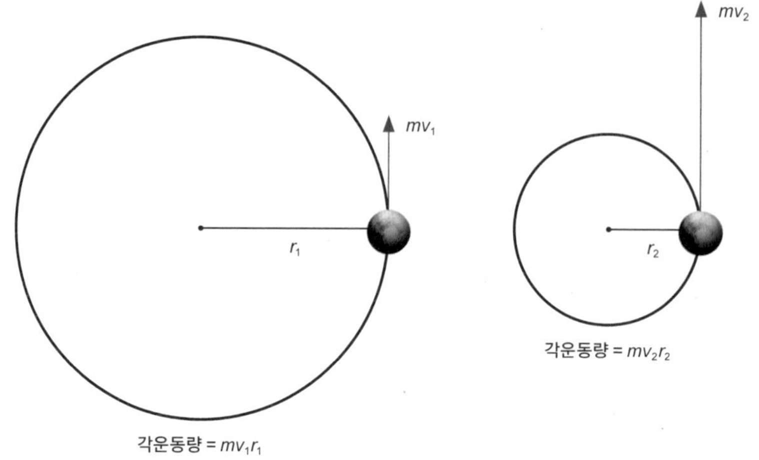

그림 24. 회전반경 및 각운동량의 변화

도가 더욱 증가한다는 것을 나타낸다. 반대로 반지름이 늘어나면 회전속도는 감소한다는 것을 예상할 수 있다.

이와 유사한 현상 중 하나는 태양을 초점으로 한 행성 또는 혜성의 운동이다. 태양을 초점으로 공전하는 혜성들은 태양에서 멀어지는 경우 선속도가 줄어들어 천천히 움직인다. 그러나 태양에 가장 가까운 궤도에 이르면 선속도가 최대로 되면서 태양을 돌아서 먼 궤도로 돌아간다. 이와 같이 태양에 가까울 때 속도가 증가하는 것은 각운동량에서 궤도의 반지름이 줄어 속도가 늘어나는 것으로 생각할 수 있다. 태양을 중심으로 한 행성과 혜성의 공전에서 궤도의 반지름과 속도는 운동량 보존 법칙을 따르며, 회전하는 모든 물리계는 각운동량 보존 법칙을 따른다.

2-12. 관성모멘트와 각운동량

물체는 질량이 클수록 큰 관성을 가지며, 이는 일정한 속도로 이동하는 무거운 물체가 가벼운 물체보다 멈추기가 더욱 힘들다는 것을 나타낸다. 반대로 정지해 있는 무거운 물체를 가속하기 위해서는 가벼운 물체에 비해 더욱 큰 힘을 줘야 한다. 이와 유사하게 물체를 회전축을 중심으로 회전시킬 때에도 회전관성에 따른 회전력이 필요하다. 그래서 큰 회전력을 물체에 주면 큰 각가속도에 의해서 각속도는 빠르게 증가하며, 물체는 빠르게 회전하게 된다. 회전체가 가지는 회전관성을 관성모멘트(I)로 나타내며, 관성모멘트가 클수록 회전체를 회전시킬 때 더 큰 회전력이 필요하다는 것을 나타낸다. 회전체에 회전력을 가하면 회전체의 각속도($\vec{\omega}$)는 단위시간당 각속도의 변화인 각가속도($\vec{\alpha}$)에 의해 증가한다.

회전축을 어디에 잡으면 회전체를 쉽게 또는 힘들게 회전시킬 수 있을지 생각해보자. 〈그림 25〉와 같이 막대를 회전시킬 때 막대의 중심에 회전축을 두고 회전시키는 경우와 막대 끝부분에 회전축을 두고 회전시키는 경우 중 어느 때 더 힘이 들까? 〈그림 25〉에 계산된 관성모멘트 값을 비교해보면 막대 끝을 회전축으로 회전시킬 때 관성모멘트가 더 크게 작용하

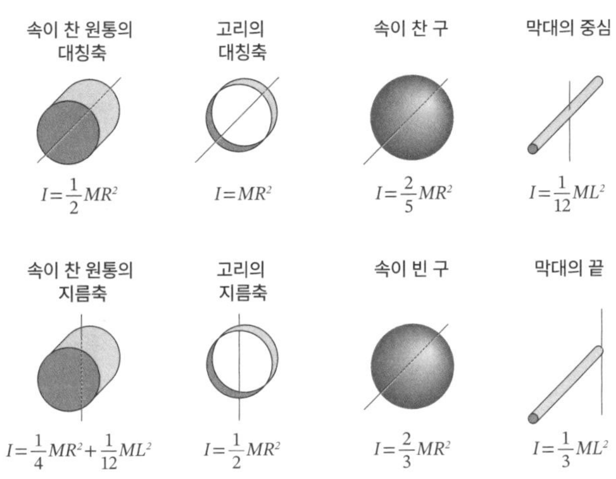

그림 25. 다양한 모양의 물체들이 가지는 관성모멘트

여 힘이 더 많이 든다는 것을 알 수 있다. 또한 속이 빈 구와 속이 차 있는 구의 관성모멘트 값을 비교하면 속이 빈 구가 더 큰 관성모멘트를 가지며, 이는 속이 비어 있는 구를 회전시킬 때 더 많은 회전력을 주어야 한다는 것을 나타낸다.

다양한 물체들이 갖는 관성모멘트에 의해서 회전체의 각운동량은 $L = I\omega$로 표현된다. 아령을 들고 회전하는 사람이 팔을 벌린 상태와 팔을 모은 상태의 관성모멘트에는 어떤 차이가 있을까? 팔을 벌린 상태에서는 회전에 더 많은 회전력이 소요되므로 관성모멘트가 크고, 반대로 팔을 모은 상태에서는 관성모멘트가 작다. 그러면 팔을 벌린 상태로 회전하다가 팔을 모으면 어떻게 될까? 팔을 벌린 상태에서 회전하면 관성모멘트가 증가하므로 각속도가 줄어들어 각운동량은 일정한 값이 된다. 이 상태에서 다시 팔을 모으면 관성모멘트가 작아지며 각운동량이 일정한 값을 가지기 위해서 각속도는 증가한다. 일정한 각운동량을 유지하기 위해서는 각속도와 관성모멘트의 곱이 일정하게 유지되어야 하므로 관성모멘트의 변화는 각속도의 변화를 일으키게 되는 것이다. 피겨스케이팅 선수가 손을 벌리고

그림 26. 회전체의 관성모멘트 변화에 따른 각속도 변화

회전하다가 손을 모으면 더욱 빠르게 회전하는 것도 각운동량 보존 법칙에 의해서라는 것을 알 수 있다.

각운동량 $\vec{L}$은 벡터이며 회전하는 물체의 각운동량이 보존된다는 것은 회전축의 방향과 각속도가 변화하지 않는다는 것을 나타낸다. 자전거 바퀴가 일정한 속도로 회전할 때 손을 놓고 달려도 자전거는 잘 넘어지지 않는다. 이는 자전거 바퀴의 회전축이 일정한 방향을 유지하며, 변화하지 않으려는 각운동량 보존 법칙에 따르기 때문이다. 자동차가 빠른 속도로 달리면 자동차의 바퀴는 빠른 속도로 회전하는 상태가 된다. 이때 바퀴의 방향을 운전대로 바꿀 때 회전속도가 빠를수록 더 많은 힘이 요구된다. 그래서 고속도로에서 속도가 빨라지면 운전대를 돌릴 때 더 많은 힘이 들게 된다. 각운동량 보존 법칙을 활용하는 장비 중 대표적인 것으로 〈그림 27〉과 같은 자이로스코프가 있다. 자이로스코프는 방향의 변화를 감지하는 센서로 비행기나 헬리콥터에 많이 사용된다. 자이로스코프는 회전축이 일정한 속도로 회전하는 상태를 유지하면서 일정한 각운동량을 가지게 설계된다. 각운동량이 일정하다는 것은 회전축의 방향과 각속도가 일정하게 변화

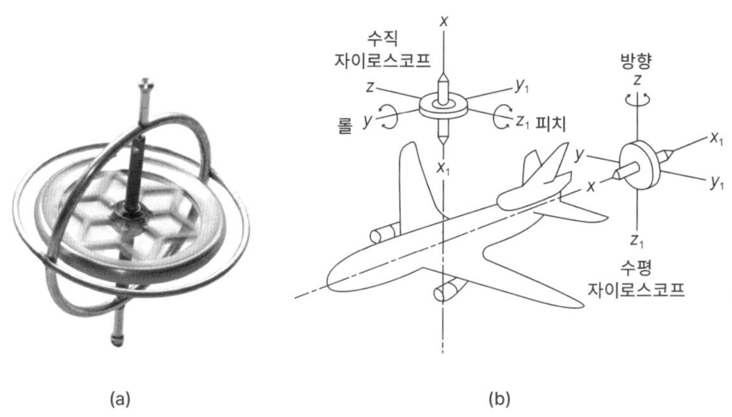

그림 27. (a) 자이로스코프 (b) 비행기에 사용되는 자이로스코프

하지 않는다는 것을 의미한다. 자이로스코프가 일정한 속도로 회전할 때, 회전축에 특정한 힘을 주면, 자이로스코프의 회전축은 힘을 준 반대 방향으로 힘을 형성한다. 이는 자이로스코프에 힘을 인가하면 자이로스코프는 회전축이 틀어지지 않게 하기 위해서 반대 방향으로 힘을 형성한다는 것이다. 그래서 비행기 내에 장치된 자이로스코프는 비행기의 진행 방향이 바뀔 때 회전축이 틀어지는 반대 방향으로 힘을 형성하게 된다. 이때 이 힘에 의해서 비행기의 진행 방향이 얼마나 변화되는지를 측정할 수 있게 된다. 자이로스코프는 우주공간에서 우수한 방향감지센서로도 사용되며, 초기에는 기계식 자이로스코프였으나, 최근 전자식 자이로스코프로 바뀌었다.

2-13. 토크와 코리올리힘

정지 또는 회전 상태인 물체의 각속도에 변화를 주기 위해서는 물체에 각가속도를 주기 위한 외부 힘을 이용해 회전력을 주어야 한다. 외부에서 가해지는 이 힘으로 회전체에는 회전력이 주어지며, 이 회전력을 토크라고 정의한다. 토크는 〈그림 28〉과 같이 O로 표시된 회전축에서 변위 $\vec{r}$만큼 떨어진 곳에서 $\vec{F}$의 힘이 주어지면 토크 $\vec{\tau}=\vec{r}\times\vec{F}$으로 정의되며, 여기서도 벡터의 외적이 사용된다. 힘의 방향과 반지름의 방향 모두에 수직인 벡터는 회전축의 방향과 같으며, 이는 각속도 벡터와도 같은 방향이 된다. 즉, 회전력 토크가 가지는 벡터의 방향도 회전축에 나란하다. 토크의 크기는 $\tau=rF\sin\theta$로 주어지므로, 회전축에서 멀리 떨어지면 같은 힘이 작용해도 더 큰 토크를 가할 수 있다. 그래서 〈그림 28〉과 같이 볼트를 돌릴 때 스패너의 손잡이 앞부분보다 뒷부분을 잡을 때 힘이 더 적게 든다.

여름철에 자주 발생하는 태풍은 항상 같은 방향으로 회전하며 〈그림

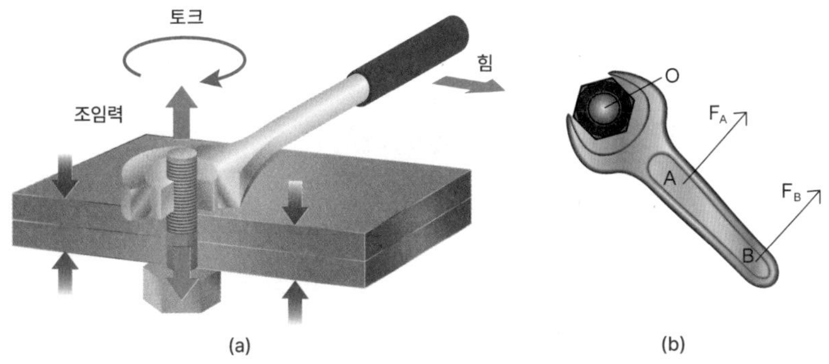

그림 28. (a) 외부 힘에 의한 토크의 발생 (b) 회전반경에 따른 토크의 비교

29〉와 같이 북반구에서는 반대 방향으로 남반구에서는 시계 방향으로 회전한다. 이와 유사한 현상은 화장실에서 물을 내릴 때 발생하는 소용돌이에서도 관찰된다. 이 같은 현상들은 물체의 운동이 지구의 자전에 영향을 받는 코리올리힘에 의해서 발생하게 된다. 코리올리힘은 $\vec{F} = -2m\vec{\Omega}\times\vec{v}$으로 주어지며, 여기서 $\vec{\Omega}$는 지구의 자전이 갖는 각속도이다. 욕조에서 물이 내려갈 때 $\vec{v}$의 속도로 지구의 중심 방향으로 이동하면, 코리올리힘은 지구의 각속도와 물이 내려가는 방향에 수직인 방향의 반대로 작용하게 된다. 지구의 중심 방향으로 물이 내려갈 때 코리올리힘의 방향은 시계 반대 방향

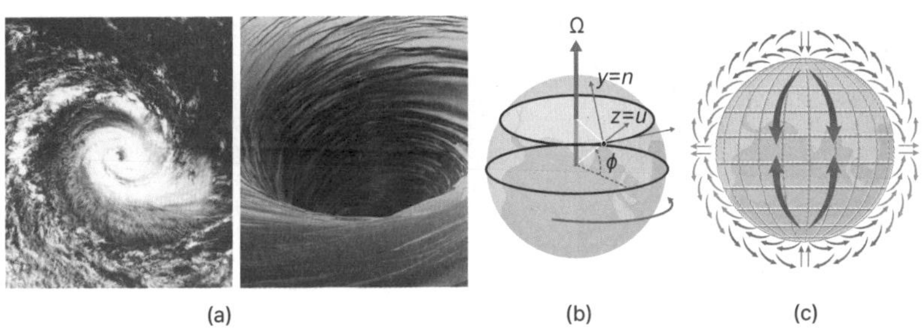

그림 29. (a) 코리올리힘에 의해 형성되는 태풍과 소용돌이 (b) 지구의 자전에 의해 형성되는 코리올리힘 (c) 지구의 계절풍 형성

으로 회전력을 형성한다는 것을 알 수 있다.

2-14. 위치에너지와 운동에너지

물체가 운동량을 가진다는 것은 속도를 가지고 움직이고 있는 상태를 나타내며, 운동량 보존 법칙에 따라 속도는 변화하지 않는다. 그래서 일정한 크기의 운동량을 가진 물체는 일정한 속도로 움직이게 되며, 이 물체가 정지한 물체와 충돌할 경우 정지한 물체에 운동량을 증가시킨 만큼 그 물체의 운동량은 줄어들게 된다. 움직이는 물체가 가진 운동량이 줄어든 만큼 정지한 물체는 운동량이 증가한 것이다. 물체의 운동량과 유사하게 운동의 정도를 나타내는 운동에너지는 $1/2mv^2$로 정의되며, 단위는 J(줄)이다.

$$E_k = 1/2mv^2(\mathrm{J})$$

운동에너지 $E_k = 1/2mv^2$이므로 0.1kg인 새가 8m/s로 날아가고 있을 때 운동에너지는 $E = 1/2 \cdot (0.1\mathrm{kg}) \cdot (8\mathrm{m/s})^2 = 3.2\mathrm{J}$로 간단하게 계산된다. 운동량이 있다는 것은 속도가 있다는 것이므로 운동에너지를 가진다는 것과 같다. 특히, 정지하고 있는 물체의 운동량과 운동에너지는 0이다. 그러나 정

그림 30. (a) 움직이는 물체의 운동에너지 (b) 높이(h)에 대한 질량(m)의 위치에너지

지하고 있는 물체라도 높은 곳에 있다면 낮은 곳으로 자유낙하할 때 물체의 속도는 중력가속도와 시간에 비례해서 증가한다. 그러므로 높은 곳에 있는 물체는 잠재적으로 에너지를 가지고 있다고 할 수 있으며, 이를 위치에너지라고 한다. 그래서 운동량이 없다 하더라도 위치에너지에 의해서 운동에너지가 형성될 수 있는 것이다.

일반적으로 고전역학에서는 에너지를 크게 운동에너지와 위치에너지로 나눈다. 전기에너지, 화학에너지, 열에너지 등 다양한 형태의 에너지들에 대해서는 이후에 다루기로 한다. 위치에너지는 $E_p = mgh$로 정의되며, 100kg인 바위가 높이 10m에 있을 때 위치에너지는 $E_p = 100\text{kg} \cdot 9.8\text{m/s}^2 \cdot 10\text{m} = 98{,}000\text{J}$로 계산할 수 있다. 여기서 바위가 바닥에 떨어질 때 속도가 얼마나 될지 계산해보기 바란다. 위치에너지는 바닥에 떨어지면서 최대가 되므로 운동에너지는 위치에너지와 같다고 놓으면 속도를 쉽게 계산할 수 있다.

2-15. 에너지 보존 법칙

관성의 법칙에 의해서 일정한 속도로 이동하는 물체는 그 속도로 계속 이동하게 되며, 이는 물체가 일정한 속도로 움직일 때 운동량이 일정하게 유지된다는 것을 나타낸다. 이와 같이 관성의 법칙은 운동량 보존 법칙이라고 볼 수 있다. 에너지의 경우에도 물리계의 총에너지는 일정하게 유지되며, 이것이 에너지 보존 법칙이다. 즉, 일정한 속도로 이동하는 물체의 운동에너지 또한 일정한 값을 가지며, 총운동에너지는 에너지 보존 법칙에 의해서 일정하게 유지된다. 〈그림 31(a)〉와 같은 진자의 운동을 보면 A와 C 지점에서는 속도가 0이 되지만, B지점에서는 최고의 속도를 가진다. 운동량의 입장에서 보면 A와 C 지점에서는 운동량이 0이며, B지점에서는 운동

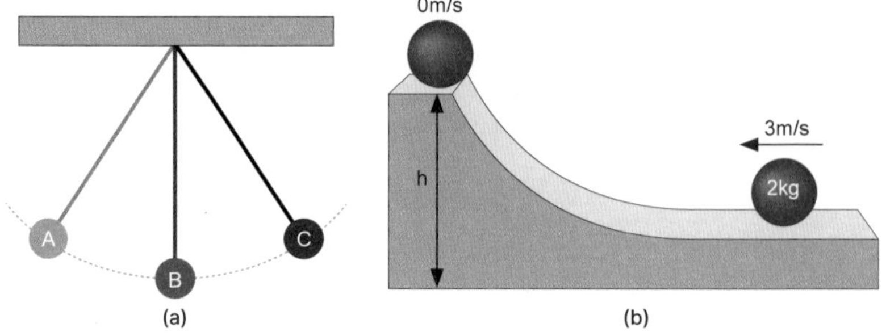

그림 31. (a) 최고점 A, C와 최저점 B를 갖는 진자의 운동 (b) 빗면을 올라가는 물체의 운동

량이 최대가 된다. 에너지의 입장에서 보면 최고점에서는 운동에너지는 0이 되지만 위치에너지는 최대가 된다. 최고점에서 내려가는 물체의 속도는 천천히 증가하여 최저점에서는 최대가 되어 운동에너지는 최대가 된다. 최저점의 운동에너지는 최고점의 위치에너지와 같으며, 최저점의 운동에너지 또는 최고점의 위치에너지는 진자의 총에너지가 된다.

〈그림 31(b)〉와 같이 빗면을 올라가는 물체는 최고점에 이른 후 다시 내려가며 가장 낮은 위치로 내려오면 가장 처음 빗면을 올라가던 속도가 된다. 이 물체는 관성의 법칙에 의해서 처음 속도로 반대편으로 무한히 이동하게 된다. 운동에너지와 위치에너지로 이 문제를 접근해보자. 2kg의 물체가 3m/s의 속도로 빗면을 올라갈 때 $E_k = 1/2 \cdot (2\text{kg}) \cdot (3\text{m/s})^2 = 9\text{J}$의 운동에너지를 가지고 빗면을 오르기 시작할 것이다. 빗면을 따라 올라가서 위치에너지가 운동에너지와 같아지면 속도는 0이 된다. 그래서 위치에너지는 $E_p = 2\text{kg} \cdot 9.8\text{m/s}^2 \cdot \text{h}m = 9\text{J}$으로 계산되며, 높이 h는 약 4.6m가 된다는 것을 알 수 있다. 이 물리계의 역학적 에너지의 합은 9J이 되며, 최고높이에서 다시 뒤로 내려가기 시작해서 바닥에 도착하면 속도는 다시 3m/s가 된다.

2-16. 일과 에너지

정지한 물체에 힘을 가하면 물체는 힘의 법칙에 따라 가속이 되고 일정한 속도를 내며 그에 의해서 운동에너지를 갖게 된다. 이와 같이 물체에 힘을 가해서 운동에너지를 만드는 것에 대해 일을 했다고 정의한다. 물체에 힘을 가해서 일정거리만큼 밀어주면 물체는 운동에너지를 얻으며, 그 운동에너지에 상응하는 일을 했다고 할 수 있다. 이 운동에너지를 형성할 때 사용된 일은 운동에너지와 같은 크기의 에너지를 가진다.

〈그림 32(a)〉와 같이 $\vec{F}$의 힘으로 썰매를 밀어서 $\vec{d}$의 변위만큼 이동시킬 때 발생하는 일은 $W=\vec{F}\cdot\vec{d}=Fd\cos\theta$로 주어지며, 여기서 힘과 변위의 벡터 내적으로 표현된다. 힘과 일의 방향이 같다는 것은 힘이 일의 방향에 대해 가장 잘 전달된다는 것을 나타내며, 힘과 변위의 내적은 최댓값을 가진다. 반대로 힘과 일의 방향이 90°를 이루면 힘에 의해서 일을 했다고 할 수 없다. 즉, 힘과 변위의 내적이 0이 된다. 이는 힘의 방향이 변위에 대해 90°로 주어질 경우에는 그 힘으로 물리계에 에너지를 주지 않았다는 것을 의미한다.

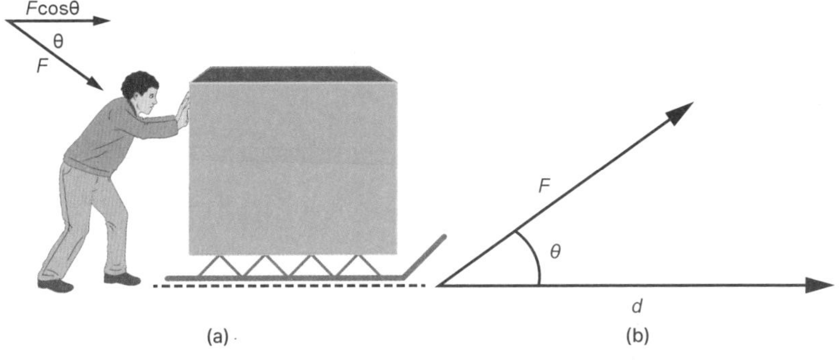

그림 32. (a) 썰매를 밀어내어 가속하는 모습 (b) 힘과 변위에 의해 주어진 일

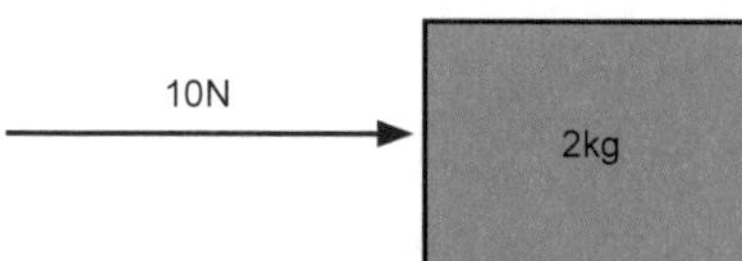

그림 33. 힘을 가해 정지한 물체를 이동시키는 일

〈그림 33〉과 같이 정지해 있는 2kg의 물체에 10N의 힘을 가해서 10m 이동시키면 100J의 일을 한 것이다. 물체는 이 일을 받아서 100J의 운동에너지를 갖게 되므로, 이 물체의 속도는 10m/s가 된다. 평지에서 물체를 밀면 가속이 되지만 오르막길과 같이 경사진 곳에서 물체를 밀면 주어진 일은 위치에너지와 운동에너지의 증가를 동시에 보이게 된다. 위치에너지가 형성되는 것보다 더 많은 일을 하면 나머지는 운동에너지로 변환되는 것이다. 반대로 내리막길과 같이 경사진 곳에서는 위치에너지가 가해진 일에 더해지므로 가해준 일보다 더 많은 에너지를 물체가 받아서 더욱 빠른 속도로 물체는 이동하게 된다.

2-17. 질점과 질량중심

지구가 어느 물체 하나에 작용하는 중력은 지구를 구성하는 물질과 그 물체 사이에 작용하는 모든 만유인력을 합한 것과 같다. 지구를 구성하는 물질들이 지구의 부피를 이루는 공간을 형성하고 있다. 앞에서 살펴본 것과 같이 지구를 구성하는 물질들이 지금의 지구보다 더 작은 공간에 형성될 때 지구의 중력은 더 증가하게 된다. 부피와 질량을 가지는 지구를 하나의 점과 같이 다루면 조금 더 편리하며, 이와 같이 부피와 질량을 가진 물체를 점으로 표시하는 것을 질점이라고 정의한다. 지구를 하나의 질점으로 나타내기 위해서 지구의 중심을 지구의 질점으로 나타내며, 이 지구

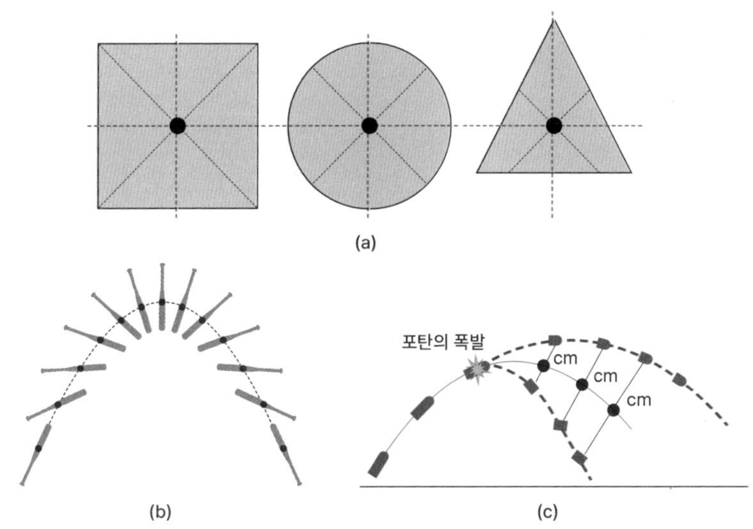

그림 34. (a) 다양한 도형들의 질량중심 (b) 배트의 포물선운동 (c) 공중에서 분리되는 포탄의 포물선운동

의 중심은 지구의 질량중심이라고 볼 수 있다. 〈그림 34(a)〉에 제시된 도형들의 질량중심은 각 도형 중심에 점으로 표시되어 있다. 이 점은 도형들의 균형을 잡을 수 있는 위치에 해당된다. 〈그림 34(b)〉와 같이 배트를 던지면 질량중심은 포물선운동을 하게 되고, 배트 자체는 질량중심에 대해서 회전운동을 하거나 정지된 상태로 날아가게 된다. 이 배트의 회전운동은 배트의 질량중심이 하는 포물선운동에는 아무런 영향을 미치지 않는다. 그러므로 배트의 포물선운동은 질량중심인 질점의 포물선운동과 질점을 중심으로 한 회전운동을 나타내게 된다. 포물선운동을 하다가 둘로 분리되는 포탄의 경우에도 질량중심의 운동은 포탄이 분리되지 않을 때와 똑같은 경로를 가진다. 또한 포탄이 공중에서 폭발하여 분리되는 경우에도 포탄 조각들의 질량중심이 분리되지 않을 때의 질량중심 경로와 같은 경로를 따라간다. 그래서 지구, 자동차, 우주선, 별 등과 같이 다양한 모양을 가진 물리계도 질점으로 다루어도 큰 문제가 없다.

2-18. 상대성이론

2-18-1. 차원

시간여행을 하기 위한 장치인 타임머신은 4차원 공간에서 원하는 지점들로 이동할 수 있게 해준다. 4차원 공간은 우리가 생활하는 실제 공간인 3차원 공간에 시간축을 추가해서 4차원이라는 공간을 생각한 것이다. 4차원 공간에서 시간축을 따라 움직일 수 있다면 현재에서 과거 또는 미래로 갈 수 있다.

우리가 생활하는 공간을 유클리드 공간이라고 부르며 〈그림 35(a)〉와 같은 3차원 공간에서 특정한 지점은 하나의 좌표(*x*, *y*, *z*)로 표현될 수 있다. *x*, *y*, *z* 축들은 서로 수직으로 놓이므로 간섭하지 않는다. 특히, 이 3차원 공간에 3개의 축들을 수직으로 놓을 수 있지만, 시간이라는 축을 넣어서 4개의 좌표축들을 모두 수직이 되게 하는 것은 불가능하다. 3개의 축으로 이루어진 3차원 공간은 입체를 표현할 수 있으며, 3개의 직교하는 축들의 곱으로 부피를 나타낼 수 있다.

〈그림 35(b)〉의 3차원 공간에서 하나의 좌표축을 없애면 그 축을 따라 움직일 수 있는 자유도는 없어진다. 즉, 나머지 2개의 좌표축에 의해서 만들어지는 2차원 공간인 평면 내에 갇히게 된다. 최근 2차원 소재에 대한

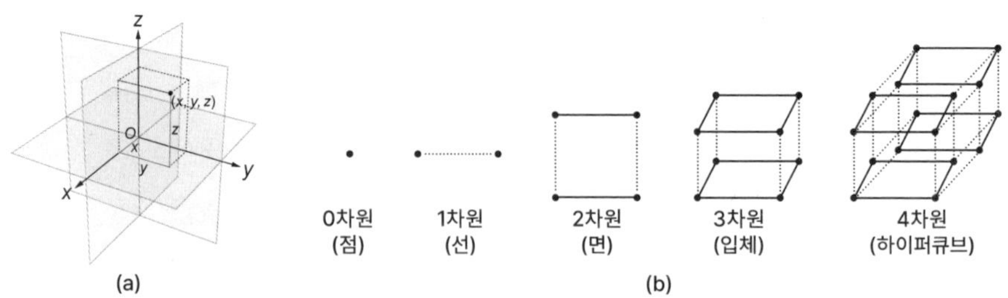

그림 35. (a) 실제 3차원 공간인 유클리드 공간 (b) 다양한 차원들의 비교

연구가 많이 진행되고 있다. 그중 대표적인 것이 그래핀(graphene) 소재이다. 그래핀 소재 내에서 전자들은 2차원 공간에 갇혀서 발현하는 특이한 물리적 특성을 보인다. 특히, 그래핀 내에서 전자들은 질량이 없어져서 매우 빠른 속도로 움직이는 특성을 보인다. 이러한 그래핀 소재를 활용하여 컴퓨터를 만들면 기존의 컴퓨터에 비해 천 배 이상 빠른 컴퓨터를 만들 수 있다.

2차원에서 또 하나의 축을 없애면 하나의 좌표축만을 가지는 1차원 공간이 된다. 1차원 공간의 예가 되는 물리계에는 탄소나노튜브(carbon nanotube)와 실리콘 나노선(silicon nanowire) 등의 다양한 1차원 소재들이 있다. 이와 같은 1차원 소재 내에서 전자들은 1차원 공간에 대응되는 물리적 특성을 나타낸다. 탄소나노튜브 내의 전자들 또한 그래핀 내의 전자들과 유사하게 빠른 속도로 이동하는 특성을 나타내기도 한다.

1차원 공간에서 마지막 남은 하나의 축을 없애버리면 그 자리에서 더 이상 움직일 수 없는 0차원 공간이 형성된다. 0차원 공간의 예가 되는 물리계는 나노점(nanodot) 또는 양자점(quantum dot)으로 정의되는 수 나노미터 크기의 물질로 이루어진 아주 작은 점들이다. Au, Ag와 같은 다양한 물질로 만들어진 나노점 중에서 반도체 소재로 이뤄진 나노점을 양자점이라고 부른다. 반도체 소재들로 만들어진 양자점은 크기의 변화에 따라 밴드 갭이 크게 변화하는 특징을 가지므로 이를 활용한 디스플레이 등의 포토닉 소자들에 활용될 수 있다. 이 부분은 나노과학에 대해 다룰 때 다시 언급할 것이다.

유클리드 공간에서는 3차원 정보를 x, y, z로 표현할 수 있지만 추가적으로 시간이라는 새로운 좌표축을 더 포함할 수는 없다. 그래서 4차원 공간을 3차원 공간으로 표현하기 위한 여러 가지 시도가 있었으며, 대표적으로 하이퍼큐브(hypercube)에 의한 4차원 공간, 힐버트(Hilbert) 공간, 민코프

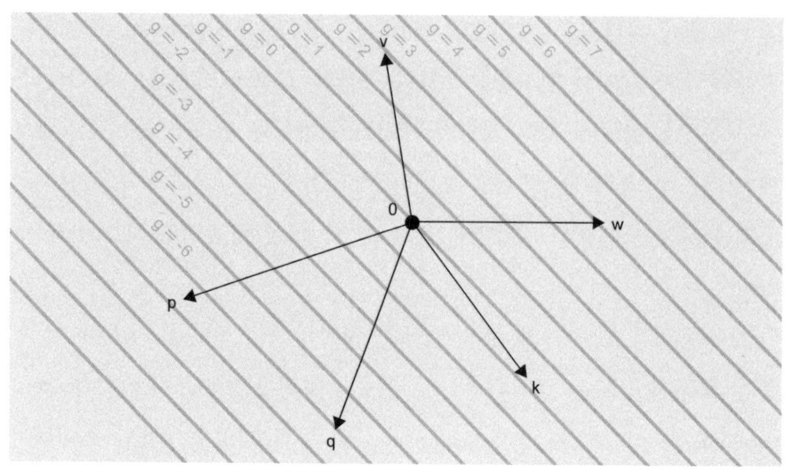

그림 36. 힐버트 공간에 표시된 5개의 좌표축

스키(Minkowski) 공간 등이 있다. 그중 〈그림 35(b)〉의 하이퍼큐브는 여러 3차원 공간을 시간에 따라 배열하여 조합함으로써 시간축에 대한 정보를 표시한다.

3차원 공간인 유클리드 공간에는 특정 물체가 있는 위치를 x, y, z의 좌표로 표시할 수 있으며, 이는 x, y, z 3개의 변수를 가지는 방정식의 해로 3차원 공간이 적용될 수 있다. 물체의 위치를 시간의 변화에 따라 표시하려고 하면 x, y, z, t 4개의 변수가 요구되며, 이를 서로 독립변수들로 적용하기 위해서는 x, y, z, t 4개의 축들이 서로 독립적으로 존재하여야 한다. 그러나 유클리드 공간에서 4개의 축을 서로 수직으로 만들기는 불가능하므로 3개보다 많은 4개 이상의 좌표축들이 서로 수직이 될 수 있는 가상 공간인 힐버트 공간을 도입하였다. 양자역학에서 다루는 파동함수는 x, y, z, t의 4개의 변수를 가지므로 이를 적용하기 위해서도 힐버트 공간이 필요하다.

특수상대성이론에서는 x, y, z의 공간과 시간 t를 다루기 때문에 4차원 공간이 필요하다. 그래서 〈그림 37〉과 같은 4차원 공간을 잘 반영할 수 있는 민코프스키 공간이라는 새로운 공간을 도입한다. 4차원 공간을 힐버트 공간에 나타내는 것도 가능하지만 민코프스키 공간은 3차원의 공간에 4차원 공간을 표현할 수 있는 특이한 공간이다. 민코프스키 공간에서 x, y축으로 표현되는 2차원 공간으로 3차원 공간을 표시한다. 그리고 나머지 z축을 시간축으로 사용한다. 원점은 현재의 위치와 시간을 나타낸다. 현재 시점에서 시간이 흐르면 원점에서 일정한 거리만큼 공간을 이동할 수 있는 확률이 생긴다. 시간에 따른 위치 변화에만 관심이 있으며, 시간이 흐를 때 위치가 변화하는 속도는 빛의 속도를 초과할 수 없다. 특수상대론에서는 빛의 속도보다 빠른 것이 존재할 수 없기 때문이다. 민코프스키 공간에서 위의 콘은 미래를, 아래의 콘은 과거를 나타낸다. 콘의 표면기울기는 원점에서 빛의 속도로 멀어지는 공간을 나타낸다. 그래서 모든 사건은 콘 내부에서만 일어나고 콘 외부에서는 일어날 수 없다. 과거를 나타낸 콘을 보면 원점으로 올 수 있는 위치는 콘 내부만 가능하며, 콘 외부에서는 원점으로 올 수 없다.

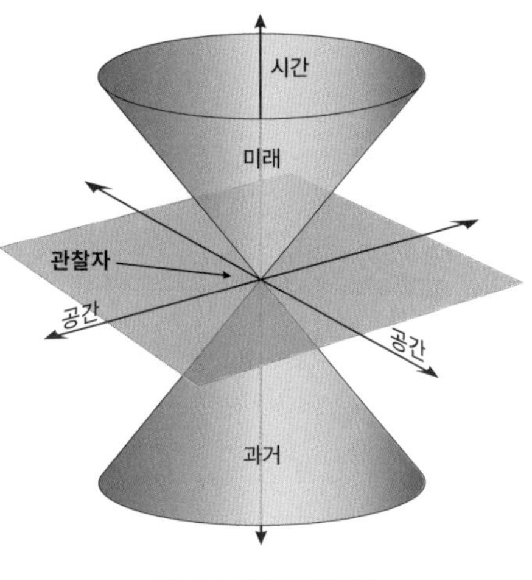

그림 37. 민코프스키 공간

2-18-2. 상대운동

특수상대론에서는 관찰하고 있는 물리계와 관찰자의 상대운동에 발생하는 상대속도가 광속에 가까울 때 일어나는 물리현상의 차이에 대해 기술한다. 여기서 상대속도에 대해 논의하기 위해서 〈그림 38(a)〉와 같이 마주보고 달리는 두 자동차를 살펴보자. 두 자동차가 같은 속도로 달리고 있을 때 빨간 자동차에서 느끼는 초록색 자동차의 속도는 더 빠르며, 자신의 두 배 속도로 초록색 자동차의 속도를 느끼게 된다. 이와 같이 서로 다른 속도를 가진 물체들이 상대적인 속도 차이를 보이는 운동을 상대운동이라고 한다. 상대운동에서 상대속도는 두 물체의 속도벡터들의 차이로 표현될 수 있다. 〈그림 38(b)〉와 같이 $\vec{v}_{A}$의 속도로 움직이는 화물차(A)와 $\vec{v}_{B}$의 속도로 움직이는 승용차(B)의 상대속도는 $\vec{v}_{AB} = \vec{v}_{B} - \vec{v}_{B}$와 같이 표시할 수 있다. 이 상대속도는 1, 2, 3차원 공간에도 적용된다.

두 개의 좌표계 사이에 상대속도가 형성될 때 두 좌표계 사이에 어떤 관계가 있는지를 로렌츠 변환이라고 잘 알려진 x, y, z, t를 이용한 4차원 좌표 변환식으로 나타낼 수 있다. 하나의 좌표계에서 한 점 x, y, z가 시간 t가 경과한 후 다른 하나의 좌표계에 x', y', z'의 한 점의 시간 t'이 경과한 것으로 표현될 수 있다. 이때 x, y, z, t와 x', y', z', t'의 관계를 정의하는 것이 로렌츠 변환이다. 상대속도가 x축으로 이동하는 좌표계에 대한 로렌츠 변환은 〈그림 39〉와 같이 간단히 표현된다. 아이슈타인의 특수상대론에서는 광속보다 빠른 것은 없다고 가정하므로 $t' = \dfrac{t}{\sqrt{1-\dfrac{v^2}{c^2}}}$ 으로 표현될 수 있

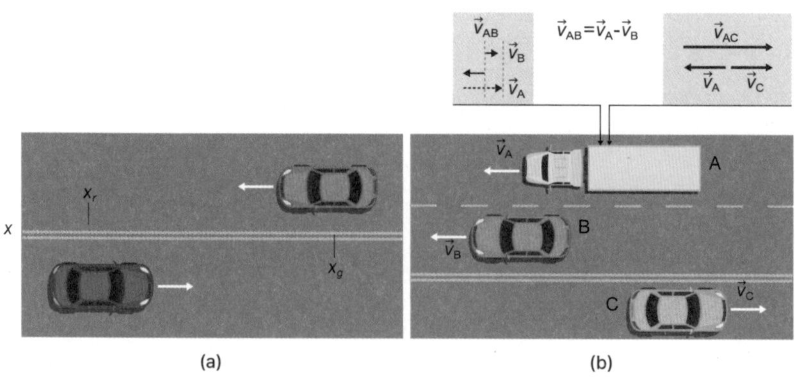

그림 38. (a) 마주보고 달리는 두 자동차 (b) 세 자동차들의 상대속도에 대한 벡터 표현

다. 여기서 속도가 광속에 비해 느리면 $t'=t$가 되어서 두 좌표계 사이에는 시간이 똑같이 흐르게 된다. 그러나 속도가 광속에 가까우면 분모가 0에 가까운 값이 되므로 t'는 t에 비해 월등히 큰 값이 된다. 이는 광속에 가까운 속도로 빠르게 운동하는 우주선 안에서 흐르는 시간이 상대적으로 천천히 흐른다는 것을 나타내기도 한다.

로렌츠 변환(x축 방향)

$$t' = \gamma\left(t - \frac{vx}{c^2}\right)$$
$$x' = \gamma(x - vt)$$
$$y' = y$$
$$z' = z$$

그림 39. x축으로 이동하는 좌표계에 대한 로렌츠 변환 결과

2-18-3. 특수상대성이론

특수상대성이론에서는 두 개의 좌표계가 상대적인 속도 차이를 보일 때 하나의 좌표계에서 관찰한 다른 하나의 좌표계에서 일어나는 물리량들의 차이에 대해 다룬다. 특수상대성이론에서는 이 좌표계들이 관성계들이며 빛의 속도, 즉 광속이 이 관성계 좌표들에서 항상 일정하다고 가정한다. 특수상대성이론은 상대적인 속도 차이가 빛의 속도에 가까울 때 다양한 물리량의 변화를 보여준다. 두 좌표계가 관성계라는 것은 두 좌표계 사이에 힘이 존재하지 않아서 두 좌표계 사이에는 가속되지 않고 일정한 속도의 상대속도를 가진다.

특수상대성이론에서 자주 등장하는 사고실험은 두 관성계 중 하나의 관성계에서 다른 하나의 관성계에서 일어나는 빛의 이동을 정의하는 것이다. 〈그림 40〉과 같이 두 우주선의 상대속도가 v인 상태가 될 때 아래 우주선에는 관찰자가 있고, 위 우주선에는 실험자가 레이저 포인터로 빛을 천장 거울에 반사시켜 바닥 탐지기에 들어가는 실험을 진행 중이다. 이때 우주선 안에 있는 관찰자는 빛이 수직으로 올라갔다 수직으로 내려가는 것을 관찰한다. 상대속도가 광속보다 크게 느리다면 아래 우주선의 관찰자

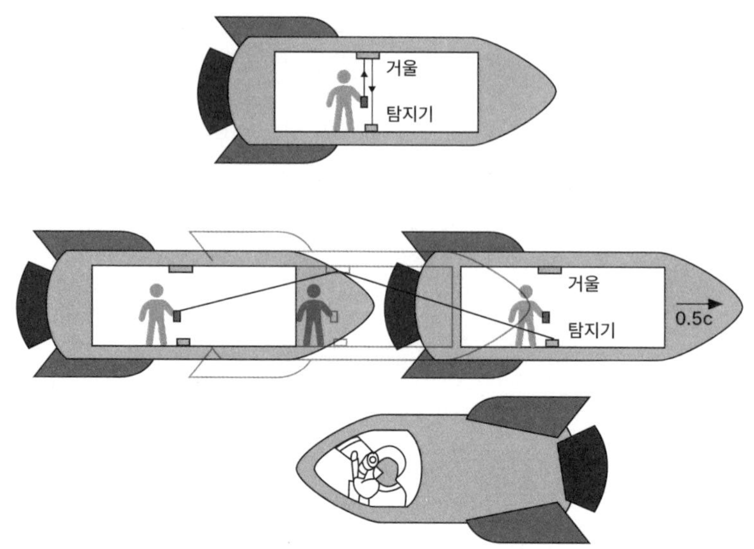

그림 40. 아래 우주선에 탄 관찰자가 다른 상대속도를 가진 우주선 내 빛의 이동 실험을 관찰하는 모습

또한 실험자와 똑같이 빛이 수직으로 올라갔다 수직으로 내려가는 현상을 관찰하게 된다. 그러나 상대속도가 빛의 속도에 가까워지면 관찰자가 보는 빛의 경로는 수직상승, 수직하강이 아닌 대각선 방향으로 올라가다가 대각선 방향으로 내려가는 길어진 경로가 된다. 실험자가 빛을 광원에서 탐지기까지 보낼 때 빛의 이동시간과 관찰자가 관찰한 길어진 경로에 의해 빛의 이동시간은 다르다. 빛의 이동속도는 변하지 않고 경로가 길어지므로 관찰자가 본 빛의 이동시간은 실험자에 비해 더욱 길어진다. 이 차이는 상대속도가 빛의 속도에 가까워질수록 더 길어져 상대속도가 빛의 속도가 되면 무한대가 된다. 하지만 물체의 속도가 빛의 속도에 가까워지면 물체의 질량은 무한대가 되므로 빛의 속도를 만들기가 불가능해진다. 흥미롭게도 빛은 질량을 가지지 않고 운동량만을 가진 특이한 입자이므로 광속이라는 빠른 속도를 가진다.

관찰자가 본 빛의 경로와 실험자가 본 빛의 경로를 비교해보면 〈그림 41(a)〉와 같이 길이 수축, 시간 지연, 질량-에너지 등가원리 등의 흥미로운 내용을 도출할 수 있다. 〈그림 41(b)〉와 같은 길이 수축을 보면 속도가 광속에 가까울 때 원래 공간의 길이보다 더 짧게 느끼는 것이다. 우주선이 광속에 가까운 속도가 되면 목적지와 출발지 사이의 거리는 줄어들게 되므로 예상 시간보다 더 빠른 시간에 목적지로 도착하게 된다. 빛의 입장에서는 무한히 긴 경로도 0에 아주 가까운 거리와 같이 느낄 수 있게 된다.

특수상대성이론에서 가장 흥미로운 것은 시간 지연이다. 위의 사고실험에서 상대속도가 빛의 속도에 가까워지면 관찰자가 본 빛의 이동시간은 크게 늘어날 수 있다. 빠른 속도로 움직이는 우주선 안에서는 시간이 더욱 천천히 흐른다는 것을 나타낸다. 〈그림 42〉와 같이 빛의 속도에 가까운 우주선을 타고 오랜 시간 우주여행을 하고 돌아오면 어떤 일이 일어날까? 지구에 있는 사람들의 시간 경과는 우주선 내의 시간 경과에 비해 아주 느리게 된다. 그래서 지구에 있는 사람에게는 긴 시간이 지난 후에 우주여행

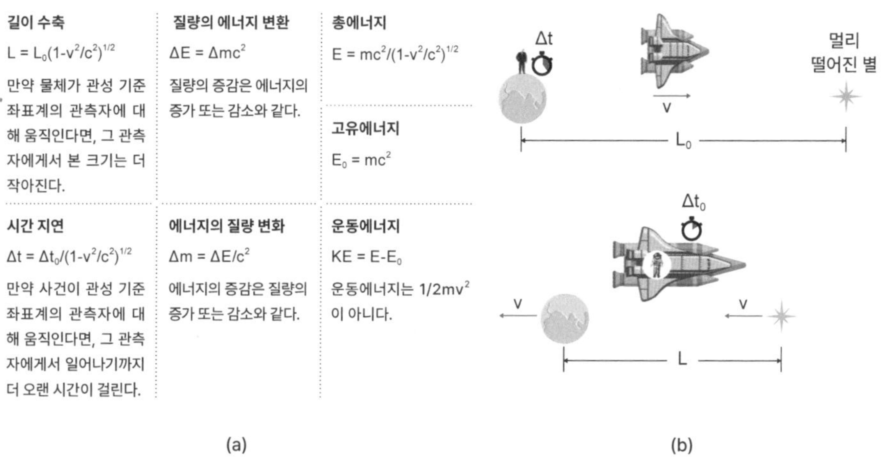

그림 41. (a) 특수상대성이론에서 유도되는 물리량들 (b) 우주선의 속도와 목적지의 거리 비교

그림 42. 우주선을 타고 우주여행을 한 후 돌아왔을 때 시간 차이

을 마치고 돌아온 것이지만 우주여행을 다녀온 사람에게는 짧은 시간이 흐른 것이다. 그림과 같이 우주여행을 다녀오기 전에 같은 나이의 두 사람이 우주여행을 마친 후 다시 만나게 되면 나이 차이가 생길 수 있다는 것을 알 수 있다.

최근 지구온난화와 환경오염 문제로 깨끗한 에너지에 대한 관심이 늘어나고 있다. 화석연료를 쓰지 않는 에너지 기술 중 가장 많은 에너지를 얻을 수 있는 에너지 기술은 원자력발전이다. 원자력발전의 핵심이 되는 원리가 특수상대성이론의 질량-에너지 등가원리이다. 우라늄은 핵분열을 할 때 질량 변화가 일어나며 그 질량 변화에 의해서 열에너지가 발생한다. 이 열에너지를 활용하여 터빈을 돌려서 발전을 하는 것이 원자력발전이다. 질량-에너지 등가원리는 $E = mc^2$이므로 1g의 질량이 에너지로 바뀌면 9×10^{16}J의 엄청나게 큰 에너지가 발생한다. 원자력발전에 사용되는 우라늄과 같은 방사능 물질은 엄청난 에너지를 발생하는 대신 에너지를 발산하는 시간이 매우 길다. 우라늄-238이 반으로 줄어드는 시간인 반감기는 45억년이나 되므로 완전히 에너지를 내지 않을 때까지는 훨씬 더 많은 시간이

(a) (b)

그림 43. (a) 특수상대성이론의 질량-에너지 등가원리 (b) 원자력발전

필요하다. 여기서 반감기는 방사되는 에너지의 양이 반이 될 때까지의 시간이다. 원자력발전에 사용하던 방사능 물질이 유출되면 주변에 열과 함께 방사선을 꾸준히 발생시키므로 유전자 변위 등의 다양한 문제를 야기한다.

일반상대성이론에서는 질량과 공간의 관계에 대해서 다루며, 〈그림 44(a)〉와 같이 질량에 의해서 공간이 왜곡된다고 본다. 그래서 직선으로 이동하는 빛이라고 하더라도 공간이 휘어지므로 결과적으로 휘어져서 지나가는 것과 같이 관찰되는 것이다. 공간의 왜곡에 대해 눈으로 쉽게 관찰하기 위해서 〈그림 44(b)〉와 같은 트램폴린 위에 놓인 무거운 물체와 구슬들의 운동에 관련된 실험에 대해 논의해보자. 팽팽하게 당겨진 천 위에 질량이 큰 물체가 놓이면 공간은 아래로 왜곡되는 모양이 된다. 이때 무거운 질량 근처에 있는 구슬들은 무거운 물체가 만들어놓은 기울어진 빗면을 따라서 무거운 물체가 있는 곳으로 끌려가는 것처럼 이동하게 된다. 이와 같이 무거운 물체는 공간을 휘게 하며 주변의 물체들은 인력을 느끼게 되는데, 이 인력이 만유인력이다. 그래서 질량에 의한 공간의 휘어짐은 만유인력에 의한 중력을 형성하게 된다. 태양의 경우에도 질량이 크므로 주변을

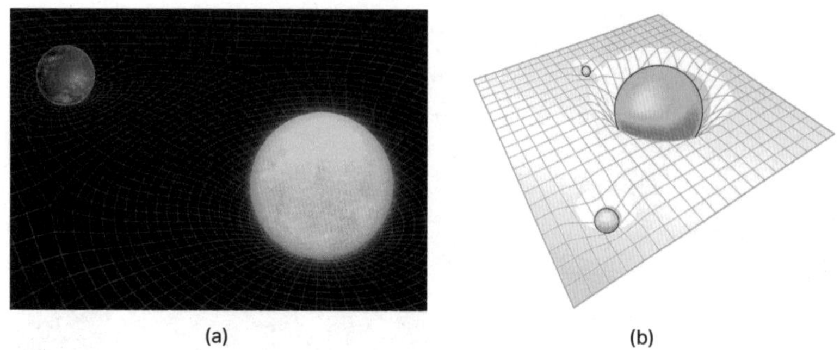

그림 44. (a) 질량이 큰 행성에 의해 왜곡된 공간 (b) 중력으로 왜곡된 공간을 보여주기 위한 실험 : 트램폴린 위 무거운 물체와 구슬 실험

지나가는 빛들이 굴절을 일으키기도 하며, 빛이 탈출하지 못하는 블랙홀 주변에서도 빛이 굴절되는 현상이 관찰되는데, 이 또한 일반상대론의 질량이 공간을 휘는 것에 의해서라는 것을 알 수 있다.

● 예제

2-1. 물체가 지구와 달에서 보이는 중력가속도에 의해서 정지한 상태에서 가속될 때 시간-가속도, 시간-속도 그리고 시간-변위에 대한 그래프를 그려보자.

2-2. 공기가 거의 없는 달에서 탁구공과 골프공을 동시에 떨어뜨리면 어떤 공이 더 빨리 떨어지는지 논의해보자.

2-3. 지구의 높은 곳에서 떨어지는 물체의 자유낙하 속도가 공기가 있을 때와 공기가 없을 때 어떤 차이를 보이는지 논의해보자.

2-4. 달의 질량은 지구에 비해 1/6 정도이며, 달의 탈출속도는 얼마나 될지 계산해보자. 달을 블랙홀로 만들기 위해서는 달의 지름을 얼마나 작게 만들면 될지 계산해보자.

2-5. 사과나무에 달려 있는 사과가 정지된 상태에서도 중력은 꾸준히 사과에 작용하고 있다. 사과가 정지된 상태와 갑자기 사과가 떨어지기 시작하는 상태에 대해 관성의 법칙이 어떻게 성립하는지 논의해보자.

2-6. 자동차 무게가 변화할 때 그리고 자동차의 타이어 폭이 변화할 때 자동차의 제동거리의 변화에 대해 논의해보자.

2-7. 몸무게가 120kg인 현규가 4m/s의 속도로 이동하다가 맞은편에서 6m/s의 속도로 달려오는 90kg의 재석이와 충돌할 때 어떤 일이 일어날지 논의해보자.

2-8. 정지하고 있는 3톤 트럭 뒤를 1톤의 승용차가 초속 20m/s로 충돌한 후 3톤 트럭이 10m/s로 이동하였다. 충돌 후 1톤의 승용차 속도는 어떻게 변화할지 계산해보자.

2-9. 1톤의 무게를 가진 자동차가 5m/s의 속도로 10m의 반경으로 회전할 때 도로의 기울기를 어떻게 조절하면 원심력을 받지 않고 자연스럽게 회전할 수 있을지 계산해보자.

2-10. 태양계의 행성 중 하나인 지구에서 핵폐기물이나 다른 물질들을 화성이나 다른 행성으로 보내면 지구의 질량은 줄어들 것이다. 지구의 질량이 줄어들면 지구의 공전은 어떠한 영향을 받을지 각운동량 보존 법칙을 기반으로 논의해보자.

2-11. 욕조에 물을 빼면 물은 배수구를 중심으로 회전하면서 배수구를 빠져나가는 것을 관찰할 수 있다. 코리올리힘에 의해서 서울과 시드니에서 각각 욕조에 물을 뺄 때 어떤 차이를 보이는지 논의해보자.

2-12. 지구가 자전하고 있는 상태에서 따뜻한 공기는 위로 올라가고 차가운 공기는 아래로 내려간다. 이때 따뜻한 공기와 차가운 공기가 받는 코리올리힘의 방향에 대해 논의해보자.

2-13. 2kg의 질량을 가진 물체가 100J의 운동에너지를 가지고 마찰이 없는 평면을 이동하고 있다. 이 물체에 힘을 주어서 10m의 변위 내에 정지시키려면 얼마나 큰 힘을 어떻게 주어야 할지 논의해보자.

2-14. 포물선운동을 하는 포탄이 200m를 날아가서 바닥에 떨어졌다. 이와 똑같은 포물선운동을 하는 포탄이 질량이 같은 두 조각으로 쪼개져 하나는 250m까지 날아가서 바닥에 떨어졌다. 나머지 하나는 얼마나 멀리 날아가서 바닥에 떨어질지 계산해보자.

2-15. 민코프스키 공간의 과거의 콘에서 미래의 콘으로 연결되는 표면을 따라 움직이기 위해서는 어떤 조건이 필요한지 논의해보자.

2-16. 일반상대성이론에서 주장하는 질량이 공간을 휘게 한다는 것으로부터 질량을 가진 두 물체 사이에 만유인력이 어떻게 형성될 수 있는지 논의해보자.

● 참고문헌

"고전역학", L.D. Landau · E.M. Lifshitz 공저, 교우사, 2012년

"고전역학", 문희태 저, 서울대학교출판부, 2006년

"고전역학의 현대적 이해", 정용욱 · 하상우 · 변태진 · 이경호 공저, 북스힐, 2015년

"다이얼로그 물리학 1 고전역학", 이공주복 저/임승연 그림, 이화여자대학교출판문화원, 2022년

"대학 고전역학", Atam P. Arya 저/윤진희 등 역, 북스힐, 2002년

"물리의 정석 : 고전 역학 편", 레너드 서스킨드 · 조지 라보프스키 저/이종필 역, 사이언스북스, 2017년

"상대적 절대론 특수상대성 원리의 수정", 고형석 저, 지식과감성#, 2018년

"일반 상대론의 물리적 기초", D.W. 쉬아마 저/박승재 · 김수용 역, 전파과학사, 2022년

"일반물리학이라면 이제 만화로 공부하세요", 조재경 저, 교우사, 2016년

3
물리학과 천체

3-1. 빛과 천체의 관찰

해가 지기 전에 하늘을 보면 〈그림 1〉과 같이 해와 구름, 바다가 한눈에 들어온다. 해가 지는 풍경에서 물리현상을 찾아보면 어떤 것들이 있을까? 태양에서 비춰진 햇살은 해에서 떨어진 곳에서는 파란색으로 보이며, 해의 높이 그리고 그 아래에서는 노을이 지는 것이 관찰된다. 태양에서 오는 빛에는 눈에 보이는 가시광과 눈에 보이지 않는 자외선, 적외선들이 포함된다. 특히 눈에 보이는 가시광의 모든 파장이 태양에서 오는 빛들은 공기를 이루는 분자들과 충돌하여 다양한 방향으로 퍼지게 된다. 이는 우리가 잘 알고 있는 빛의 분산(scattering)이며, 분산은 빛과 입자들의 상호작용이다. 또한 바다에서 빛이 반사하여 바다의 표면이 반짝거리는 것이 관찰된다. 밤이 되면 과연 무엇을 볼 수 있을까? 흐린 날이 아니라면 달과 별

그림 1. 해가 지는 바다 풍경

들을 볼 수 있을 것이다. 주변이 아주 어둡다면 은하수와 은하계를 볼 수 있을지도 모른다. 이는 우주를 이루는 은하계들을 눈으로 관찰할 수 있다는 것이다. 요즘 밤이 되어도 도심과 주변에서 발생하는 밝은 빛으로 별들을 육안으로 관찰하기는 쉽지 않아졌다. 그러나 전기가 보급되지 않던 예전에는 육안으로 무수히 많은 별, 은하계를 보는 것이 어렵지 않았다. 이렇게 별, 은하계를 눈으로 관찰할 수 있는 것은 이들이 지구까지 도달할 수 있는 빛을 발산하기 때문이다. 그러나 빛을 발산하지 않거나 오히려 빛을 흡수해 버리는 블랙홀(black hole)과 같은 존재들은 쉽게 관찰되기 힘들다.

밤하늘에 무수히 많은 별들이 모여서 만들어진 은하수는 육안으로 관찰된다. 이 은하수는 태양계가 포함된 우리은하의 일부분으로 수없이 많은 별들이 모여서 보이는 것이다. 〈그림 2(a)〉와 같이 은하수는 별들의 무리가 길쭉한 모양으로 관찰되며, 이는 우리은하가 디스크 모양과 같은 나선형 은하계의 모양을 하고 있기 때문이다. 우리은하는 지름이 약 10만 광년이지만 폭은 약 3만 광년 정도의 디스크 모양을 하고 있다. 여기서 1광년은

그림 2. (a) 은하수 (b) 우리은하 (c) 안드로메다 은하계

빛이 일 년 동안 가야 할 거리이므로 우리은하의 지름이 매우 크다는 것을 알 수 있다. 우리은하는 원래 디스크 모양을 하고 있는데, 우리은하의 일부분인 은하수를 지구에서 관찰했을 때 길쭉한 모양으로 보이는 이유이다.

태양을 중심으로 모든 행성들이 공전하고 있는 태양계와 같이 태양계 또한 우리은하의 중심에서 2억 3,000만 년을 주기로 공전하고 있다. 태양의 공전속도는 약 200~250km/s로 지구의 공전속도인 30km/s에 비해 열 배가량 더 빠르다. 지구의 공전속도는 태양에 대한 상대적인 속도지만, 태양계가 공전하는 속도를 고려하면 우리은하 중심에 대한 지구의 이동속도는 태양의 이동속도에 가까울 것이다. 태양계는 태양처럼 빛을 내는 항성과 태양 주변을 공전하면서 빛을 내지 않는 행성으로 구성된다. 우리은하에는 태양과 같이 빛을 내는 항성들이 약 5,000억~6,000억 개로 엄청나게 많다. 우주에는 1,000억 개 정도의 무수히 많은 은하계가 있다. 우리은하에서 가장 가까운 은하계는 안드로메다(Andromeda) 은하계로 약 250만 광년 떨어진 곳에 자리잡고 있다. 안드로메다 은하계는 우리은하계와 비슷한 규모로, 약 1조 개의 항성들로 구성되었다고 추측하고 있다. 흥미롭게도 안드로메다 은하계의 중심에는 태양의 질량에 1만 배 정도의 질량을 가지는 매우 무거운 블랙홀이 존재한다고 알려져 있다.

3-2. 태양과 항성

밤하늘에 빛을 내는 수많은 별들은 항성과 행성의 빛이 관찰되는 것이다. 여기서 항성은 스스로 빛을 내며, 행성은 태양 빛을 반사하여 빛을 낸다. 지구에서 가장 가까운 태양이 대표적인 항성이며, 수성, 금성, 화성 등이 행성에 속한다. 태양과 같은 항성들은 핵융합에 의해서 지속적으로 에너지를 방출하며, 눈에 보이는 가시광 영역의 빛 에너지뿐만 아니라 적외선, 자외선, x선, γ선과 중성자 등의 다양한 입자를 방출한다.

태양은 태양계의 중심에 놓이며 지름이 약 139.2만 km이고 질량이 2×10^{30}kg이다. 태양은 지구의 333,000배의 질량을 가지며, 태양의 질량에 비해 100배 정도의 질량을 가지는 항성들이 많다. 태양은 73%의 수소와 25%의 헬륨으로 구성되며, 나머지 2% 정도는 산소, 탄소, 네온, 철과 같은 무거운 원소들로 이루어진다. 태양의 중심핵은 초당 6억 톤의 수소가 헬륨으로 바뀌는 수소핵융합반응에 의해 중심온도가 1,500만 K이 되면서 엄청난 에너지를 발산한다. 수소와 같은 높은 에너지의 발산에 의해서 태양의 표면온도는 약 6,000℃가 되는데, 태양이 1초 동안 내뿜는 에너지는 인류

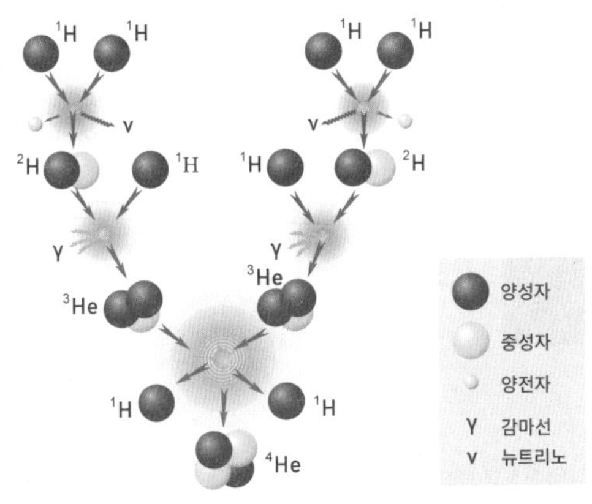

그림 3.
태양 내 수소들의 핵융합

가 연간 소비하는 에너지의 7,000배 정도로 엄청난 양이다. 이렇게 에너지와 함께 높은 에너지 빛, 자기장, 수많은 입자 태양풍과 태양폭풍을 지속적으로 방출하고 있다. 태양풍은 늘 방출되지만 태양폭풍은 태양흑점폭발이 일어날 때 종종 일어난다. 태양풍은 200~750km/s이며, 태양계를 구성하는 모든 행성에 입자를 방출하게 된다. 태양풍은 혜성이 태양의 주변을 지날 때 혜성의 꼬리를 이루는 입자들이 플라스마 상태가 될 수 있는 에너지를 주어서 혜성의 꼬리에서 빛을 발생시키게 한다.

대장간에서 철을 가공할 때 철의 녹는 점에 가까운 높은 온도로 가열을 하며, 이때 철의 표면에서는 밝은 빛이 방출된다. 〈그림 4(a)〉는 스프링이 800℃의 높은 온도로 가열된 후 오렌지 색깔의 빛이 방출되는 모습이다. 높은 온도로 가열된 스프링은 흑체복사(blackbody radiation)에 의해서 다양한 파장의 빛을 방출한다. 〈그림 4(b)〉는 물체의 온도가 변화할 때 온도와 파장의 스펙트럼을 나타낸 것으로 온도가 올라갈수록 발생하는 빛의 강도가 증가함을 알 수 있다. 특히 온도가 올라갈수록 가시광(visible light)

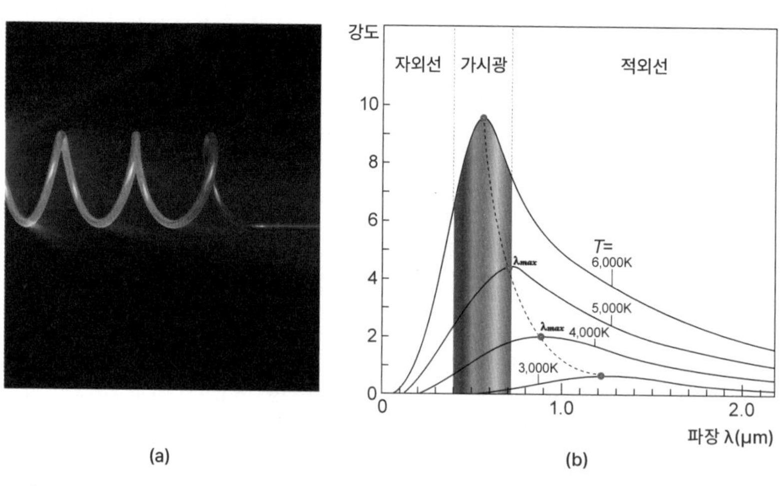

그림 4. (a) 고온으로 가열된 스프링 (b) 온도와 파장의 스펙트럼

영역에서 빛의 파장이 붉은색에서 푸른색으로 이동된다. 3,000K의 온도에서는 온도와 파장의 스펙트럼이 형성하는 피크는 적외선 영역에 놓인다. 5,000K의 온도에서는 붉은색이 최대 강도를 가지며, 이는 온도가 올라갈수록 피크의 위치가 푸른색으로 이동하는 것을 알 수 있다. 온도가 크게 증가하면 색은 붉은색에서 푸른색으로 변화하게 된다. 따라서 별의 온도가 높을수록 별의 색깔은 붉은색에서 오렌지색, 흰색, 푸른색으로 변화하게 될 것이다.

태양의 표면온도는 6,000℃ 정도로 높으므로 다양한 파장의 전자기파들이 태양의 표면에서 방출된다. 태양에서 방출되는 전자기파는 에너지의 크기 증가, 즉 파장의 감소에 따라 라디오파, 마이크로파, 적외선, 가시광, 자외선, x선, γ선까지 나타낼 수 있다. 그중 400~700nm의 파장을 가지는 가시광만이 눈으로 감지할 수 있다. 태양에서 방출되는 가시광의 스펙트럼에서는 파란색의 비율이 낮으며, 노란색에서 최대가 된 후 붉은색으로 갈수록 줄어드는 모양이다. 특히, 붉은색 빛의 강도가 파란색에 비해 더욱 크다. 이는 태양에서 발생하여 지구의 대기권으로 들어오는 가시광에서 파란색의 강도가 붉은색과 같이 파장이 긴 색의 빛보다 비교적 작다는 것을 나타낸다.

은하계를 포함하는 천체들은 멀리 떨어져 있으므로 눈으로 관찰하는 것에는 한계가 있다. 이에 광학기술로 제작된 천체망원경을 통해 더욱 멀리 떨어진 천체들을 관찰할 수 있게 되었다. 천체망원경은 볼록렌즈나 거울을 통해 천체에서 발생하는 빛에 의한 상을 확대해서 보여주며, 눈으로는 관측이 불가능한 멀리 있는 천체를 볼 수 있게 해준다. 천체망원경으로는 천체에서 발생하는 눈에 보이는 빛, 즉 가시광 영역을 관측하게 된다. 그러나 천체들은 가시광 외에 라디오파, 적외선, 자외선, x선 그리고 γ선까지 다양한 에너지 빛을 방출한다. 다양한 에너지의 빛이 방출되는 것을 관찰하여

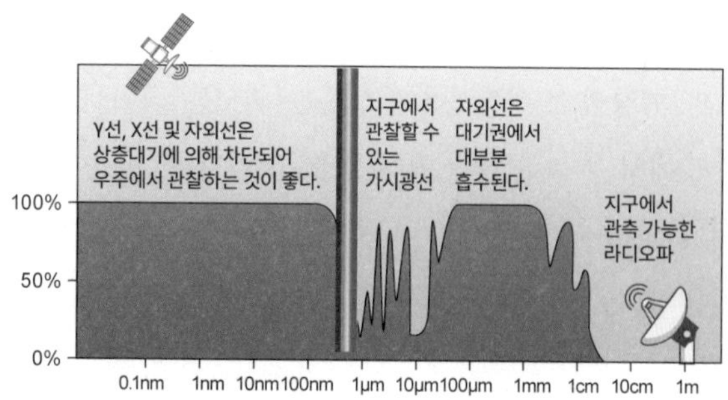

그림 5. 다양한 파장에 대응하는 전파망원경

서 그 천체의 상태를 분석할 수 있다. 그래서 천체에서 발생하는 다양한 에너지의 빛들을 높은 분해능으로 관측하기 위해서 전파망원경이 개발되었다. 이로써 가시광 영역의 빛을 내지 않아 눈으로는 관측되지 않던 천체들을 관측할 수 있게 되었고, 블랙홀에서 발생하는 x선의 관찰 또한 가능해졌다.

질량이 큰 별인 적색 초거성은 수명을 다하면 폭발을 일으키며 초신성이 되어서 아주 밝은 빛을 발산한다. 초신성은 은하를 구성하는 약 10억 개 별들의 밝기를 모두 합한 것과 같은 무지막지하게 밝은 빛을 낸다. 이와 같이 아주 밝은 빛을 내는 초신성은 은하계들의 위치를 나타내는 표시로 사용되기도 한다. 〈그림 6〉은 초신성을 다양한 전파망원경으로 관찰한 사진들이다. 허블 망원경에서는 가시광 영역에 해당하는 초신성에서 오는 빛들에 의한 초신성 모양을 보여준다. 나머지 전파망원경에서는 초신성에서 발생하는 라디오파, 적외선은 가시광으로 관찰한 초신성과 유사한 모양을 나타낸다. 그리고 파장이 짧아지는, 즉 높은 에너지 빛들은 초신성의 중심에서 발생하고 있다는 것을 x선에 의한 초신성의 관찰에서 알 수 있다. 초신성의 표면에서는 작은 에너지가, 중심에서는 큰 에너지가 발생하는 것이다.

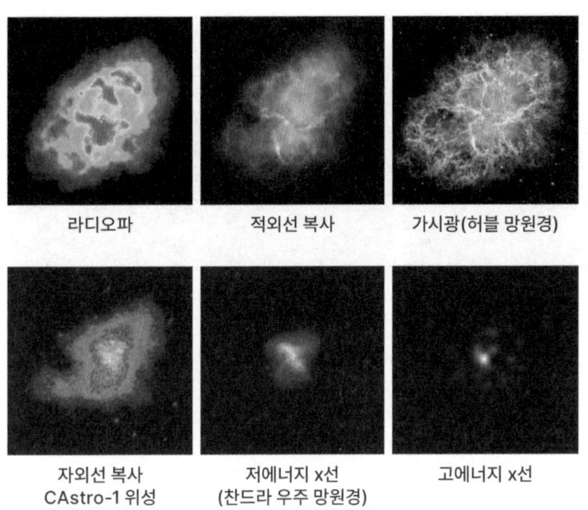

그림 6. 다양한 전파망원경으로 측정한 초신성 모습들

초신성은 폭발한 후 중성자별이나 블랙홀이 되는데, 블랙홀은 우리은하의 중심에도 있다. 우리은하계에서 가장 가까운 안드로메다 은하계의 중심에도 아주 큰 블랙홀이 있다는 것이 발견되었으며, 태양의 약 1억 배에 가까운 질량을 가진다. 블랙홀은 빛이 탈출할 수 없을 정도의 큰 중력을 가지며, 아주 큰 중력은 우리은하의 중심에서 은하를 이루는 천체들이 일정한 궤도로 공전할 수 있는 초점으로 자리 잡는다. 우리은하의 중심에 있

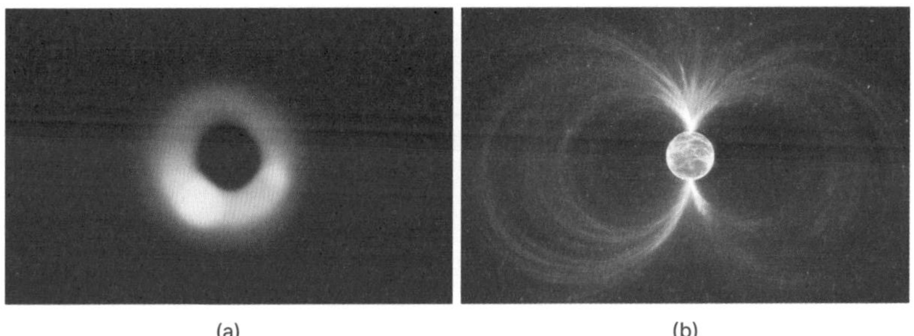

그림 7. (a) 블랙홀 (b) 중성자별

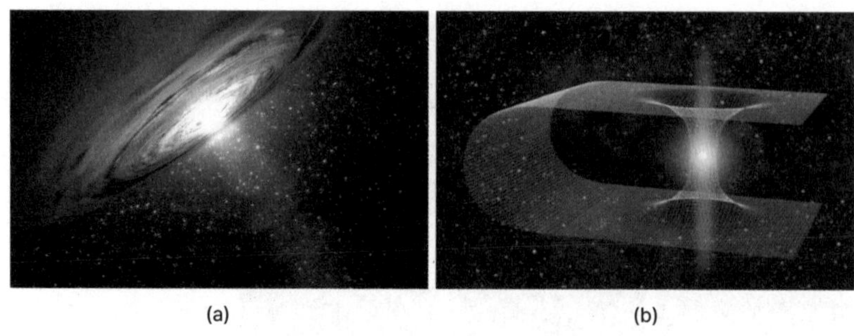

그림 8. (a) 화이트홀 상상도 (b) 웜홀 상상도

는 블랙홀 주변을 초당 8,000km로 공전하는 S4716이라는 별이 2020년에 발견되기도 하였다.

빛까지도 흡수해 버리는 블랙홀과 반대 작용을 하는 미지의 천체는 〈그림 8(a)〉와 같은 화이트홀이며, 이론적으로만 존재할 뿐 직접 관찰되지는 않고 있다. 스티븐 호킹(Stephen William Hawking)은 블랙홀의 크기가 작을 때 화이트홀과 유사한 빛과 물질을 방출한다는 것을 이론으로 설명하였다. 〈그림 8(b)〉와 같이 화이트홀과 블랙홀이 하나로 이어지는 웜홀(worm hole)이 존재할 수 있다는 것이 이론적으로 제시되었다. 이 웜홀은 우주 내 공간과 공간을 이어주어 경로가 짧아지는 새로운 경로를 형성한다. 웜홀이 만드는 경로는 블랙홀이 입구가 되고 화이트홀이 출구가 된다. 이 경로는 블랙홀에 의한 공간의 왜곡으로 아주 멀리 떨어진 공간과 공간이 짧은 경로로 이어질 수 있게 한다. 블랙홀이 형성하는 시공간의 왜곡에 의해서 웜홀이 형성하는 경로에서는 시간여행을 할 수 있다는 가능성이 제기되어 많은 관심을 모으고 있다.

3-3. 빛의 산란과 하늘

태양에서 지구의 대기권으로 진입한 가시광은 공기층을 이루는 분자 및 구름을 이루는 수증기와 산란(scattering)을 일으킨다. 여기서 산란이란 파동이나 입자가 다른 입자와 충돌하면서 상호작용으로 그 경로가 바뀌는 현상이다.

빛은 파동일까? 아니면 입자일까? 빛은 파동이면서 입자이다. 빛을 이루는 알갱이를 광자(photon)라고 부른다. 〈그림 9〉와 같은 무지개는 파장보다 더 큰 물방울 입자들에 굴절과 반사를 일으키면서 빨강에서 보라색까지 가시광의 색상이 분리되는 자연현상이다. 빨강에서 보라색까지의 가시광을 고르게 포함하고 있는 백색광을 프리즘에 통과시키면 파장이 짧은 보라색의 굴절이 가장 크게 일어난다. 파장이 길어질수록 굴절이 작으므로 프리즘을 통과하며 파장이 짧은 가시광이 가장 많이 굴절되면서 무지개와 같이 색상이 분리된 스펙트럼을 보인다.

해가 하늘 높이 떠 있고 구름이 조금 있는 날 하늘을 보면 구름 사이로 보이는 파란 하늘을 그리고 구름이 없는 맑은 날 파란 하늘이 눈으로 들어오는 것을 볼 수 있다〈그림 10(a)〉. 태양에서 생성된 후 지구의 대기권

(a)

(b)

그림 9. (a) 무지개 (b) 프리즘에 의해 분리된 가시광 스펙트럼

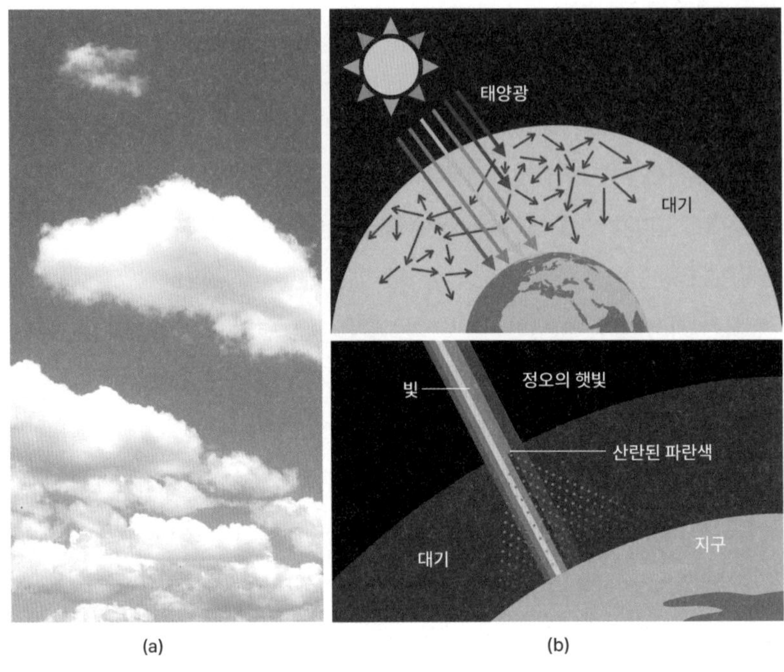

그림 10. (a) 파란 하늘과 구름 (b) 대기를 이루는 분자들과 빛의 산란

까지 도착한 가시광은 빨강에서 보라색까지 다양한 색상의 가시광을 고르게 포함하고 있는 백색광이다. 이 백색광은 대기권에 도착하자마자 대기를 이루는 공기분자들과 산란을 일으키게 된다. 이 산란은 백색광을 이루는 다양한 파장의 광자들이 공기분자들에 산란되어 여러 방향으로 경로가 변화된다는 것을 나타낸다. 빛은 공기분자와 산란을 일으킬 때 파장이 짧을수록 산란이 잘 되므로, 파장이 짧은 파란색이 가장 많은 산란을 일으키게 된다. 반대로 파장이 긴 붉은색의 빛은 산란을 잘 일으키지 않아서 멀리까지 전달된다. 〈그림 10(b)〉와 같이 파란색 빛은 공기분자들과 많은 횟수의 산란을 일으키며, 그렇게 산란된 빛은 하늘을 파란색으로 보이게 한다.

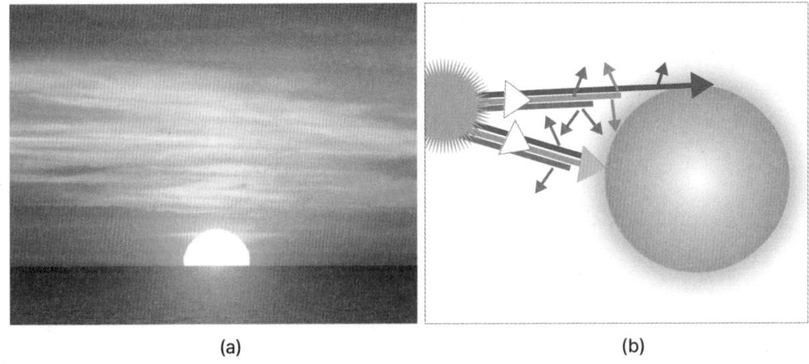

(a) (b)

그림 11. (a) 노을이 지는 하늘 (b) 태양에서 지구에 도달하는 가시광 경로들

해가 뜨거나 질 때 하늘에 붉은 노을이 종종 관찰되는데, 이때 하늘은 왜 붉은색이 되는 것일까? 〈그림 11(b)〉와 같이 태양에서 지구로 도달하는 가시광 경로를 관찰해보자. 노란 화살표가 닿은 곳은 정오에 가깝다. 태양에서 출발한 빛은 대기권의 공기층을 통과하자마자 파란색 빛부터 산란을 일으킨다. 그러므로 노란 화살표가 닿은 곳의 위치에서는 파란색 빛의 산란에 의해서 하늘이 파랗게 보인다. 위의 붉은색 화살표가 닿는 곳은 노을이 생기는 위치이다. 붉은색 경로를 따라서 태양에서 들어오는 가시광의 경로를 살펴보자. 지구의 대기권에 닿으면서 공기분자들과의 산란에 의해서 파란색의 짧은 파장의 빛은 산란되어 없어진다. 경로가 길어질수록 붉은색을 제외한 짧은 파장의 빛은 사라지고 붉은색의 빛만 남게 된다. 그래서 붉은색 화살표 끝부분에서는 태양에서 오는 붉은색 빛으로 된 노을을 볼 수 있게 된다.

파란 하늘과 붉은 노을이 생기는 이유는 빛이 공기분자들과 산란되는 현상 때문이다. 그러면 공기분자보다 큰 입자들에 대해서는 어떤 산란이 일어날까? 빛은 광자라는 입자이며, 이 광자는 〈그림 12〉와 같이 산란되는 입자 크기에 따라 크게 3종류의 산란을 일으킨다. 입자 크기에 따라 레일

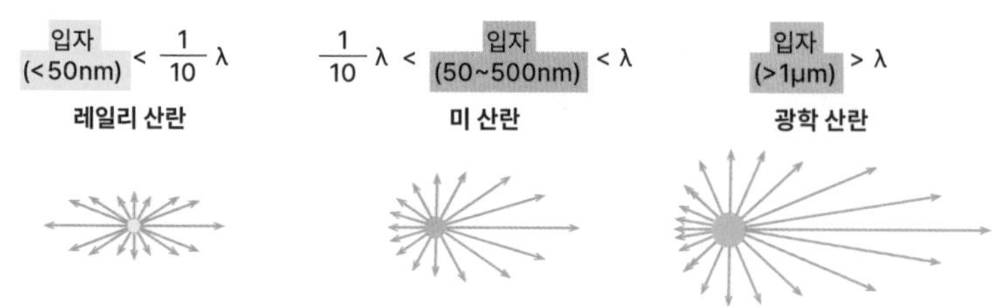

그림 12. 입자 크기에 따른 빛의 다양한 산란

리 산란(Rayleigh scattering), 미 산란(Mie scattering) 그리고 광학 산란(optical scattering)으로 나눌 수 있다.

먼저 레일리 산란은 공기분자와 같이 작은 크기의 입자들에 대한 산란으로 50nm보다 작은 입자들에 대해 광자가 산란되는 현상이다. 레일리 산란에서는 파장(λ)이 짧을수록 산란이 크게 일어나며, 산란강도는 $1/\lambda^4$에 비례하여 증가한다. 그래서 파장이 짧아지면 산란강도는 더욱 크게 증가한다. 즉, 파란색의 빛은 파장이 긴 빨간색의 빛보다 더욱 산란을 잘 일으키게 된다.

파란 하늘에 떠 있는 구름은 흰색 또는 검은색으로 보이는데, 이 구름은 어떤 산란에 의해서 그렇게 보이는 것일까? 구름을 구성하는 수증기 입자들은 빛의 파장과 유사하거나 작은 크기를 가지므로 미 산란을 일으킨다. 레일리 산란은 파장의 길이가 짧을수록 강도가 크지만, 미 산란은 파장에 관계없이 파장의 빛을 똑같이 산란한다. 모든 색의 빛이 산란되면 어떤 색이 될까? 모든 빛이 합해지면서 하얀색 구름으로 보이게 된다. 그러면 검은 구름은 왜 검게 보이는 것일까? 이는 수증기의 밀도가 과도하게 높아지고 미 산란의 범위를 넘어서는 크기의 수증기 입자들이 형성됨에 따라 산란된 빛이 구름을 통과하지 못해서 검은색으로 보인다. 마지막으로 광학 산란은 빛의 파장보다 더 큰 입자와 빛이 산란되는 것이며, 대표적인 광학 산란의 예는 볼록렌즈, 오목렌즈와 같은 렌즈에서 일어나는 현상들이다.

3-4. 빛의 속도

상대론에서는 물체가 빛의 속도에 가까워지면 질량이 무한대로 증가하여 빛보다 빠른 속도에 도달하는 것은 불가능하다고 한다. 빛을 구성하는 단위인 광자의 경우에는 질량이 없으므로 생성되면서 광속으로 움직이게 된다. 그러면 빛의 속도, 즉 광자의 속도를 측정하려면 어떤 방법을 사용해야 될까? 17세기 초에 갈릴레이는 5km 떨어진 산의 정상에 있는 조수에게 램프로 신호를 보내어 서로 응답하면서 빛의 속도를 측정하는 실험을 진행하였다. 이 실험은 할 때마다 다른 값을 보여 성공하기가 힘들었다. 빛은 1초에 30만 km를 갈 수 있으니 5km의 거리를 날아가는 데 얼마나 시간이 걸릴까? 정확한 빛의 속도는 299,790±0.9km/s로 알려져 있으며, 1초에 지구를 일곱 바퀴 반을 돌 수 있는 속도이다. 갈릴레이와 조수는 그 시간에 반응할 수 있을까? 이 실험이 가능하려면 어떤 변화를 줘야 할까? 그 후 빛의 속도를 측정하기 위한 많은 실험이 등장하게 된다.

빛의 속도를 알아내는 방법 중 〈그림 14〉와 같이 지구가 태양 주변을

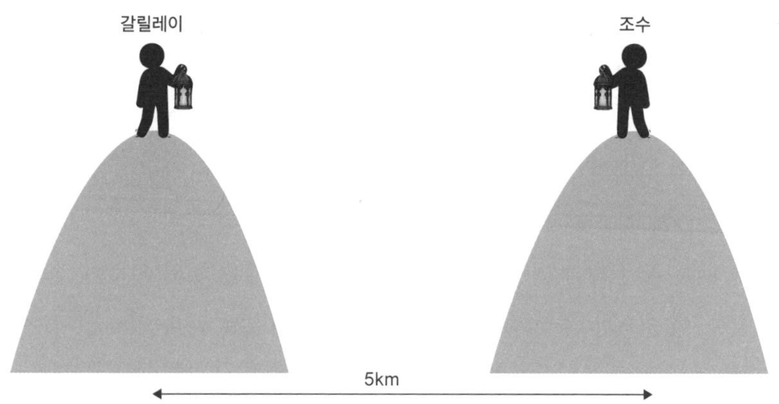

그림 13. 갈릴레이의 빛의 속도 측정 실험

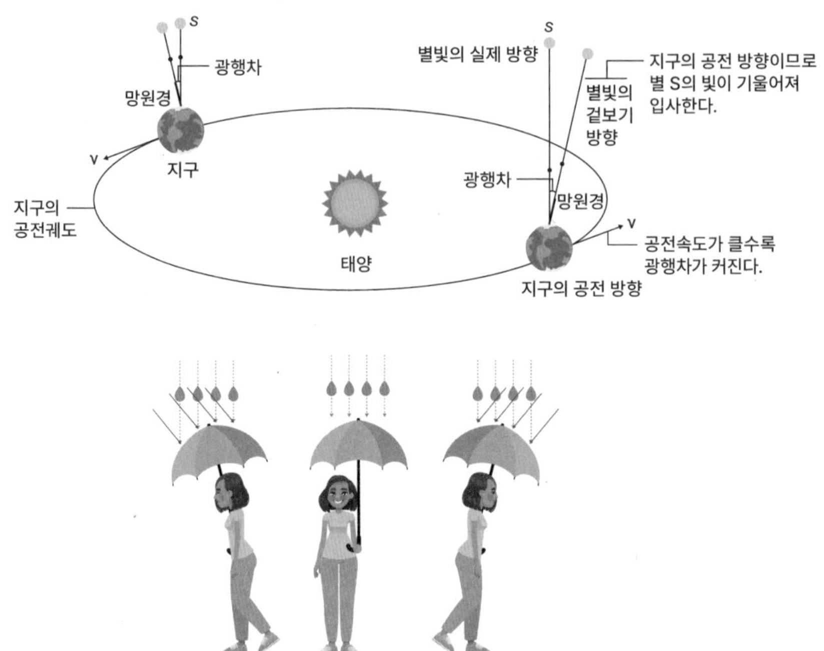

그림 14. 광행차에 의한 빛의 속도 계산

공전하는 공전속도와 별빛의 상대적 위치를 비교하여 빛의 속도를 구하는 광행차라는 방법이 있다. 비가 내릴 때 우산을 쓰고 서 있으면 비가 수직으로 내리는 것처럼 느끼지만, 걸어갈 때는 비가 비스듬히 내리는 것처럼 느낀다. 그래서 빗방울들이 내리는 위치가 상대적으로 앞으로 이동해서 보인다. 이와 유사하게 관찰하려는 별에서 날아오는 빛은 지구 공전에 의해서 비스듬히 지구에 있는 관찰자에게 도달한다. 그 결과 지구가 정지한 상태일 때 관찰된 별의 위치와 지구가 공전할 때 관찰된 별의 위치는 차이를 보인다. 이 차이는 공전속도가 증가되면 더욱 커지게 된다. 지구의 공전속도는 약 30km/s이며, 항성의 겉보기 위치는 1년을 주기로 20.47″의 차이가 생긴다. 1727년 영국 천문학자 브래들리는 광행차에 의한 빛의 속도를 측정해서 빛의 속도가 약 304,000km/s임을 밝혀냈다.

빛은 1초에 지구를 일곱 바퀴 반을 돌 수 있는 속도를 가지므로 빛의 속도를 측정하기 위해서는 빛이 출발하는 위치와 도착하는 위치 사이 공간을 넓게 확보하여 소요 시간을 좀 더 길게 하는 것이 더욱 유리하다. 빛이 출발한 시간과 도착한 시간의 측정에서 발생하는 오차가 빛의 이동시간에 비해 작으면 더 정확한 값을 얻을 수 있다.

마이켈슨(Albert A. Michelson)은 〈그림 15〉와 같은 구조의 장비를 활용해서 빛의 속도를 측정하였으며, 거의 정확한 값을 얻게 된다. 8개의 거울로 팔면체 모양의 거울을 만들고 광원과 35.5km 떨어진 위치에 거울을 두어서 71km의 경로를 가지는 공간을 확보하였다. 광원에서 출발한 빛이 팔면체 모양의 거울을 거친 후 거울에 반사되고 다시 팔면체 모양의 거울을 거친 후 관찰자에게 관찰되기 위해서는 회전에 의해서 팔면체 모양의 거울이 빛의 경로가 될 수 있는 정확한 위치에 놓여야 한다. 팔면체의 속도가 일정 속도 이상이 되면 빛이 반사되어 관찰자에게 관찰되며, 초당 528회가 최대회전수가 된다. 팔각형이므로 1초에 빛의 경로가 만들어지는 횟수는 8회로 1회전에 8회의 빛의 경로가 만들어진다. 1초에 528회전×8회에 해당

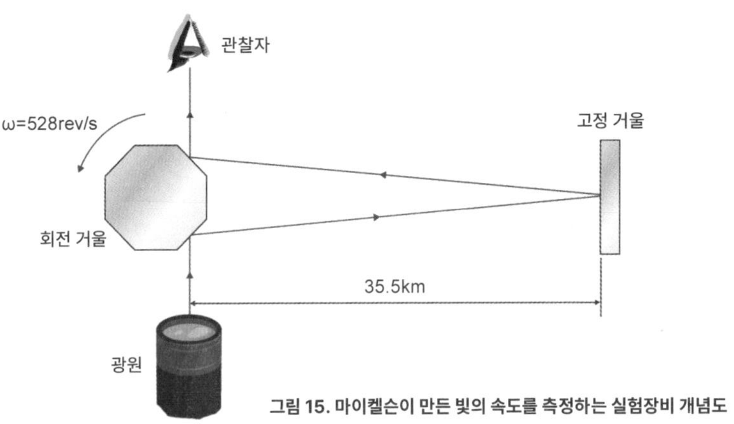

그림 15. 마이켈슨이 만든 빛의 속도를 측정하는 실험장비 개념도

하는 경로들이 생기며 경로의 길이가 71km가 되므로 이들을 다 곱하면 빛의 속도가 나온다. 그 결과 빛의 속도는 299,904km/s를 얻을 수 있으며, 이는 정확한 빛의 속도와 큰 차이가 없다.

〈그림 16〉과 같이 주변에서 쉽게 발견할 수 있는 전자레인지를 이용하여 빛의 속도를 측정하는 것이 가능하다. 전자레인지는 2.45Ghz의 마이크로파가 음식물에 입사하여 물분자를 진동·회전시켜서 음식물의 온도를 높이는 조리기구이다. 파동의 속도는 주파수와 파장의 곱이라는 것을 이용하면 전자레인지를 이용한 빛의 속도 측정이 가능해진다. 전자레인지 내부에 회전하는 유리접시를 제거한 후 초콜릿이나 마시멜로와 같은 열에 잘 녹는 음식을 넣고 전자레인지를 가동한다. 전자레인지 안의 마이크로파는 정상파를 형성하므로 회전하는 유리접시가 없을 때 마시멜로를 전자레인지에 넣어서 전자기파를 쏘이면 마시멜로의 녹은 부분에서는 전자레인지의 파장 정보가 관찰된다. 이 녹은 부분들이 형성하는 공간은 파장 길이의 반이 되므로 파장은 이 값의 두 배가 된다. 빛의 속도는 주파수와 파장의 곱으로 주어지므로, 전자레인지에서 파장을 측정하여 전자레인지의 주파수를 곱하면 빛의 속도를 얻을 수 있다. 전자레인지 실험에서 측정된 파장은 12cm였으며, '주파수×파장'을 2.45×10^9Hz×12cm으로 계산하면 294,000km/s로 빛의 속도가 계산된다.

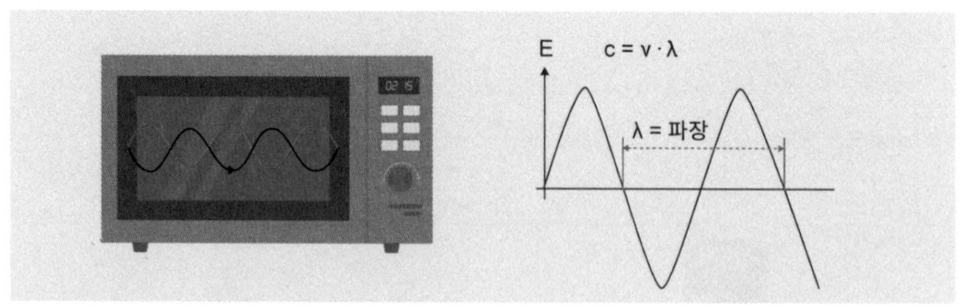

그림 16. 전자레인지를 이용한 빛의 속도 측정

3-5. 빅뱅과 팽창하는 우주

허블(Edwin P. Hubble)은 수많은 관측을 통해 일정한 거리가 떨어져 있는 은하들이 일정한 속도로 멀어지는 현상을 발견하였다. 일정 거리 떨어진 은하들의 거리가 멀어진다는 것은 3차원 공간을 차지하고 있는 우주의 부피가 팽창하고 있다는 것을 의미한다. 허블은 은하의 속도-거리 법칙을 발견하였으며, 이는 지구에서 멀리 있는 은하일수록 더 빠른 속도록 멀어진다는 것이다. 백 만 광년 떨어진 은하계와 은하계 사이의 거리가 초속 15km의 속도로 멀어지고 있으며, 이는 우주의 팽창 속도를 직접적으로 보여주는 것이다. 일반상대성이론에서 시간을 과거로 돌리면 우주는 하나의 점이 된다는 결론을 얻게 된다. 이는 현재 팽창하는 우주의 상태를 역으로 돌리면 우주는 지속적으로 수축하여 138억 년을 거슬러 올라가면 결국 부피가 없어지는 0차원 공간인 점이 된다는 것이다. 0차원인 상태에서 시간이 흘러 공간이 형성되고 이 공간의 부피가 증가해서 지금의 우주 크기가

그림 17. 빅뱅(대폭발) 상상도

된다. 이후 0차원 공간에서 갑자기 큰 폭발이 일어나면서 우주가 형성되는데, 이 폭발이 빅뱅(big bang)이다. 특히 빅뱅에 의해서 공간이 형성되는 초기에는 빛의 속도보다 더 빠르게 공간의 크기가 급팽창한다.

빅뱅이 일어나는 시점에 우주를 형성하는 모든 물질들이 만들어지며, 아인슈타인의 질량-에너지 등가원리에 의해서 높은 에너지는 물질을 형성하는 것으로부터 이를 이해할 수 있다. 빅뱅이 일어나는 10^{-32}초 정도의 짧은 시간에 쿼크, 양성자, 중성자 등의 기본입자들과 함께 수소원자들이 만들어진 후 1초에서 3분 정도의 짧은 시간까지 헬륨 등의 모든 원자들이 만들어진다. 모든 원자들이 만들어진 후 공간은 더욱 증가하고 입자들의 밀도는 더욱 줄어들어 더 이상 핵합성은 일어나지 않게 되며, 이는 우주의 온도가 더욱 핵융합에 적합하지 않게 줄어들었다고 볼 수 있다. 즉, 우주를 구성하는 모든 물질들은 빅뱅이 일어난 후 3분 이내에 모두 생성된 것이다.

빅뱅에 의해서 만들어진 물질들은 다양한 원소로 이루어진 별들이 모여 있는 천 억 개 정도의 은하계들이 일정한 공간으로 분산된 우주공간을 형성한다. 은하계 중심에는 블랙홀이 자리잡아서 은하계를 구성하는 모든 천체들이 블랙홀을 중심으로 공전할 수 있는

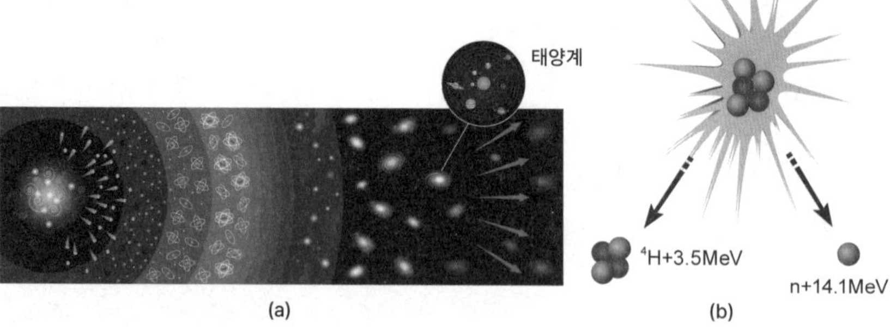

그림 18. (a) 빅뱅에 의한 물질의 생성 (b) 수소의 핵융합에 의한 헬륨의 생성

중력을 형성하는데, 이는 태양계의 중심에 태양이 자리잡고 있는 것과 유사하다. 우주의 팽창이 균일하게 일어난다면 우리은하계 내에서 부피 변화가 일어나야 하지만 그렇지 않으며, 이는 은하계 중심에 있는 블랙홀에 의해서이다.

우주를 구성하는 천체들은 수소와 같은 물질로 구성되지만 그 사이는 비어 있는 공간, 즉 진공에 가깝다. 빅뱅에 의해서 만들어진 물질은 우주의 5% 정도이므로 시간이 지나면 중력에 의해서 우주는 하나의 점으로 모여야 한다. 아인슈타인은 일반상대성이론에서 중력에 대한 고민을 해결할 수 있는 알 수 없는 존재를 생각하고 이 힘에 의해서 우주가 팽창할 수 있다는 것을 인정했다. 이 존재는 암흑에너지와 암흑물질이며, 우주공간에 암흑물질은 27% 그리고 나머지 68%는 암흑에너지로 구성된다고 추정하고 있다. 암흑물질에 대한 직접적인 관찰은 아직 이루어지지 않았으며, 이는 암흑물질이 전자기파를 내보내지 않기 때문이라고 추정한다. 암흑물질의 존재 가

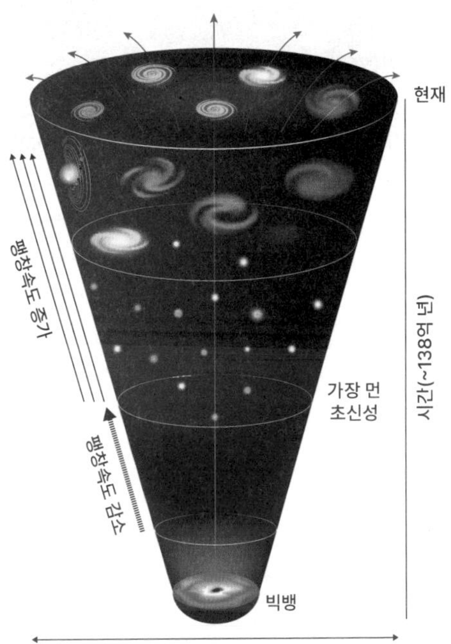

그림 19. 빅뱅 이후 138억 년의 시간이 흐르는 동안 우주의 지속적인 팽창

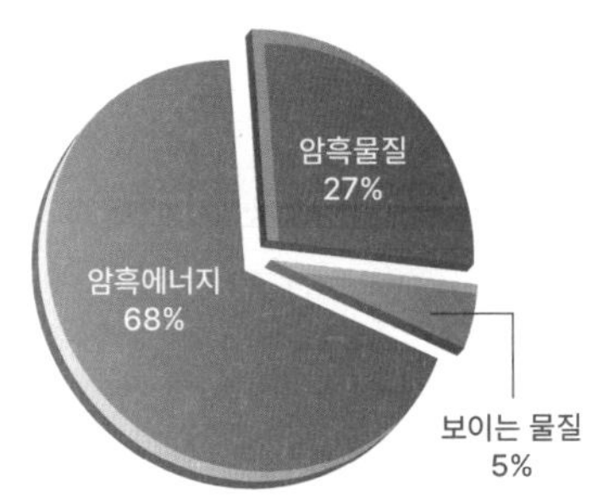

그림 20. 암흑물질, 암흑에너지 그리고 물질의 비율

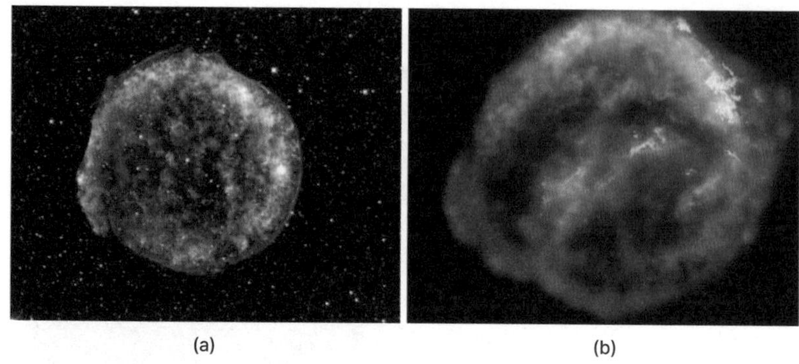

그림 21. (a) 티코 브라헤가 관측한 초신성 (b) 케플러가 관측한 초신성

능성에 관련된 증거에는 몇 가지가 있으며, 은하 속도 분포, 중력 렌즈 효과 및 우주배경복사가 그 증거이다.

덴마크의 천문학자인 티코 브라헤(Tycho Brahe)는 초신성의 광도관측에 관련된 업적을 남겼으며, 항성과 행성의 위치관측에 관련된 자료들을 평생 모아 그의 제자인 케플러(Johannes Kepler)에게 남긴다. 당시 티코 브라헤는 시력이 좋아서 망원경 없이도 천체들을 관찰할 수 있었다. 케플러는 코페르니쿠스의 지동설을 받아들이고 천문학에 전념하게 되며, 수학과 천문학을 강의하면서 1619년 『우주의 조화』라는 책에 '행성 운동의 제3법칙'을 수록하게 된다. 케플러의 스승인 티코는 코페르니쿠스의 지동설이 아닌 천동설을 우주관으로 가지고 있었지만, 그의 제자인 케플러는 티코가 남긴 정확한 관측 자료들에 대한 수학적인 해설을 기반으로 하여 지동설을 잘 뒷받침하는 행성 운동의 법칙들을 발견한다.

천동설은 〈그림 22(a)〉와 같이 지구가 중심이 되고 그 주변을 천체들이 일정한 궤도를 형성한다는 것인데, 화성과 같이 천구상에서 방향을 바꾸는 행성의 운동과 같은 여러 현상들에 대해서는 설명이 힘들었다. 이와는 다르게 코페르니쿠스의 지동설은 〈그림 22(b)〉와 같이 태양이 중심이 되며

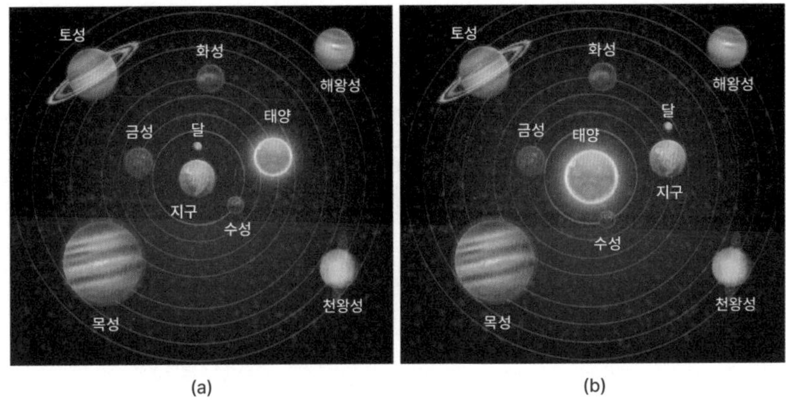

그림 22. (a) 천동설 개략도 (b) 지동설 개략도

지구와 다른 행성들은 태양을 중심으로 일정한 궤도를 가지고 공전한다는 것이다. 태양을 중심으로 한 행성의 운동은 천동설에 비해 천체의 운동을 바라보는 데 있어서 훨씬 자연스러움을 보였다.

태양계는 태양을 중심으로 수성, 금성, 지구, 화성, 목성, 토성, 천왕성 그리고 명왕성이 공전하는 구조를 가진다. 태양계의 행성들은 태양을 초점으로 타원 궤도로 공전하고 있으며, 태양은 태양계 전체 질량의 대부분인

그림 23. 태양계를 이루는 행성들

99.86%를 차지한다. 태양의 질량이 2×10^{30}kg이므로 태양계의 전체 질량도 이와 비슷하다는 것을 알 수 있다. 태양은 약 46억 년 전에 생성되어 약 50억 년이 지나면 생을 마감하고 중성자가 될 수 있으며, 주변 행성들이 다 빨려 들어갈 가능성이 있다. 지구에서 태양까지의 거리를 1AU(astronomical unit)이라고 하고 약 1억 5,000만 km 정도의 거리를 가진다. 특히, 수성은 태양에서 0.4AU 떨어져 있으며 이심률이 0.21로 태양계에서 가장 큰데, 이러한 특징은 고전역학으로는 이해되지 않고 일반상대성이론에 의한 공간의 왜곡으로 설명될 수 있다. 여기서 이심률이 0에 가까우면 궤도는 원형이며, 이심률이 증가하면 타원 궤도의 길이가 길어진다고 생각하면 된다.

3-6. 만유인력

태양, 달, 지구뿐만 아니라 대부분의 천체들은 구형을 띤다. 이는 만유인력때문이다. 천체들 사이에 작용하는 가장 기본적인 힘이 만유인력, 즉 중력이다. 태양은 중력을 형성하여 태양계를 구성하는 모든 행성이 일정한 궤도를 유지하게 한다. 태양계는 우리은하계의 중심에 위치한 블랙홀을 중심으로 일정한 궤도로 공전하며, 태양계뿐만 아니라 우리은하계에 있는 나머지 별들도 이 블랙홀을 중심으로 회전한다. 이렇게 회전하는 별들의 공전속도에 의해서 블랙홀의 중력과 일정한 거리를 유지하게 된다. 우주는 지속적으로 팽창하고 있으므로 우리은하계뿐만 아니라 다른 은하계의 부피도 증가할 것으로 예측되나, 우리은하계의 부피는 일정하게 유지되고 있다. 이는 은하계 중심에 놓인 블랙홀의 중력에 의해서 모든 별들이 일정한 거리를 유지하기 때문이다.

뉴턴은 사과나무에서 사과가 떨어지는 힘과 지구가 태양 주변에 궤도를 형성하는 힘이 유사하다고 생각하였다. 그리고 케플러의 행성 운동의 법칙에서 만유인력의 법칙을 발견한다. 만유인력은 질량과 질량 사이에 작용하는 힘이며 〈그림 24(a)〉와 같은 간단한 수식으로 표현할 수 있다. 특히, 일정한 질량을 가진 천체의 지름이 작아지면 표면의 중력은 더 커진다. 일반상대성이론에서는 질량이 만드는 만유인력의 원인을 질량을 가진 천체 주변의 공간이 구부러지는 것으로 설명한다. 〈그림 24(b)〉와 같이 지구 내부에 터널을 만들었을 때 작은 물체를 지구 표면에서 터널로 떨어뜨리면 이 물체는 어떤 운동을 하게 될까? 물체는 중력에 의해 지구 중심으로 힘을 받아서 가속된다. 지구의 중심에 오면 물체의 속도는 최대가 되어서 반대편으로 다시 이동한다. 지구의 중심을 지나 지구 반대편에 도달한 물체의 속도는 처음 물체를 떨어뜨린 속도인 0이 된다. 이 운동은 지속적으로 반복될 것이라고 예측할 수 있다. 그러면 실제로 지구 내부의 터널을 지나가는 물체는 어떻게 운동할까?

BC 2세기경 이집트 알렉산드리아의 도서관장이었던 에라토스테네스(Eratosthenes)는 시에네라는 곳에서 여름날 정오 태양이 가장 높이 떴을 때는 막대기를 수직으로 두어도 그림자가 생기지 않는다는 사실을 알고 지구의 크기를 측정하는 방법을 생각해냈다. 시에네에서는 정오가 되면 막대

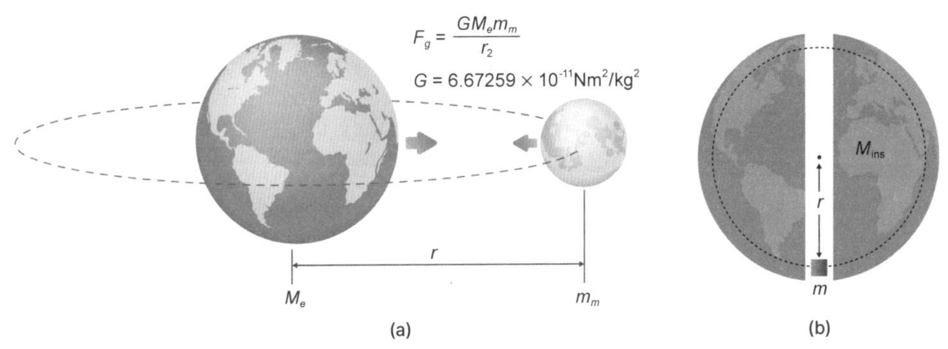

그림 24. (a) 지구와 달 사이의 만유인력 (b) 지구 내부에 터널이 있을 때 물체의 운동

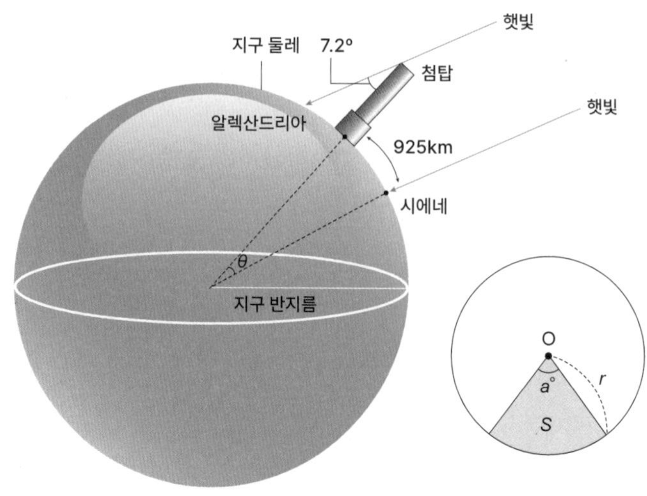

그림 25. 에라토스테네스의 지구 반지름 측정방법에 대한 개념도

에 그림자가 생기지 않지만, 시에네에서 925km 떨어진 알렉산드리아에서는 〈그림 25〉와 같이 7.2°의 기울기에 의한 그림자가 생긴다. 이 기울기에 의한 그림자의 길이는 지구 내부의 7.2°에 해당하는 원호인 925km의 거리에 대한 닮은꼴 삼각형의 모양을 가진다. 이 기울기와 지구의 반지름을 곱하면 925km가 되므로 지구의 반지름은 약 7,364km로, 실제 지구의 반지름인 6,378km에 비해 다소 오차가 크다. 이 반지름으로 계산된 지구의 둘레는 약 46,246km로 실제 지구의 둘레인 40,074km에 비해 다소 큰 값이다.

3-7. 케플러의 법칙을 따르는 행성과 혜성

코페르니쿠스는 지동설을 주장하며 1563년 『천체의 회전에 대하여』라는 저서를 통해서 구형의 지구가 태양 주변을 공전한다고 주장한다. 코페르니쿠스의 지동설에 크게 감동을 받은 케플러는 스승인 티코 브라헤가 남긴 행성들에 대한 관측 자료를 분석하여 행성의 운동에 대한 3가지 법

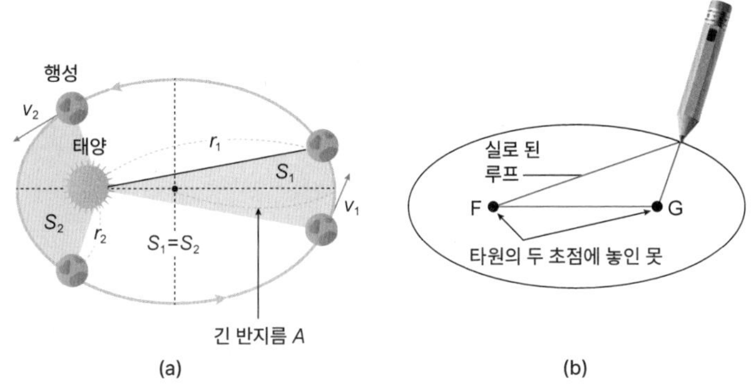

그림 26. (a) 태양을 초점으로 하는 행성의 타원 궤도 (b) 타원 작도법

칙을 발견한다. 코페르니쿠스는 지구를 포함하는 행성들의 공전은 완벽한 원의 형태라고 주장했지만, 케플러는 행성들의 공전은 이심률이 0인 원형에 가까운 타원 궤도를 가진다는 것을 수학적으로 보인다. 타원을 작도하는 방법은 〈그림 26(b)〉와 같다. 두 개의 점과 연필심을 잇는 실을 팽팽하게 한 상태에서 연필을 회전시키면 타원이 그려진다. 두 점에서 거리의 합이 일정하게 유지된다는 것을 알 수 있으며, 이 두 점을 초점이라고 부른다. 태양계의 행성들은 태양을 초점으로 한 타원 궤도를 따라 공전하고 있다. 이는 케플러의 제1법칙으로 '타원 궤도의 법칙'이다.

케플러의 제2법칙은 '면적속도 일정의 법칙'이며, 행성의 공전속도가 어떻게 변화하는지 보여준다. 〈그림 27〉과 같이 일정한 시간 t 동안 행성이 지나가는 면적이 일정하다는 것이 '면적속도 일정의 법칙'이다. 초점에서 멀리 떨어진 경우에

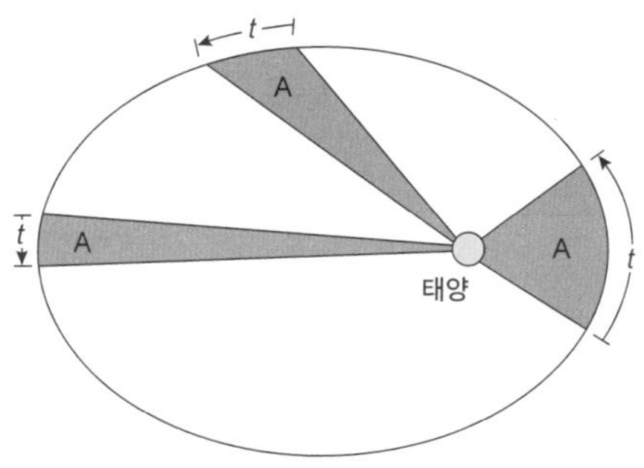

그림 27. 면적속도 일정의 법칙

일정한 면적을 지나가려면 짧은 거리를 움직여야 한다. 반대로 초점에 가까운 경우에는 긴 거리를 이동해야 같은 면적을 이동할 수 있게 된다. 거리가 멀어지면 천천히, 거리가 가까워지면 빠르게 이동하는 궤도를 형성하게 되는 것이다.

이 법칙은 각운동량 보존 법칙에 의해서 간단히 이해될 수 있다. 질량이 m인 행성의 공전에 의한 각운동량은 반지름, 질량, 선속도에 비례한다. 그러므로 행성의 초점에서 멀어지는 경우 각운동량이 일정하게 유지되기 위해서는 선속도가 줄어들어야 하므로 초점에서 멀어지는 경우에는 천천히 이동한다. 반대로 행성이 초점에 가까워지면 반지름이 줄어든 만큼 선속도가 증가해야 각운동량이 일정하게 유지된다. 그래서 초점에 가까이 가면 행성은 더욱 빠르게 운동한다. 이심률이 0이면 원궤도를 형성하며, 지구와 같은 경우에는 이심률이 0.015로 거의 원 모양에 가까운 타원 궤도를 형성한다. 특히 수성의 이심률은 0.21로 태양계 행성 중 가장 큰 값을 가지는데, 근일점에서 원일점보다 2배가 넘는 복사에너지를 태양으로부터 받는다.

케플러의 제3법칙은 '조화의 법칙'이다. 이는 행성의 공전주기와 태양에서 가장 멀리 떨어진 거리인 장반경 사이의 관계가 $T^2 = \left(\frac{4\pi^2}{GM}\right)a^3$ 과 같다는 것이다. 태양계 행성들의 공전주기를 몇 가지 살펴보면 수성, 지구, 천왕성 그리고 해왕성은 0.241, 1.00, 84 그리고 165년으로 큰 차이를 보인다.

이심률이 0에 가까운 행성들과 다르게 혜성은 행성이 되지 못하고 결빙수증기, 일산화탄소, 메탄, 암모니아 등의 얼음먼지들로 이루어져 있으며, 이심률이 큰 길쭉한 타원 궤도를 따라 이동한다. 혜성은 이심률이 아주 크므로 태양에 가까이 접근한 후 다시 태양에서 아주 멀리 떨어지는 길쭉한 타원 궤도를 이룬다. 타원 궤도에 대응되는 이심률은 0보다는 크고 1

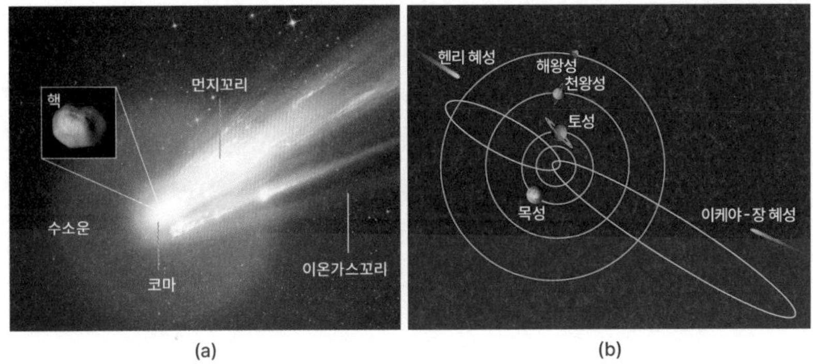

그림 28. (a) 혜성의 모양 (b) 태양을 중심으로 하는 혜성의 궤도

미만의 값을 갖게 된다. 1에 가까울수록 타원의 길이는 길어지고, 이심률이 1이 되면 더 이상 타원이 아닌 포물선이 된다. 혜성들은 태양으로부터 30~50AU 정도의 범위에서 수십 년의 공전주기를 가진다. 태양계 내에는 약 1억 개 정도의 혜성이 존재하며 1년에 1개 정도의 혜성은 태양과 충돌하여 소멸·흡수된다.

예제

3-1. 우리은하의 중심을 공전하고 있는 태양계와 태양을 중심으로 공전하고 있는 지구에 대해서 관찰자가 태양일 때와 우리은하의 중심일 때 지구의 상대속도에 대해 논의해보자.

3-2. 구름이 없는 정오에 하늘을 보면 태양이 높이 떠 있는 것을 관찰할 수 있다. 하늘에서 파랗게 보이는 부분과 하얗게 보이는 부분들이 왜 그렇게 보이는지 논의해보자.

3-3. 갈릴레이는 5km 떨어진 두 위치에서 조수와 램프로 신호를 보내서 빛의 속도를 측정하려고 하였다. 현대 기술을 사용하여 이 실험의 오차를 줄일 수 있는 방법을 논의해보자.

3-4. 비가 내리는 날에 3m/s의 속도로 뛰어가고 있는 사람이 얼굴로 날아오는 비의 속도를 관찰했을 때 5m/s였다면, 실제로 비가 내리는 속도는 얼마인지 계산해보자.

3-5. 광행차를 이용한 빛의 속도 측정 시 지구에서 관찰하는 별빛의 속도는 얼마이며, 이 속도와 상대론에서의 빛의 속도가 갖는 한계에 대해 논의해보자.

3-6. 마이켈슨(Albert A. Michelson)의 빛의 속도 측정장비에는 팔각형 거울이 이용된다. 여기서 육각형의 거울을 사용하면 거울의 초당 회전수를 어떻게 해야 할지 계산해보자.

3-7. 지구 내부에 터널이 있을 때 질량 m인 물체를 터널 내부로 떨어뜨리면 물체는 공기가 있을 때와 없을 때 어떤 운동을 하는지 논의해보자.

3-8. 모든 은하계 내부에 있는 블랙홀의 질량이 점차 증가할 때 은하계의 부피와 우주의 팽창은 어떻게 변화하는지 논의해보자.

3-9. 지구와 태양 사이의 거리는 약 1억 5,000만 km 떨어져 있으며, 지구의 공전시간은 약 1년이 된다. 지구의 공전시간이 2년이 되기 위해서는 지구와 태양 사이의 거리가 얼마나 증가해야 할지 계산해보자.

참고문헌

"기발한 천체 물리", 닐 디그래스 타이슨 · 그레고리 몬 저/이강환 역, 사이언스북스, 2021년

"날마다 천체 물리", 닐 디그래스 타이슨 저/홍승수 역, 사이언스북스, 2018년

"블랙홀이란 무엇인가?", 파스칼 보르데 저/김성희 역/곽영직 감수, 민음인, 2021년

"상대론과 우주", 김영철 저, 유페이퍼, 2022년

"에너지와 천체 운동", 곽영직 저, 이치사이언스, 2014년

"천체물리학", 김웅태 · 구본철 저, 서울대학교출판문화원, 2022년

"파동의 법칙", 임성민 · 정문교 저, 봄꽃여름숲가을열매겨울뿌리, 2021년

"하늘을 보는 눈", 고베르트 실링 저, 사이언스북스, 2009년

"호킹이 들려주는 빅뱅 우주 이야기", 정완상 저, 자음과모음, 2010년

4
파동

4-1. 파동의 굴절과 반사

호수에 이는 잔물결은 잔잔한 파도와 같이 물결이 주변으로 퍼지는 모양을 이룬다. 이 잔물결을 만들려면 호수에 작은 돌멩이 하나를 던지면 될 것이다. 돌멩이를 호수에 던지면 에너지는 물결과 같은 파동의 형태로 전달된다. 파동이란 에너지가 진동에 의해 전달되는 현상이며 던진 돌의 에너지가 파동이 되어 잔물결을 형성하는 것이다. 파동의 모양은 〈그림 1〉과 같은 사인(sine)함수로 표시되며, 일정 시간 동안 일정 횟수만큼 진동하는 주기운동을 한다. 이와 같이 일정 주기를 가지고 진동하는 운동을 조화진동(harmonic oscillation)이라고 한다. 1초 동안 얼마나 진동하는지를 나타내는 것이 주파수이며, 단위는 Hz이다. 10Hz의 주파수는 1초에 10번 진동한다는 것을 나타낸다. 자연계에서 일어나는 진동의 경우에는 주변에서 빼앗아

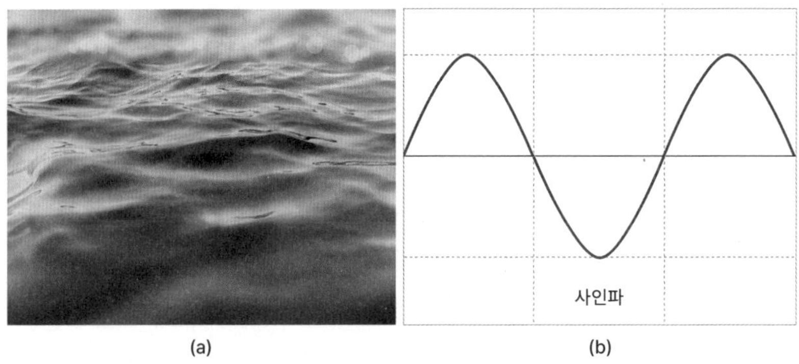

그림 1. (a) 호수에 이는 잔물결 (b) 사인함수로 표현되는 사인파 모양

가는 에너지 손실에 의해서 완벽하게 주기가 일정한 진동을 형성하기 힘들다. 진동을 유지하기 위해서 외부에서 지속적인 에너지를 가함으로써 일정한 주기를 가지는 진동이 가능하게 된다. 그 예로는 발진회로와 같은 전기적 진동 신호를 만드는 소자들과 레이저와 같이 반도체, 단결정 등의 특정 물질들이 가지는 고유주파수의 빛을 만드는 소자들이 있다.

일정한 주기를 가지고 조화진동을 하는 다양한 시스템 중에 용수철, 진자 그리고 원운동에 대해 간단히 살펴보자. 용수철에 달린 물체를 진동시키면 일정한 주기로 진동을 하며, 시간의 변화에 따른 물체의 높이 변화는 사인함수의 형태를 가지고 진동을 한다. 이와 유사하게 진자의 운동을 보면 좌우로 흔들리는 중심에서의 좌우 방향 변화 또한 사인함수와 같은 파동을 형성하게 된다.

〈그림 2〉의 원운동이 일정한 각속도를 가지면, 중심에서 가로축 또는 세로축에 대한 변위는 사인함수의 파동을 형성하게 된다. 회전하는 각도가 180°가 되는 곳은 그림의 4지점이며 0에서 4까지 180° 회전할 때 파동의 주기는 반이 된다. 한 바퀴가 되는 360° 회전이 되려면 다시 0지점으로 돌아가면 되고, 360° 회전은 파동 하나를 형성한다는 것을 〈그림 2〉로 이해

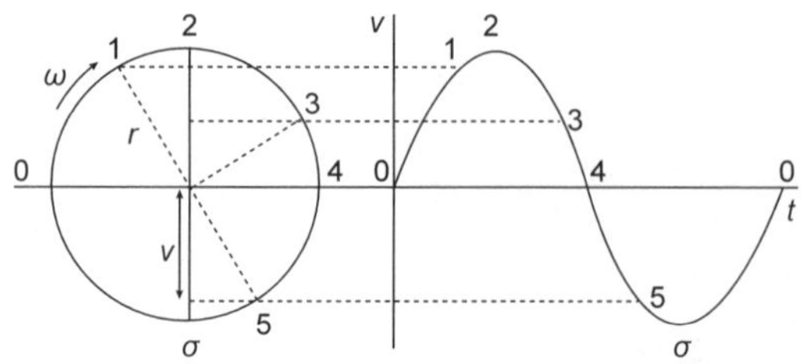

그림 2. 원운동과 사인파

할 수 있다. 원운동에서 일정한 각도에 대응되는 파동의 위치가 정해지며, 반대로 파동의 위치에 따라 원운동의 일정한 각도가 대응될 수 있다. 이와 같은 원운동의 위치에 대응되는 파동의 위치를 위상이라고 한다. 〈그림 2〉의 사인파에 표시된 숫자들의 위치가 파동의 위상을 나타낸다. 2와 6은 파동의 크기가 가장 큰 값, 0과 4는 파동의 크기가 가장 작은 값을 가지는 위상들이다. 두 파동이 한 점에서 만날 때 두 파동의 위상은 중요한 요소가 된다. 두 파동이 2의 위상을 가질 때 한 점에서 만난 두 파동의 크기는 증가하게 된다. 반대로 2의 위상과 6의 위상이 만나면 파동의 크기는 0이 된다.

〈그림 3〉과 같이 물 컵 안에 넣은 손가락은 물과 공기의 경계에서 꺾

그림 3. 물 컵 안에 넣은 손가락이 꺾여 보이는 현상

여 보이며, 손가락이 눈에 보이는 것은 손가락의 표면에서 반사된 빛이 눈에 감지되는 것이다. 물이 없는 경우에는 손가락에 큰 변화가 없어 보이지만, 물이 있는 경우에는 다르다. 물속에 잠긴 손가락에서 반사된 빛은 물에서 공기로 나가면서 그 경로가 꺾이게 되며, 손가락은 공기와 물의 경계에서 꺾여 보이게 된다. 이와 같이 매질이 바뀔 때 빛과 같은 파동이 꺾이는 현상이 굴절이다.

빛은 진공에서 다른 매질로 들어갈 때 속도가 바뀌는데, 진공에서의 광속(c)과 매질 속 광속(v)은 굴절률(n)에 대하여 $c = nv$의 관계가 된다. 매질의 굴절률이 증가하면 빛의 속도는 줄어든다. 〈그림 4〉에서 밝은 줄무늬들의 중심은 〈그림 2〉에 나타난 2의 위상을 표시한 것이며, 빛의 파동이 매질 a에서 매질 b로 이동하고 있는 상태를 나타내고 있다. 매질 a에서는 줄무늬 간격이 크므로 속도가 매질 b에서보다 더욱 빠르다는 것을 알 수 있으며, 매질 b가 매질 a보다 더 큰 굴절률을 가진다고 예측할 수 있다. 또한 매질 a에서 매질 b로 갈 때 속도가 느려지면서 위쪽 방향으로 꺾이게 된다. 반대의 경우 매질 b에서 매질 a로 갈 때에는 빛의 속도가 빨라지면서 위쪽 방향으로 꺾이게 된다.

〈그림 5〉와 같이 물속에 있는 물고기를 창으로 잡기 위해서는 물고기가 어디에 있는지 그 위치를 잘 파악해야 한다. 물 밖에서 보이는 물고기는

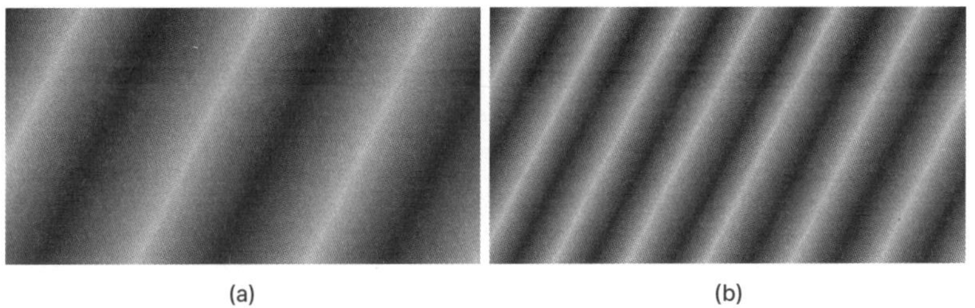

그림 4. 다른 두 매질 사이에서 파동의 굴절 : (a) 매질 a, (b) 매질 b

그림 5. 물속 물고기를 잡기 위한 창 방향 잡기

물고기의 표면에서 반사된 빛을 눈으로 보는 것이다. 물속에 있는 물고기에서 반사된 빛은 공기와의 경계에서 굴절을 일으킨다. 공기 중으로 나가면서 빛의 속도가 빨라지므로, 빛은 아래 방향으로 꺾이게 되고 물고기는 원래 위치보다 조금 더 위에 있는 것처럼 보이게 된다. 그러므로 실제 물고기의 위치는 눈으로 관찰되는 것보다 조금 아래에 있으며, 물의 깊이가 깊을수록 그 차이는 더욱 커지게 된다.

굴절률이 다른 두 매질에서 빛의 굴절은 〈그림 6〉에 나타난 스넬의 법칙을 따른다. 두 매질 사이의 입사각(θ_1)과 굴절각(θ_2)의 관계는 n_1와 n_2의

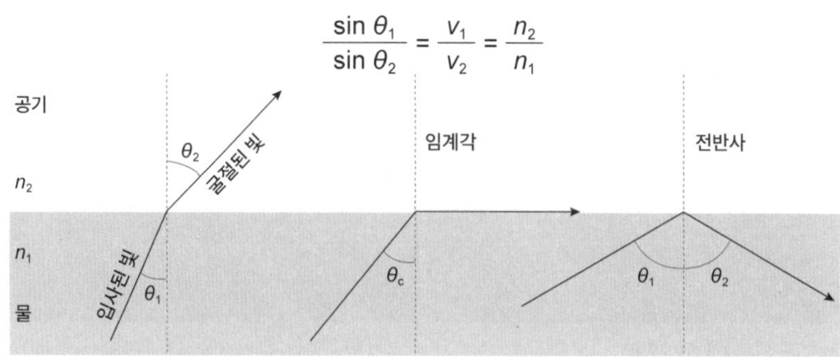

그림 6. 파동의 굴절, 임계각 그리고 전반사

두 굴절률로 결정된다. 특히 굴절률이 큰 매질에서 굴절률이 작은 매질로 빛이 입사할 때 임계각보다 입사각이 커지게 되면 입사된 빛은 굴절률이 작은 매질로 들어가지 못한다.

두 매질에서 입사각이 커지면 빛은 다른 매질로 입사되지 못하고 모두 반사되는 전반사(total reflection)가 일어나게 된다. 전반사가 일어나는 최소 입사각은 〈그림 7〉과 같은 두 매질의 굴절률로 간단히 계산할 수 있다.

마이크로미터 길이의 빛을 이용하면 초당 TB 정도의 정보를 주고받는 것이 가능하며 그 통로로 사용되는 것이 광섬유이다. 이와 같이 광섬유를 이용하여 빛의 속도로 빠르게 통신할 수 있는 광통신은 장거리 통신에 주로 사용된다. 마이크로파는 광섬유 내에서 일어나는 전반사에 의해서 광섬유 내에서 밖으로 빠져나가지 않고 모두 전달될 수 있게 된다. 〈그림 8〉과 같이 광섬유는 내부와 외부의 두 층으로 분리되며, 내부의 굴절률이 외부의 굴절률에 비해 크게 설계되어 내부의 빛이 외부와의 경계에서 전반사를 일으켜 내부에서만 빛이 이동하는 광도파관(optical waveguide)의 역할을 한다. 진공 중에서 빛은 초속 30만 km를 이동할 수 있지만 광섬유 내에서

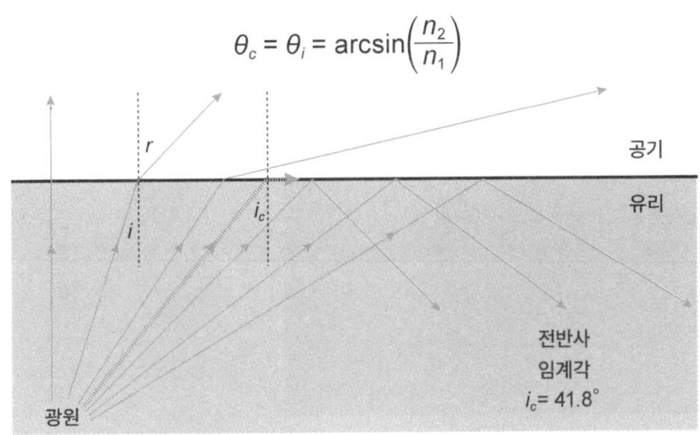

그림 7. 두 매질에 대한 굴절과 전반사

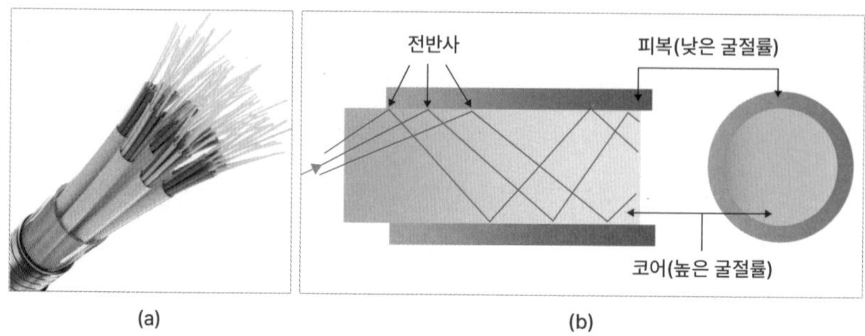

그림 8. (a) 전반사를 활용하는 광섬유 (b) 광섬유의 내부 구조

는 그 속도가 현저하게 줄어들어 초속 20km 정도가 된다.

빛이 진행할 때 매질이 바뀌는 경계에서 반사와 굴절이 동시에 일어나며 반사된 빛과 굴절된 빛의 강도의 합은 원래 빛의 강도와 같다. 호수에 반사된 노을은 거울과 유사하게 풍경을 비춰주며 반사된 빛은 원래 입사된 빛에 비해 작으므로 빛은 수면에서 반사되는 빛과 물속으로 굴절되어 들어가는 빛으로 나뉜다. 반사되는 빛의 반사각은 입사각과 같으며 굴절되어 들어가는 빛의 굴절각은 스넬의 법칙을 따르게 된다.

파동이 두 매질 사이에서 반사와 투과를 일으킬 때 투과되는 빛의 위

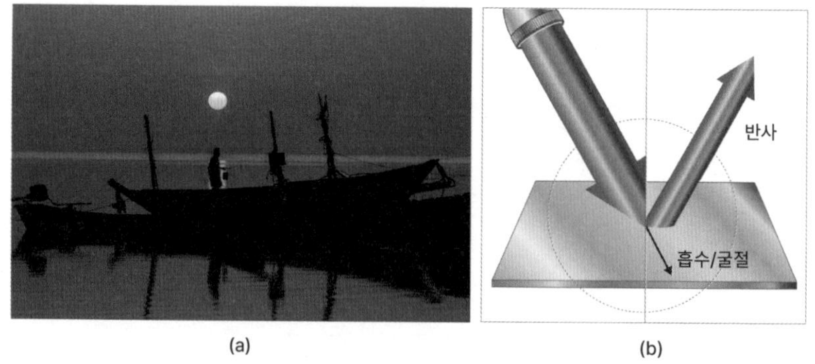

그림 9. (a) 호수에 반사된 노을 (b) 입사된 빛의 굴절과 반사

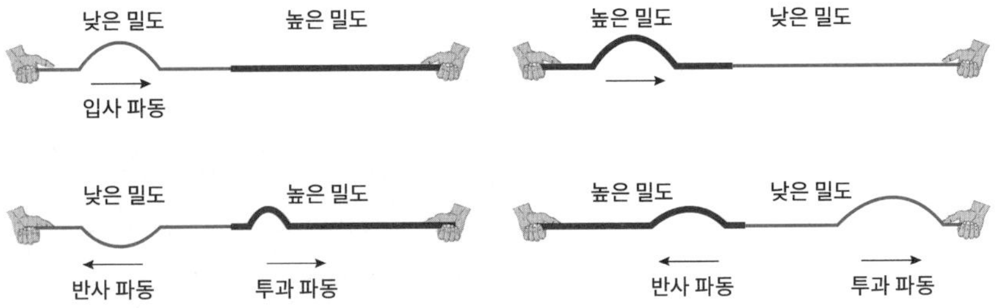

그림 10. 밀도가 다른 두 매질 사이에서 일어나는 반사와 투과

상은 변하지 않지만 반사되는 빛은 위상에 변화를 일으킨다. 위상에 변화가 없다는 말은 파형이 변하지 않는다는 것이다. 밀도가 높은 매질에서 밀도가 낮은 매질로 가던 파동이 반사될 때에는 투과될 때와 같이 위상이 변화되지 않는다. 특히, 밀도가 낮은 곳에서 밀도가 높은 곳으로 진행하는 파동은 위상이 반대로 변화한다.

깊은 바다에서 생기는 파도는 일정한 파형을 형성하지만 파도가 얕은 곳으로 이동할 때에는 바닥의 깊이가 낮아져서 파도는 위상의 변화를 일으키게 된다. 이 위상의 변화는 파도에 물보라를 형성하여 파도가 부서지게 하는 역할을 한다. 파도의 크기와 바다의 깊이가 4 : 3이 될 때 파도에 물보라가 형성되는데, 이 원리는 깊이를 알 수 없는 바다의 깊이를 알 수 있게 해준다. 물보라가 형성되지 않는 곳은 적어도 파도의 높이보다 깊은 바다라는 것을 알 수 있다.

4-2. 파동의 간섭

두 파동이 한곳에서 만날 때 두 파동의 위상에 따라 파동의 진폭이 더욱 커지거나 소멸하는 현상이 일어나는데, 이 현상을 파동의 간섭이라고 한다. 파동의 간섭은 크게 보강간섭과 상쇄간섭으로 나눌 수 있다. 〈그

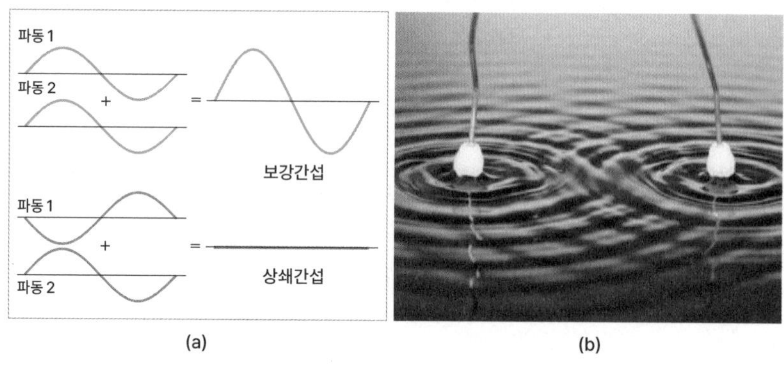

그림 11. (a) 보강간섭과 상쇄간섭 (b) 두 파원에서 일어나는 파동에 의한 간섭무늬

림 11(a)〉에 표시된 보강간섭을 보면, 위상이 같은 두 파동의 진폭이 합해져 더욱 커지는 보강간섭을 일으킨다. 보강간섭에서 두 파동 중 하나의 파동이 위로 올라가고 있을 때 나머지 하나의 파동도 위로 올라가면서 한 점에서 만나게 되면 파동의 진폭이 더욱 증가하게 된다. 반대로 상쇄간섭은 위상이 다른 파동들이 한 점을 지날 때 진폭이 상쇄되어 없어지는 현상이다. 두 파동 중 하나는 위로 올라가고 하나는 아래로 내려갈 때 한 점에서 만나게 되면 두 파동은 서로 상쇄되어 소멸될 수 있다. 〈그림 11(b)〉를 보면 물의 표면에 두 파원을 두고 파동이 일며, 이렇게 형성된 파동들은 간섭무늬를 보인다. 파원에서 일정 거리 떨어진 곳에서는 상쇄간섭 그리고 보강간섭을 이루면서 간섭무늬를 형성하는 것이다.

파동의 간섭현상을 활용하는 다양한 분야가 있으며, 그중에 노이즈 캔슬러와 소음벽은 상쇄간섭을 활용한다. 헤드폰이나 자동차 내부에 사용되는 노이즈 캔슬러는 소음과 위상이 반대인 파동을 만들어서 소음을 상쇄시킨다. 〈그림 12(a)〉와 같이 흰색으로 표시된 소음이 들어오면 붉은색의 소음과 같은 진폭을 갖지만 위상은 반대인 파동을 만들어 소음을 상쇄시킨다. 노이즈 캔슬러는 지속적으로 발생하는 소음을 제거하는 데는 효과

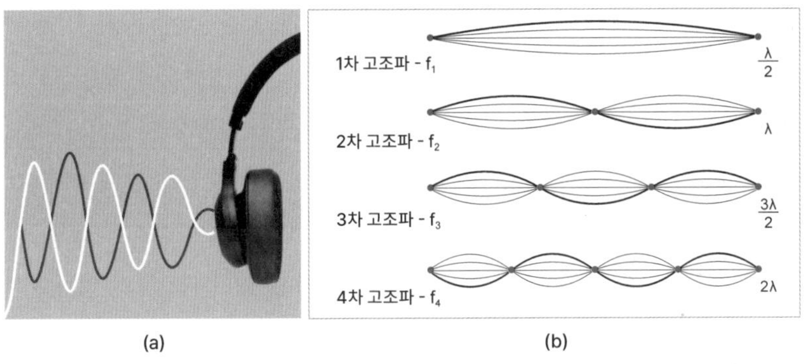

그림 12. (a) 헤드폰의 노이즈 캔슬링 기능 (b) 정상파의 형성

적이지만, 간헐적으로 발생하는 소음 제거에는 큰 효과가 없다. 노이즈 캔슬러의 경우에는 마이크로 소음을 입력하고 이를 위상이 반대인 파동으로 만드는 과정을 거친다. 이와는 다르게 소음벽의 경우에는 소리를 흡수하는 소재를 사용하여 진동을 흡수하거나 일정한 간격의 홈으로 형성된 벽을 만들어서 소리가 표면에서 반사될 때 상쇄간섭을 일으키게 하는 원리를 활용한다.

〈그림 12(b)〉와 같이 양쪽이 고정된 현에서 파동이 발생하면 고정된 한쪽 방향으로 파동이 이동하지만 고정된 부분에서는 위상이 반대로 되면서 다시 중앙으로 이동한다. 반대편도 이와 같은 경로를 가지므로 양쪽으로 나눠졌던 두 파동은 중앙에서 보강간섭을 일으킨다. 이후 반대로 넘어가서 과정들을 지속적으로 반복하면서 정지한 모양의 파동을 형성하게 되며, 이를 정상파라고 한다. 그림과 같이 정상파가 형성되는 양 끝단 내에 정상파의 반파장이 1, 2, … n개 들어갈 수 있을 때에만 정상파가 형성될 수 있다. 바이올린, 기타, 피아노 등의 악기를 이루는 현은 정상파를 이루면서 일정한 음의 소리를 내게 된다.

호수에 돌멩이를 던지면 파원을 중심으로 원형파가 형성되며 퍼져나가는 것을 볼 수 있다. 〈그림 13(a)〉와 같이 원형파가 형성되는 부분은 점파원이 되지만 둥글게 퍼져나갈 때 새로운 점파원들이 형성되어 지속적으로 퍼져나가게 된다. 직선파는 파동의 높이가 같은 직선파가 형성되는 것으로 직선을 이루는 모든 부분에 점파원이 길게 늘어서서 형성된다. 이와 같이 점파원이 다양한 형태의 파동을 형성한다는 것이 호이겐스(Hyugens)의 원리이다. 하나의 점파원은 원형의 파동을 형성하지만 여러 개의 점파원이 모이면 다양한 모양의 파동을 형성할 수 있게 된다. 호이겐스의 원리로 잘 이해될 수 있는 파동현상이 파동의 회절현상이다.

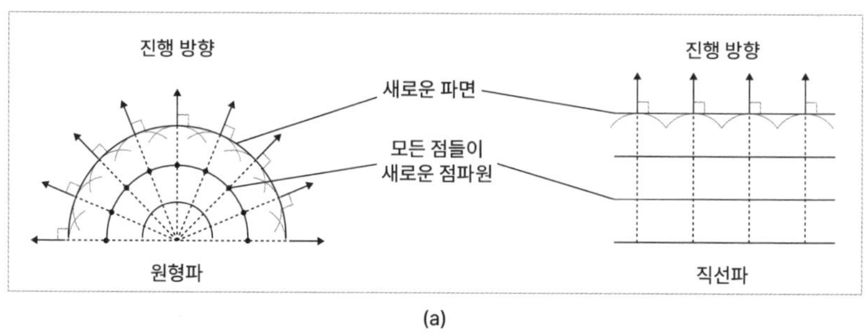

(a)

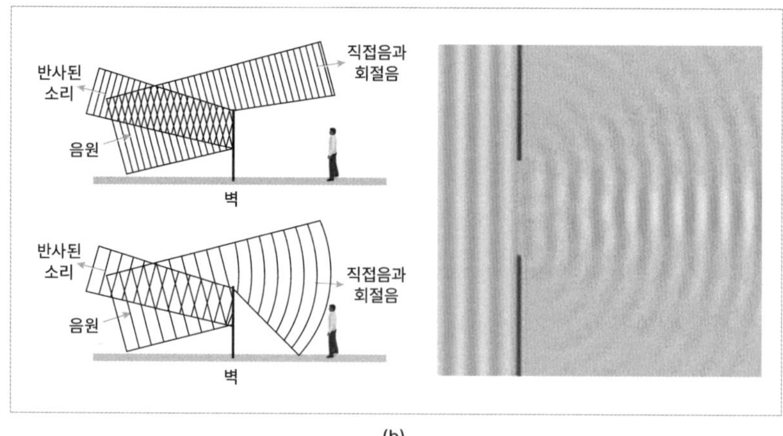

(b)

그림 13. (a) 호이겐스의 원리 (b) 파동의 회절현상

〈그림 13(b)〉의 왼쪽과 같이 음파가 진행하여 벽을 만나면 어떤 현상을 일으키게 될까? 그림처럼 음파가 꺾이지 않고 진행한다면 소리는 전달되지 않고 머리 위로 지나가게 될 것이다. 그러나 벽이 있다고 해서 소리가 전달되지 않는 것은 아니다. 소리는 아래와 같이 벽이 있다고 해도 꺾여서 전달이 된다. 음파와 벽이 만나는 지점의 직선파는 모두 점파원으로 이루어졌으며, 벽의 끝부분을 지나는 점파원에 의해서 벽과의 경계에서부터 점파원에 의한 음파의 진행은 원형파 형태로 전파된다. 이와 같이 음파가 장애물을 경계로 꺾여서 전파되는 현상을 파동의 회절이라고 한다. 즉, 회절은 호이겐스의 점파원에 의해서 경계에서 원형파의 전달과 같이 진행된다는 것을 알 수 있다. 〈그림 13(b)〉의 오른쪽을 보면 직선파가 직행하다가 양쪽에 장애물이 형성되는 단일 슬릿을 지나가고 있다. 직선파가 슬릿에 막힌 곳은 더 진행하지 않고 슬릿이 이루는 두 경계에서는 두 점파원이 형성되어 위와 아래 방향들로 원형파 형태의 파동을 발생시킨다. 그리고 가운데 부분의 잘려진 직선파는 그대로 진행하게 되는 것이다.

신라 혜공왕 7년인 771년에 완성된 성덕대왕신종은 높이 3.75m, 지름 2.27m 그리고 무게 18.9톤의 국보 제29호인 범종이다. 이 범종은 "우웅우웅우웅"하는 소리의 크기가 일정하게 진동하는 현상을 보인다. 이와 같은 현상은 비슷한 주파수를 가지는 두 파동을 합할 때 일어나는데, 그림과 같이 10Hz와 11Hz의 유사한 주파수를 합하면 진폭이 일정한 파동을 형성하게 된다. 이는 두 파동이 비슷한 주파수를 가지면서 위상차에 의한 보강간섭과 상쇄간섭을 일으키기 때문이며, 이 현상을 맥놀이(beat effect)라고 한다. 성덕대왕신종은 168.52Hz와 168.63Hz의 음파들이 맥놀이를 형성하여 "우웅우웅우웅"하는 특이한 소리를 낸다는 것을 음파분석으로 밝혀냈다. 이와 유사한 현상은 기타의 인접한 두 현을 적당히 조율할 때 두 현이 비슷한 음을 가질 때 일어난다.

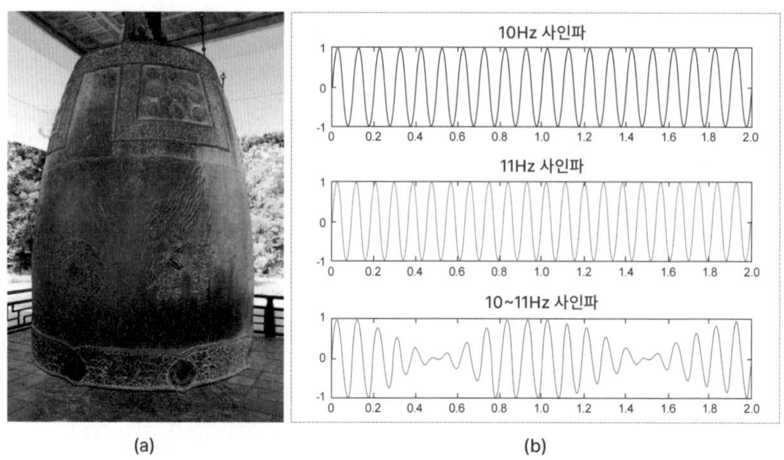

그림 14. (a) 신라 성덕대왕신종 (b) 두 파동이 합해져 형성하는 맥놀이 파동

4-3. 공명현상

용수철에 달린 물체를 일정한 변위까지 당겼다 놓으면 용수철상수(k)와 물체의 질량(m)에 의해 고유주파수 $f=\frac{1}{2\pi}\sqrt{\frac{k}{m}}$로 진동하게 된다 〈그림 15(a)〉. 용수철에 달린 물체를 진동시킬 때 진동의 세기를 가장 크게 하려면 어떻게 해야 할까? 손으로 용수철에 달린 물체를 진동시킬 때 물체가 가장 잘 진동한다면 그때 손에 의한 진동수는 고유주파수에 가깝거나 일치한다. 물체가 달린 용수철에 가장 많은 에너지를 주기 위해서는 고유주파수, 즉 고유진동수로 흔들어주는 것이 에너지 전달에 가장 효율적이다.

투명한 유리컵이나 스테인리스 그릇을 막대로 치면 고유진동수로 진동하면서 소리를 내며, 어떤 물건들은 고유진동수들로 진동하지만 음파의 영역이 아닌 경우에는 소리로 들리지 않기도 한다. 고유주파수가 같은 두 소리굽쇠들은 자신의 고유주파수와 유사한 소리들의 에너지를 흡수하여 함

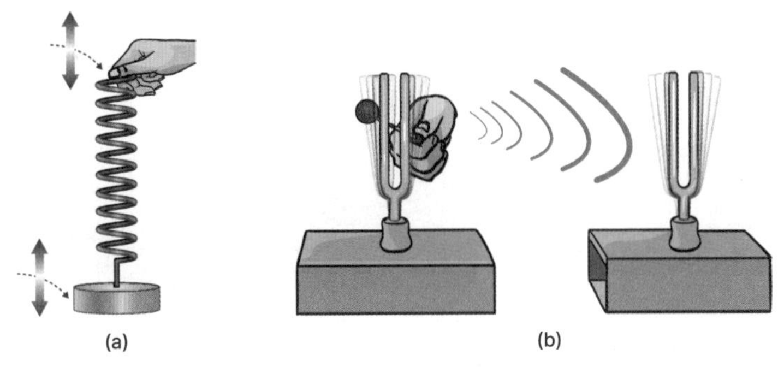

그림 15. (a) 손에 의한 용수철에 달린 물체의 진동 (b) 두 소리굽쇠들의 공명현상

께 진동하는 현상을 보인다〈그림 15(b)〉.

소리굽쇠 하나를 막대로 툭 하고 치면 소리굽쇠는 고유주파수로 소리를 발생시킨다. 이때 옆에 있는 소리굽쇠는 이 소리가 주는 에너지를 흡수해서 같은 고유진동수로 진동하면서 소리를 낸다. 이와 같은 자신의 고유주파수와 유사한 외부 파동을 흡수하여 함께 진동하는 현상을 공명현상(resonance phenomenon)이라고 한다. 또한 소리굽쇠들의 고유주파수가 조금 다를 때에는 소리를 발생시킨 소리굽쇠의 고유주파수에 의한 소리는 옆에 있는 소리굽쇠의 고유주파수와 차이가 있어서 비교적 작은 에너지를 흡수해서 진동하게 된다. 그 결과 주파수가 유사한 두 소리에 의한 맥놀이 효과가 나타나기도 한다. 이와 같이 다양한 물리계는 고유주파수를 가지고 있으며, 남는 에너지를 고유주파수의 파동으로 방출한다. 외부에서 파동이 주어질 때 물리계는 자신의 고유주파수의 파동을 가장 잘 흡수하여 주어진 고유주파수로 가장 잘 진동하게 된다.

안테나에 일정한 주파수의 교류전류를 흘리면 전파가 발생하여 주변으로 방출된다〈그림 16(a)〉. 발생된 주파수의 파장과 적합한 크기를 가지는 안테나를 사용하면 전파가 더욱 효과적으로 방출될 수 있다. 안테나가 가지는 고유진동수와 같은 주파수의 교류전류를 인가하면 안테나는 가장 효

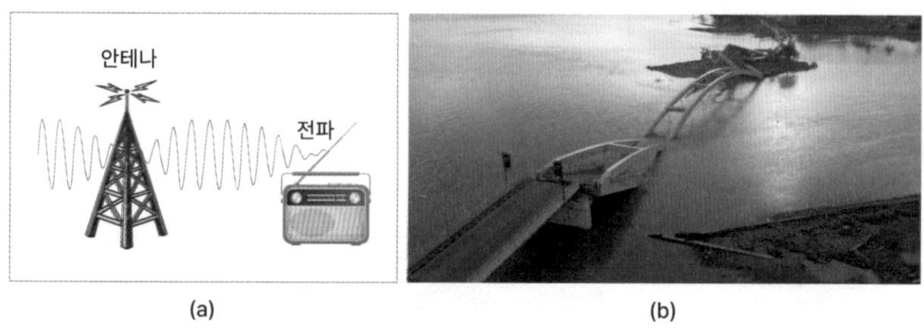

그림 16. (a) 안테나 사이에 흐르는 전파의 공명현상을 활용하는 라디오 (b) 바람에 의한 공명현상으로 붕괴되는 다리

과적으로 전파를 발생시킬 수 있게 된다. 이렇게 만들어진 전파들을 효과적으로 흡수하기 위해서는 그 전파의 주파수를 고유주파수로 하는 안테나를 사용하면 된다.

이와 같이 공명현상을 활용하기 위해서는 안테나의 길이를 적당히 조절하면 가장 잘 흡수할 수 있는 고유주파수를 조절하여 수신하고 싶은 주파수에 맞추는 것이 필요하다. 풀피리를 불 때 입으로 바람을 일으키면 풀피리는 자신의 고유주파수로 진동하면서 소리를 발생시키게 된다. 이와 유사하게 다리와 같은 대형 구조물도 외부의 바람에 의해서 공명현상이 일어나게 되면 흔들림이 극대화되어 붕괴되는 현상을 일으키기도 한다〈그림 16(b)〉. 건물들이 외부에서 주어지는 흔들림에 의해 공명현상을 일으키지 않도록 설계하는 것에 대한 인식은 최근에 알게 된 공명현상에 대한 이해를 바탕으로 한다.

의료진들이 사용한 초음파 담석제거기는 담석의 크기에 따라 다양한 고유진동수가 주어지므로 다양한 초음파 주파수를 사용하여, 담석을 공명시켜 부서지게 한다. 앞에서 이야기한 예 이외에도 초음파 세척기, 전자레인지 등의 다양한 기기에 공명현상이 활용되고 있다. 특히 공명현상 중 흥미로운 것은 멀리 떨어진 사람과 사람 사이, 즉 뇌와 뇌 사이에 뇌파를 전달하는 텔레파시(telepathy) 현상이다. 비교적 뇌구조가 유사한 일란성 쌍둥이들 사이에 생각이나 감정을 주고받는 텔레파시 현상들에 대한 많은 기록이 존재한다.

4-4. 소리

파동은 크게 횡파와 종파로 나눌 수 있다〈그림 17〉. 횡파는 파동의 진동 방향과 진행 방향이 수직이어서 진동하면서 진행하는 파동이다. 마루와 마루 그리고 골과 골 사이의 거리가 파장에 해당하며, 빛, 물결파, 라디오파가 횡파에 해당한다. 횡파와는 다르게 종파는 진동 방향과 진행 방향이 같은 파동으로, 공기 중에서 진행하는 음파가 종파에 해당한다. 진동 방향과 진행 방향이 나란하므로 밀도의 변화가 밀한 부분과 소한 부분이 일정한 주기의 파장을 가진다. 지진파는 횡파인 P(primary)파와 종파인 S(secondary)파로 구성된다. P파는 S파보다 속도가 빨라서 먼저 도착하며, 액체로 된 지구의 핵을 통과할 수 있지만 위력이 낮다. S파는 P파와 다르

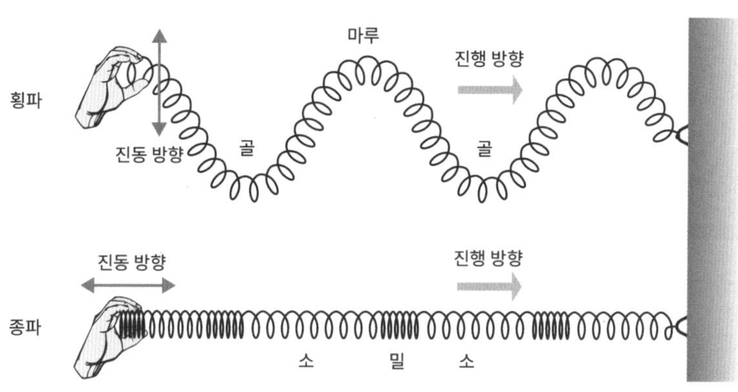

그림 17. 횡파와 종파

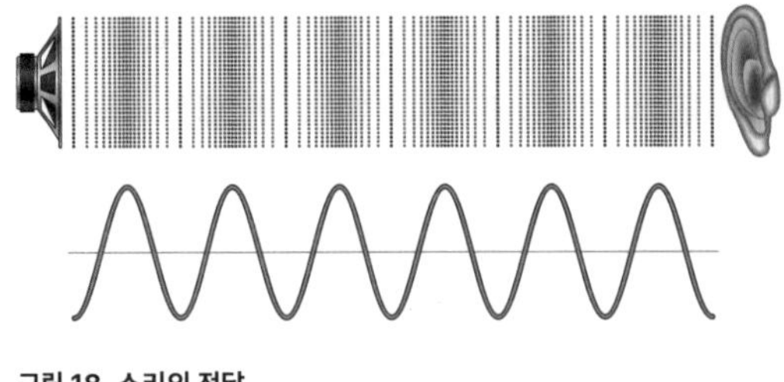

그림 18. 소리의 전달

표 1. 다양한 매질 내 소리의 속도

매질	속력(m/s)
공기(15℃)	340.45
공기(30℃)	349.45
물(25℃)	1,493
구리(20℃)	3,560

게 속도가 느리고 액체로 된 지구의 핵을 통과할 수 없으며 P파에 비해서 높은 강도를 보인다.

대표적인 종파는 공기 중에서 공기입자들의 진동에 의해서 전파되는 소리이며, 공기가 없는 곳에서는 소리가 전파되지 않는다〈그림 18〉. 소리의 전달은 공기와 같은 전달 매질이 없으면 전달되지 않으며, 공기가 있을 때 소리는 공기의 진행 방향과 같은 방향으로 진동시키는 종파의 형태로 멀리까지 도달하게 한다.

사람의 귓속에는 고막이 청각신경에 달려 있으며, 소리가 고막을 진동시키면 청각신경이 소리를 전기신호로 만들어 뇌로 보내게 된다. 고막은 북처럼 생긴 얇은 막이며 외부에서 들어오는 소리에 의해서 진동한다. 고막은 아주 낮은 주파수 소리와 아주 높은 주파수 소리에는 반응하지 않으며, 귀로 들을 수 있는 소리를 가청주파수라고 한다. 가청주파수는 20Hz에서 20,000Hz, 즉 20kHz까지의 범위에 있으며 이 범주에서 벗어나면 고막을 진동시키기는 불가능하므로 소리를 들을 수 없다. 특히 고막을 많이 사용하게 되면 들을 수 있는 주파수는 줄어들게 된다. 20대의 경우에는 17kHz 정도의 소리까지도 들을 수 있지만 50대의 경우에는 12kHz를 넘는 소리는 들을 수 없게 된다. 0에서 7세까지는 20kHz에 가까운 소리를 들을 수 있다.

소리가 전달되기 위해서는 매질이 있어야 하며 매질의 밀도가 높을수록 소리 에너지가 효과적으로 전달되므로 소리의 속력은 빨라진다. 공기 중에서 소리가 빨리 전달되게 하기 위해서는 같은 밀도의 공기에 대해서는 온도가 높을수록 분자들이 에너지를 잘 전달하므로 소리의 속도는 빨라진다. 15℃의 공기 중에서 소리의 속력은 약 340.45m/s 정도가 된다. 번개가 칠 때 불빛이 보이고 2초 정도 지나서 소리가 들리면 소리의 속도가 번개보다 느리므로 700m 정도 떨어진 곳에서 번개가 친다는 것을 짐작할 수 있다. 번개의 불빛과 소리가 동시에 들린다면 가까운 곳에 번개가 떨어지는 상황이므로 조심해야 한다. 공기보다 밀도가 더 큰 액체인 25℃의 물에서 소리의 속력은 1,493m/s로 공기 중에서보다 4배 정도는 더 빠르다. 이는 물의 밀도가 높아서 소리 에너지의 전달이 더 잘 되기 때문이다. 물에 비해서 밀도가 더 높은 고체인 20℃의 구리에서는 소리가 3,560m/s의 속력으로 전달된다.

종이컵 두 개 사이에 실을 연결하면 소리가 더욱 잘 전달된다. 실은 공기에 비해 밀도가 높은 고체이며, 소리의 전달 속력이 약 3,000m/s로 공기보다 10배는 더 잘 전달된다. 종이컵 전화기의 실을 팽팽하게 당기면 소리의 전달을 더 효과적으로 할 수 있다. 종이컵 전화기에 실이 아닌 다른 매질을 사용하면 소리의 전달 효율이 더 증가할 수도 있다. 공기의 온도가 올라가면 공기를 구성하는 분자들의 밀도가 낮아져 소리의 속력은 낮아진다. 반대로 공기의 온도가 내려가면 공기를 구성하는 분자들의 밀도가 높아져 소리가 더 잘 진행한다. 해가 떠 있는 낮에는 땅에 가까운 곳의 공기는 뜨거워지고 높은 곳의 공기는 비교적 낮아진다. 이는 높은 곳에서 소리가 잘 전달되며, 낮에 소리는 높은 쪽으로 잘 전달된다는 것을 나타낸다. 반대로 밤이 되면 땅에 가까운 낮은 곳의 공기는 온도가 내려가고 상대적으로 높은 곳의 공기는 따뜻하다. 그래서 소리는 밀도가 높은 곳에서 낮은 곳으로 전달이 잘 된다〈그림 19〉. 우리나라 속담 중 '낮 말은 새가 듣고 밤 말은 쥐

그림 19. 낮과 밤의 소리 전달

가 듣는다'라는 말은 이러한 과학적 사실에 근거한다고 볼 수 있다.

소리가 효과적으로 전달되기 위해서는 매질이 효과적으로 소리 에너지를 전달할 수 있어야 하며, 진공에서는 소리가 전달될 수 있는 매질이 없으므로 소리는 전혀 전달되지 않는다. 과거 과학자들은 소리는 입자의 직접적인 밀도가 변화하여 에너지가 전달되는 것과 같이 빛도 에테르(aether)라는 매질을 통해서 전달된다고 생각했었다. 그러나 1887년 마이켈슨(Micheson)과 몰리(Moley)는 빛의 간섭 실험을 통해 눈에는 보이지 않는 빛의 매질인 에테르가 존재하지 않는다는 것을 확인하였다. 그 후 빛은 파동성과 입자성이 공존한다고 잘 알려지게 되었으며, 빛을 이루는 알갱이는 광자(photon)라는 질량이 없이 운동량만을 가진 작은 입자이다.

소리는 15℃의 공기 중에서 340m/s의 정도의 속도를 가지므로 소리를 발생시키는 음원이 움직이는 경우에는 관찰자와 음원의 상대속도에 따라 음원이 가지는 파동의 주파수가 높아지거나 낮아지는 도플러(Doppler) 효과가 일어난다. 앰뷸런스가 〈그림 20〉과 같이 빠른 속도로 달리면 앰뷸런스가 만드는 음원의 위치는 소리의 진행 방향을 따라간다. 그래서 앰뷸런스가 달려오는 쪽에 있는 사람의 입장에서는 소리의 파장이 줄어드는 효과가 나타난다. 파장이 줄어든다는 것은 주파수가 높아지는 효과이므로 소리의 높이가 높아지는 현상이 일어난다. 반대로 진행하는 반대 방향으

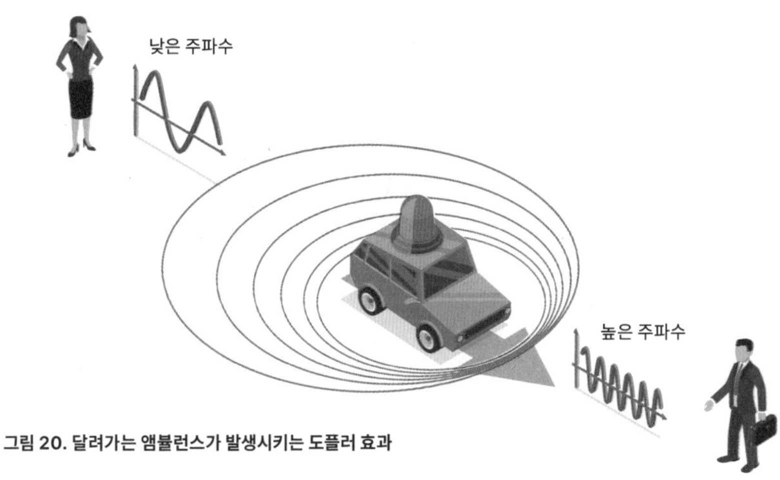

그림 20. 달려가는 앰뷸런스가 발생시키는 도플러 효과

로는 소리가 진행하는 것에 반대로 음원이 멀어지므로 소리의 파장이 길어지는 효과, 즉 주파수가 낮아져서 소리의 높이가 낮아지는 효과가 나타나는 것이다. 다가오는 경우에는 소리가 높아지고 멀어지는 경우에는 소리가 낮아진다. 별의 경우에도 멀어지는 경우에는 주파수가 낮아지는, 즉 파란색에 비해 주파수가 낮은 붉은색으로 별의 색깔이 치우치는 현상이 일어나며, 이를 적색편이라고 한다. 반대로 별이 가까워지는 방향으로 움직일 때에는 주파수가 높아지는 파란색으로 별의 색깔이 치우치게 되는 청색편이가 일어나게 된다. 고속도로에서 달리는 자동차들의 속도를 측정하는 방식 중 하나는 도플러 효과를 이용하는 것이다. 스피드건에서 전파를 발생하여 달려오는 차의 표면에 반사시킬 때 차의 속도가 빠를수록 반사되어 오는 전파의 파동은 더욱 짧아지므로 이를 활용하여 자동차의 속도를 측정할 수 있다. 도플러 유속계, 배의 속도 측정장치, 도플러 레이더 등의 도플러 효과를 이용하는 다양한 분야가 있다.

비교적 작은 주파수 영역을 차지하고 있는 소리는 크게 사람의 귀로 들을 수 있는 가청주파수와 그 영역을 벗어나는 초음파(supersonic)로 구분할 수 있다. 가청주파수는 20Hz에서 20kHz이며 20Hz보다 낮은 주파수 영역의 소리인 아청음(subsonic)과 20kHz보다 높은 주파수 영역의 소리인 초음파는 사람의 귀로는 감지할 수 없다. 초음파 영역은 라디오 주파수의 영역까지를 포함하며, 박쥐는 2~15MHz 정도의 초음파를 활용하여 주변을 탐색할 수 있다. 라디오 주파수는 진폭변조(amplitude modulation, AM)의 경우에는 수백 kHz 정도를 사용하며 파장은 수백 m에 이르는 반면 주파수변조(frequency modulation, FM)의 경우에는 수십 MHz 정도의 비교적 높은 주파수를 사용하므로 파장은 수 m 정도로 비교적 짧다.

우리 주변에서 들을 수 있는 여러 소리들은 다양한 곳에서 다양한 방법으로 만들어진다. 소리를 만드는 가장 간단한 방법은 두 물체를 충돌시키는 것이며, 이렇게 충돌한 두 물체는 각각 자신의 고유주파수로 진동하면서 소리를 발생시킨다.

악기들은 저마다 자신만의 고유한 소리를 낸다. 현을 진동시킬 때 발생하는 울림판의 진동으로 소리를 내며, 현의 길이, 장력, 두께 등에 의해서 일정한 음높이의 소리를 발생시킨다. 북과 같은 타악기는 가죽으로 된 진동판을 북채로 두드려서 진동판의 진동으로 소리를 내며, 가죽의 탄성과 면적에 따라 음색과 음높이가 변화되기도 한다. 관악기의 경우에는 관의 길이와 두께에 따라 관 내부를 통과하는 정상파의 파장이 변화되면서 음높이가 달라진다. 이처럼 다양한 악기를 통해 소리를 발생시키는 것이 가능하다.

음악을 들을 때 가장 많이 사용하는 것은 스피커와 이어폰 등의 소리를 발생시키는 도구들이다. 이어폰은 아주 작은 스피커를 귀에 꽂아 소리를 듣는 것이므로 기본적으로 스피커와 같은 원리로 만들어진다. 전자석 방식의 스피커가 초기에 만들어져서 지금까지도 사용되고 있다. 스마트폰이나 작은 소형기기 등에 사용되는 압전스피커는 전자석 방식과 다른 압

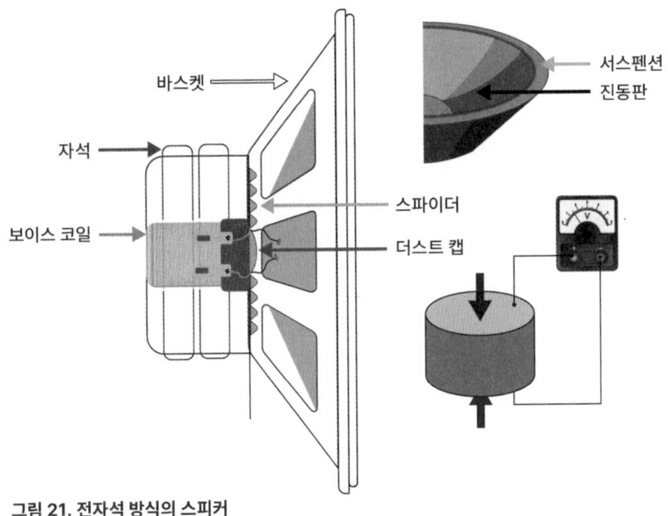

그림 21. 전자석 방식의 스피커

전현상을 활용한다. 전자석 방식의 스피커는 자기력을 활용하며, 자기력에 대해서는 이후에 다시 다룰 예정이다.

도선에 전류를 흘리면 도선 주변에는 자기장이 형성되며, 스피커는 여러 번 감긴 도선에 전류를 흘릴 때 발생한다〈그림 21〉. 이 자기장은 주변에 영구자석이 형성하는 자기장에 의해서 자기력을 받게 되며, 이 자기력은 스피커의 울림판을 진동시키게 된다. 스피커가 소리를 잘 내게 하기 위해서는 영구자석의 자기력을 높이거나 스피커에 들어 있는 전자석의 세기를 높여야 한다. 전자석의 세기를 높이기 위해서는 도선을 더 많은 횟수로 감거나 도선에 흐르는 전류의 세기를 더욱 크게 하면 된다. 전자석 스피커는 비교적 구조가 복잡하지만, 압전스피커는 구조가 매우 단순하다. 압전체 양끝에 두 개의 전극을 형성하는 단순한 구조이며, 외부에서 음 또는 양의 전압을 걸어주면 압전체는 길이의 변화를 일으킨다. 외부에서 소리를 전기신호로 변화해서 입력하면 압전스피커의 압전체가 입력된 전기신호와 같이 진동하면서 소리를 발생시킨다. 압전스피커는 다양한 크기로 만들 수 있으며, 무엇보다 크기를 눈에 보이지 않을 정도로 작게 만들 수 있다는 장점이 있다. 압전체는 외부에서 전기를 가하지 않고 힘을 가해서 변형시킬 때 외부로 전기를 발생시킨다. 최근 압전체의 외부 힘에 대한 발전 특성을 활용한 발전기술도 등장하였다. 또한 압전체는 외부 힘에 의해서 변형될 때 전기를 발생시키므로 이를 활용한 센서를 만드는 것이 가능하다. 또한 이 외부 힘이 소리인 경우에는 소리를 전기신호로 바꿔주는 압전 마이크로폰으로 사용될 수 있다.

소리를 전기신호로 변환할 때는 마이크로폰을 사용하는데, 일반적으로 전자석 방식의 스피커와 유사한 구조를 가지는 다이내믹 마이크가 많이 쓰인다〈그림 22(a)〉. 다이내믹 마이크는 비교적 복잡한 구조를 가지며 전자석과 영구자석으로 구성된다. 소리가 울림판에 도달해 진동하고 이로 인해 전자석이 진동하면 전자기 유도에 의해서 전자석에 전류가 형성되

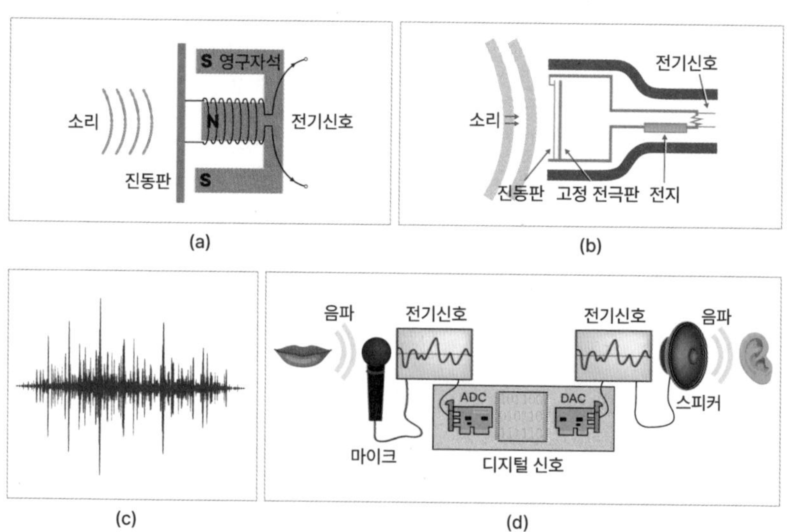

그림 22. (a) 다이내믹 마이크의 구조 (b) 콘덴서 마이크의 구조 (c) 소리가 갖는 파동의 모양 (d) 디지털 음원의 제작과 재생에 대한 개략도

는 원리를 활용한다. 전자기 유도에 대해서는 이후에 다시 다룰 예정이다. 다이내믹 마이크에 비해 구조가 간단하고, 크기가 작은 콘덴서 마이크는 〈그림 22(b)〉와 같이 두 전극으로 된 축전기 구조를 가진다. 소리를 통해 두 전극 중 울림판에 연결된 전극이 진동하면 두 전극의 간격이 소리에 따라 변화하면서 축전기 용량이 달라지며, 소리는 전기신호로 변환된다. 마이크로폰에 의해서 전기신호로 변환된 소리는 〈그림 22(c)〉와 같은 파동의 형태를 가지며, 이와 같은 신호의 모양을 아날로그(analog) 신호라고 한다. 소리와 같은 아날로그 신호를 녹음테이프, LP판 등에 저장하거나 CD, MP3에 사용되는 디지털 신호로 저장하여 필요할 때 다시 들을 수 있게 한다〈그림 22(d)〉. 소리를 전기신호, 즉 아날로그 신호로 변환하여 그 정보를 저장하지 않고 앰프를 통해 전기신호를 증폭시켜 스피커를 이용해 더욱 크게 재생하기도 한다. 녹음테이프와 LP판은 재생 횟수가 증가하면 음질이 왜곡되는 단점이 있으며, CD와 MP3와 같이 디지털 신호로 변환되어 저장된 소리들은 오랜 시간이 지나도 소리가 왜곡되지 않는 특징이 있다.

소리는 아날로그의 형태를 가지므로 똑같은 모양의 전기신호를 아날로그 및 디지털 형식으로 저장하여 필요할 때 재생할 수 있다. 아날로그 신호는 원래 소리와 똑같은 파동의 모양으로 저장되며, 이를 위해서 LP판의 경우에는 원래 소리와 같은 파동의 모양을 표면에 각인시켜 소리를 저장한다. 디지털 신호는 원래 소리가 가지는 파동을 여러 번 자르고 그 진폭

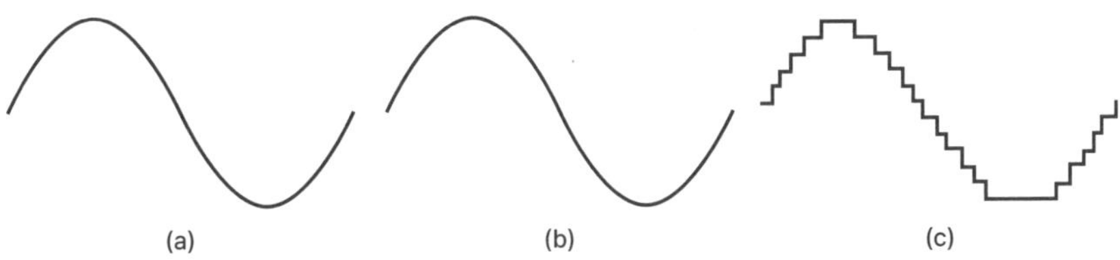

그림 23. (a) 원래 음파 (b) 아날로그 음파 (c) 디지털 음파

의 높이를 디지털 부호로 저장한다. 1초에 1만 회 신호를 자르고, 16bit로 진폭의 높이를 저장하는 경우에 1초에 16만 개의 신호가 발생한다. 이렇게 만들어진 MP3 파일은 160kbit/s인 음원으로 초당 160,000개의 디지털 신호를 중앙처리장치에서 처리 후 아날로그 신호로 만들어 소리를 재생하게 된다.

초음파는 사람의 귀로는 들을 수 없는 20kHz 이상의 주파수를 가지며, 초음파 세척기, 초음파 검사기, 초음파 필링기, 초음파 어군탐지기 등의 다양한 분야에서 활용된다〈그림 24〉. 초음파를 활용하기 위해서는 초음파 발생용 발진회로를 통해 수십에서 수백 kHz에 이르는 다양한 주파수의 초음파를 생성하여 사용한다.

초음파 세척기는 세척하고자 하는 물체가 든 세척 용액을 초음파로 진동시키고 진동하는 용액에 의해서 물체의 표면에 있는 이물질을 제거하며, 초음파의 주파수가 높을수록 더 작은 이물질을 제거할 수 있다. 반도체 공정의 중심이 되는 실리콘 웨이퍼의 표면에 있는 이물질 제거에도 초음파

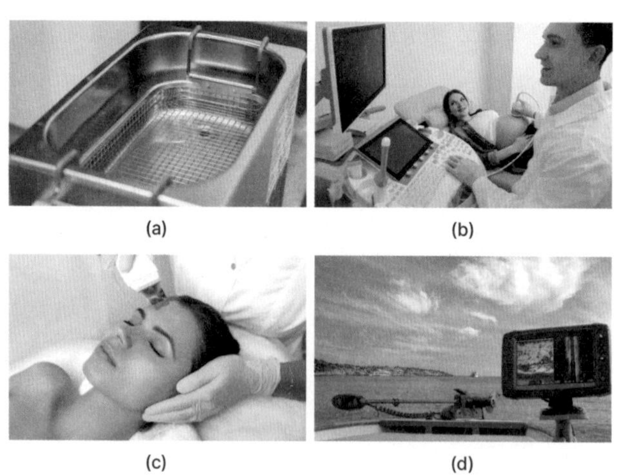

(a) (b) (c) (d)

그림 24. (a) 초음파 세척기 (b) 초음파 검사기 (c) 초음파 필링기 (d) 초음파 어군탐지기

세척기가 주로 활용되며, 이 경우에는 아세톤, 황산, 에탄올, 초수순수 등의 다양한 용액이 사용된다.

초음파 검사기는 1MHz 정도의 높은 주파수의 초음파를 활용하며, 인체를 구성하는 조직들의 밀도에 의해서 반사되는 초음파의 강도 변화를 통해 인체 내부의 구조를 관찰한다. 초음파 필링기는 초음파를 활용하여 피부에 비타민 C와 같은 성분을 침투시키거나 피부 표면에 있는 각질을 제거할 때 사용된다. 초음파 어군탐지기는 초음파 검사기와 유사하게 초음파를 물속으로 방출하고 반사되는 초음파의 강도와 위상을 분석하여 물속 물고기와 수심의 깊이를 측정한다. 물속에 있는 물보다 밀도가 높은 물고기와 돌, 모래 등으로 구성된 바닥의 형태를 반사된 초음파를 통해 확인할 수 있다. 이 외에도 초음파를 활용하는 다양한 분야가 있는데, 그중 초음파로 몸속에 형성된 담석을 제거하는 초음파 쇄석기에는 초음파의 주파수를 변화시키고 아주 높은 강도의 초음파를 만드는 기술이 사용되기도 한다.

소리의 크기를 나타내는 단위는 데시벨(dB)이며 기준음압(P_{ref})에 대해서 임의의 소리가 가지는 음압(P_{rms})을 비교하여 표시한다〈그림 25〉. 소리의 크기가 기준음압과 같으면 소리의 크기는 1이고, 10배로 증가하면 소리의 크기는 2가 된다. 이와 같이 음압의 크기가 10배 증가할 때 소리의 크기가 2로 조금 증가하는 것은 소리가 3차원 공간에 퍼져가면서 에너지가 전파되기 때문이다. 음악을 들을 때 소리를 2배 증가시키는 것은 음파로 만들어지는 입력 에너지를 10배 증가시킨다는 것과 같다. 그래서 오디오에 사용되는 볼

$$L_p = 20\log_{10}\left(\frac{p_{rms}}{p_{ref}}\right)\text{dB}$$

그림 25. 소리의 크기 측정을 위한 데시벨 미터

륨 스위치를 일정하게 높일 때 스피커에 들어가는 음파 에너지는 일정하게 증가하지 않고 10배, 100배와 같이 급격히 증가하게 된다. 1dB의 소리와 10dB의 소리를 형성하는 에너지는 10배가 아닌 10^{10}배 차이로 크다. 지진의 세기를 표시하는 진도도 소리와 유사하게 표시되는데, 진도가 1인 경우와 진도가 2인 경우에 지진 에너지의 차이는 10배나 된다. 일본에서는 진도 7에서 8을 넘는 지진들이 가끔 일어나기도 하는데, 우리나라에서 일어났던 지진의 진도 4.5와 비교했을 때 1,000배 정도는 큰 강도의 지진이라는 것을 알 수 있다.

4-5. 전자기파

음파는 공기를 진동시켜서 형성되는 파동에 의해서 에너지가 전달되는 현상으로 우리가 귀로 들을 수 있는 가청주파수 영역의 음파와 귀로 듣지 못하는 초음파로 나눌 수 있다. 음파라는 파동을 만들기 위해서 진동판과 같은 물체를 진동시키는 것과 같이 전파를 만들기 위해서는 외부에 전기장을 방출하는 전하를 흔들면 된다. 대표적으로 전자는 음의 전하이며 양성자는 양의 전하이고 둘 다 전하량의 크기는 1.6×10^{-19}C이다. 전하가 정지하고 있으면 전하를 중심으로 전기장이 형성되며 자기장은 형성되지 않는다. 이때 전하를 움직이면 전기장과 수직으로 자기장이 형성되므로, 일정한 주기로 전하를 진동시키면 일정한 주기를 가지는 전자기파가 전하를 중심으로 형성되어 퍼져나가게 된다. 주파수가 가청주파수 영역에 있어도 전파는 소리와 다르게 공기라는 매질이 없어도 이동한다. 전자기파는 주파수에 따라 그림과 같이 라디오파, 마이크로파, 적외선, 가시광, 자외선, x선 그리고 γ선까지 분류할 수 있다〈그림 26〉. 주파수가 가장 낮은 라디오파 중 AM파는 파장의 길이가 수백 m 정도 되는 큰 파동이며, FM파는 수십

m 정도의 파장을 가진다. 공명에 대해 다룰 때 파장과 유사한 크기의 안테나가 전파를 잘 수신할 수 있다. 라이오파에 비해 주파수가 더 큰 마이크로파는 파장의 길이가 마이크로미터 영역에 있으며 위성과의 통신에 많이 활용된다.

마이크로파보다 주파수가 증가된, 즉 파장이 짧아진 영역에는 적외선이 자리잡고 있으며, 물체를 가열할 때 500℃보다 낮은 온도에서는 적외선이 물체의 표면에서 발생되기도 한다. 이는 앞에서 다룬 흑체복사에 의한

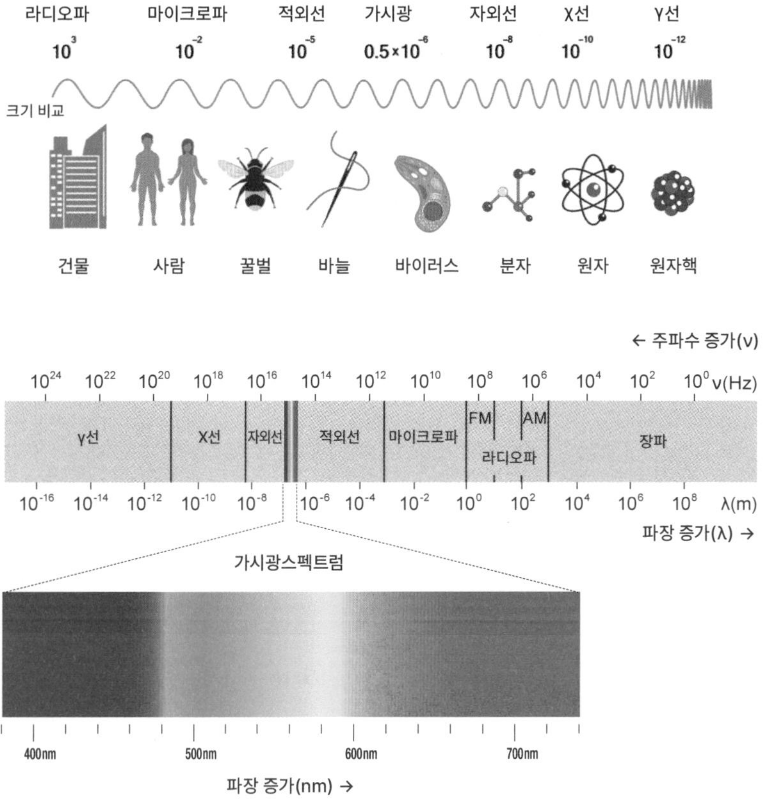

그림 26. 다양한 주파수의 전자기파들과 전자기파의 파장 및 물체의 크기 비교

효과이다. 적외선은 700nm보다 긴 파장을 가지고 있으며, 적외선 영역에서 주파수가 증가되면 가시광 영역에 들어가게 된다. 가시광은 파장의 길이가 400~700nm의 전자기파로서 비교적 짧은 영역을 가지고 있다. 물론 물체를 가열할 때 500℃보다 높은 온도가 되면 물체의 표면에서는 가시광 영역에 해당하는 빛을 흑체복사를 통해 방출한다. 물체의 표면에서 발생하는 적외선 또는 가시광 영역의 빛을 분석하면 물체의 표면온도를 측정할 수 있다.

이와 유사하게 빛을 발하는 별들의 온도도 별의 색깔을 보고 결정할 수 있다. 가시광보다 높은 주파수에는 자외선 영역이 자리잡고 있으며, 자외선은 10~400nm의 파장을 가진다. 자외선은 짧은 파장을 가지므로 반도체 산업에서 포토리소그래피 공정에 주로 활용된다. 수 nm의 파장을 가지는 레이저는 수천억 원에 달하는 고가의 장비이다. 자외선보다 주파수가 높은 x선의 파장은 원자의 크기와 유사하므로 원자를 구성하는 전자들과 주로 상호작용을 한다. 마지막으로 x선보다 파장이 더 짧은 γ선은 핵의 크기와 유사한 파장을 가지므로 핵과 상호작용한다.

이와 같이 전자기파들이 가지는 다양한 파장과 유사한 크기의 물질들은 전자기파들과 상호작용한다. nm 영역 크기의 분자들과 바이러스 등의 물질들은 자신과 유사한 크기의 파장을 가지는 자외선과 상호작용한다. 그래서 자외선을 분자들과 바이러스 등의 물질들에 조사하고 자외선과의 상호작용에 의한 반응을 분석하여 분자들과 바이러스 등의 물질들이 갖는 구조적 특성을 분석하는 것이 가능하다.

1Hz 정도의 낮은 주파수에서부터 100GHz 정도의 아주 높은 주파수까지 다양한 주파수의 파동을 만들 때 함수 발생기를 사용한다〈그림 27(a)〉. 함수 발생기는 원하는 주파수를 가지는 사인파, 삼각파, 사각파 등 다양한 모양의 파형을 발생시킨다. 함수 발생기에서 만들어진 파동은 일정

한 전압과 전류를 가지는 교류 전원과 같이 만들어진다. 함수 발생기에서 1초에 한 번 진동하는 사인파를 발생시키면 그 사인파는 1초에 한 번 진동하게 된다. 이와 같이 1초에 한 번 진동하는 파동을 활용하여 시계를 만드는 것이 가능하다. 흔들이 추라고 불리는 진자를 사용하는 괘종시계에서 진자는 1초에 한 번 진동하면서 시간을 구성하는 기본단위인 1초의 변화를 보여준다. 함수 발생기에서 만들어진 파동의 모양을 관찰할 때 주로 사용하는 것은 오실로스코프이다〈그림 27(b)〉. 시간의 변화에 따른 파동의 변화를 x축에는 시간을, y축에는 전압을 표시하여 파동의 모양을 보여주게 된다.

시계의 정확도를 높이기 위해서는 시계의 기본단위인 1초를 오차 없이 정의하는 것이 필요하다. 괘종시계의 진자는 길이를 조절하면 주기를 정확하게 1초로 맞출 수 있으며, 위치에 따라 중력가속도가 차이가 난다면 진자의 주기도 영향을 받게 된다. 기계식 시계에 비해 높은 정확도를 가지는 것은 쿼츠를 활용하는 전자시계이다. 압전체인 쿼츠를 활용하여 축전기를 만들면 이 쿼츠 축전기는 초당 수천만 번 진동하는, 즉 수십 MHz로 진동하는 파동을 만들어 낸다〈그림 28〉. 이는 매 초마다 수천만 번 진동하는 것이 일정하게 유지하며 이 진동수를 카운트하게 되면 1초를 정확하게 정

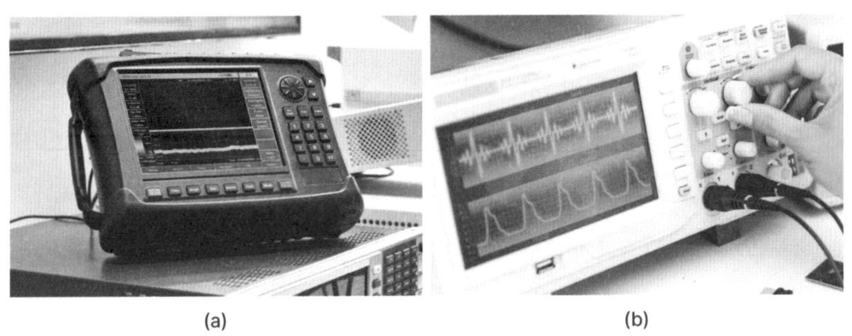

(a) (b)

그림 27. (a) 파동을 만드는 함수 발생기 (b) 파동을 관찰하는 오실로스코프

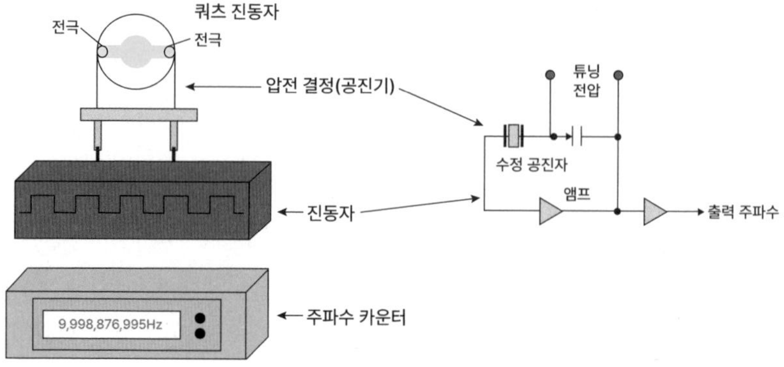

그림 28. 쿼츠 전자시계의 원리에 대한 개략도

의할 수 있다. 1MHz의 쿼츠 축전기는 1초에 백만 개의 파동을 만들어 낸다. 이 쿼츠 축전기로 시계를 만들기 위해서는 주파수 카운터 장치로 쿼츠 축전기에서 만들어진 백만 개의 파동을 카운트할 때마다 1초를 계속 카운트하면 된다. 이렇게 1초를 더해서 1분을 만들면 정확한 시계가 구현된다. 또한 쿼츠 시계의 정확도를 높이려면 더 높은 주파수의 쿼츠 축전기를 사용하면 된다.

쿼츠에 비해서 훨씬 더 높은 주파수를 갖는 것은 원자들의 진동이며, 세슘 원자들은 레이저에 의한 외부의 자극으로 1초에 91억 번 정도 진동한다〈그림 29〉. 이 경우에도 세슘 원자 가스들을 레이저로 자극하고 이 자극에 의해서 진동하는 세슘 원자들의 파동을 91억 번 정도 카운트하여 1초를 생성하게 된다. 이와 같이 원자들의 고유 진동을 활용하여 1초를 정확하게 카운트하는 원자시계는 정확한 시간을 보여주며, 한국표준과학연구원에 설치된 세슘원자시계의 오차는 3,000년에 1초 이내로 매우 작다.

전자기파를 전파라고 부르며, 전파는 발생한 지점에서 멀리 떨어진 곳까지도 전달될 수 있다. 전파의 세기는 발생지점에 가까울수록 크기가 크고 멀리 떨어질수록 작아진다. 전파를 활용하는 대표적인 분야는 라디오이

그림 29. 세슘원자시계

표 2. 공명 주파수

원자 종류	작동 주파수(Hz)
세슘	9 192 631 770
루비듐	6 834 682 610.904 324
수소	1 420 405 751.77

며, 라디오의 개발은 전신기술과 전화기술이 밑거름이 되었다. 1837년 모스가 전기통신을 개발하였으며 모스부호에 의해서 유선으로 정보를 주고받는 전신으로 활용되었다. 1876년 벨은 음파를 전기로 바꿔주는 마이크를 활용한 전화를 개발하게 되며, 음성을 전기로 바꿔서 유선으로 먼 곳까지 전달할 수 있게 하였다. 시스템을 개발한 마르코니는 전파를 활용한 무선전신기술을 개발하였으며, 1899년 미국에 '아메리카 마르코니 무선전신회사'를 설립하여 대서양을 횡단하는 무선통신 사업을 시작했다. 전화기술과 무선전신기술을 합하여 무선으로 음성과 음악을 보낼 수 있는 라디오 기술은 1900초에 레지널드 페센든(Reginald Fessenden)에 의해서 개발된다. 라디오 기술은 단방향으로 정보가 전달되며 이를 양방향으로 발전시킨 것이 무전기 기술이다. 무전기 기술은 정보가 노출되므로 정보가 노출되지 않게 하는 다양한 통신방법이 등장하게 된다.

초기에 개발된 라디오 기술은 진폭변조(amplitude modulation, AM) 방식으로 음성정보를 수백 kHz의 라디오파의 진폭에 넣는 방식을 쓴다. 이 방식은 라디오파의 파장이 수백 m 정도로 길어 높은 산도 쉽게 넘을 수 있어서, 아주 멀리까지 전파를 보낼 수 있다는 장점을 가진다. 그러나 먼 거리까지 전파가 진행할 때 전파의 에너지가 줄어들면서 비교적 많은 잡음과

정보의 왜곡이 일어나는 단점이 있다. 이 단점을 보완하기 위해 만들어진 주파수변조(frequency modulation, FM) 방식은 음파의 진폭에 따라 라디오파의 주파수가 변화하는 방식을 사용한다. 수십 MHz 정도의 주파수를 사용하므로 가청주파수의 최댓값인 20kHz의 변화를 주파수 변화로 나타내기에 큰 무리가 없는 주파수 영역을 사용한다. FM 방식에 사용되는 라디오파의 파장은 수십에서 수 m 정도이며, AM 방식에 비해 잡음이 작지만 도달하는 거리는 줄어든다.

라디오에 의한 전파의 송신과 수신에서 가장 중요한 역할을 하는 부분은 안테나이다. 안테나는 금속재질로 내부는 자유전자들로 가득 차 있다. 외부에서 교류의 전류를 안테나에 흘리면 그 전류의 변화에 따라 자유

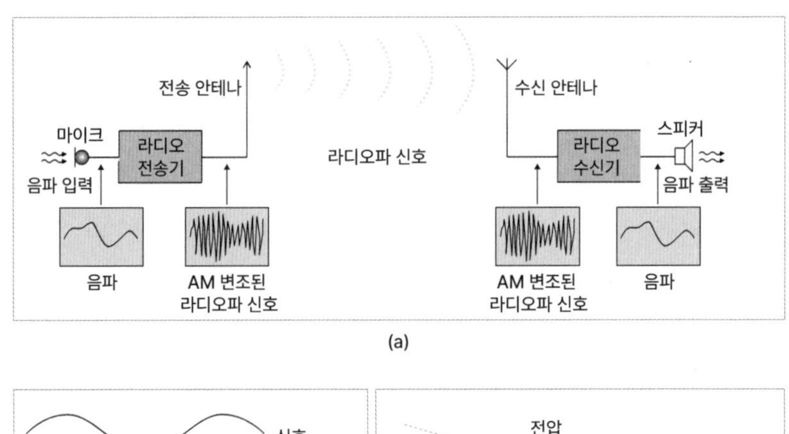

(a)

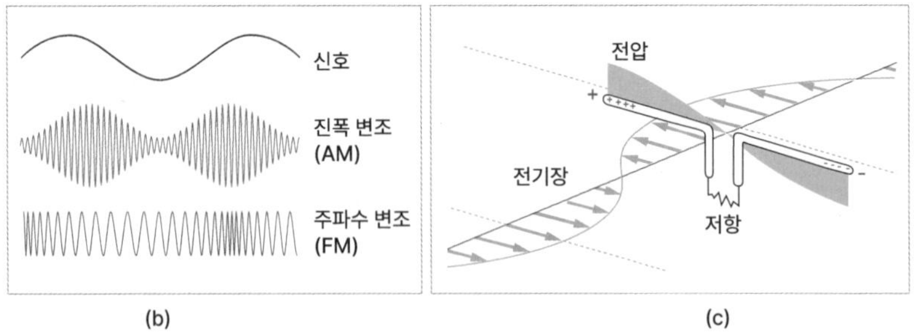

(b) (c)

그림 30. (a) 라디오에 의한 정보 전달 (b) AM과 FM 라디오파들 (c) 안테나에서 발생하는 라디오파

전자들이 진동하며 외부로 전파를 발생시키면서 전파를 방출한다. 방출된 전파는 공기 중으로 퍼지면서 거리가 멀어질수록 에너지의 감소를 보이며, 금속으로 된 안테나를 만나면 안테나를 구성하는 자유전자들에게 자신의 진동과 같은 진동을 형성하고 자신의 에너지를 빼앗긴다. 이렇게 외부에서 주어지는 다양한 주파수의 전파들은 안테나 내에 자유전자들의 흔들림을 주어서 교류 전류들이 형성되게 하고, 이 전류들은 라디오의 튜너에서 원하는 주파수의 정보만을 걸러서 정보로 처리된다.

라디오는 불특정 다수에게 정보를 보내는 방식이므로 원하는 곳에만 정보를 전달하기 위해서 다른 사람들이 모르는 암호화가 된 새로운 라디오파 기술을 도입하였다. 그중에는 위상변조 또는 디지털 신호에 의한 암호화 기술 등이 있다. 특히 디지털 방식의 암호화 기술은 암호의 해독이 어려우며 최근에는 양자컴퓨터에 의한 암호화 기술이 상용화되어 스마트폰에 의한 개인통신에 직접적으로 활용되고 있다.

라디오파에 비해서 파장이 짧은 전자기파는 마이크로파이며, 파장이 1mm에서 1m에 이른다. 특히 전자레인지는 파장이 10cm 정도이며, 주파수가 2.45GHz 정도의 마이크로파를 사용한다. 전자레인지에서 사용하는 마이크로파는 물 분자들이 가장 잘 흡수하는 주파수이므로 물 분자에 이 마이크로파를 쪼이면 물 분자는 회전과 진동을 하면서 온도가 급격히 상승한다. 이와 같은 마이크로파의 특성으로 전자레인지는 수분을 포함하는 음식물을 데우거나 요리할 때 활용된다. 금속으로 된 물체를 전자레인지에 넣으면 금속을 이루는 자유전자들이 엄청난 에너지를 받아서 폭발하는 사고가 일어나기도 하므로 주의한다.

라디오 통신에 사용되는 FM 영역의 전자기파들은 높이 200km에 자리잡고 있는 전리층에서 반사되는 특징을 가지므로 반사되는 전파를 활용한 장거리 통신이 가능하다. 그러나 인공위성 또는 지구 밖에 있는 대상과

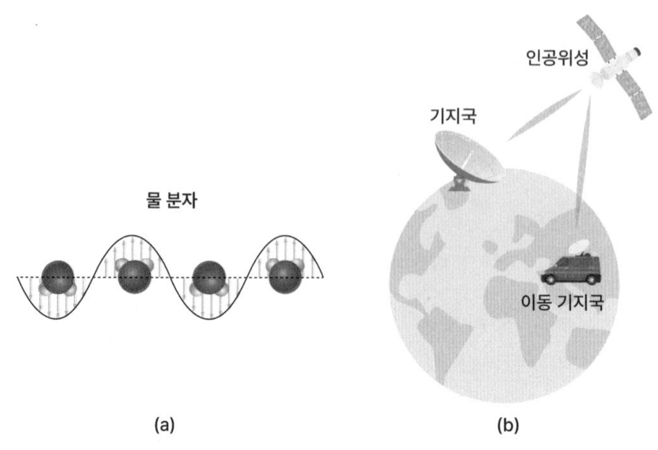

그림 31. (a) 마이크로파에 의한 물 분자들의 진동 (b) 위성통신

의 통신을 위해서는 전리층을 뚫고 갈 수 있는 전자기파가 필요하며, 마이크로파는 전리층을 잘 뚫고 갈 수 있다. 그래서 인공위성과 통신하기 위해서 마이크로파를 가장 많이 사용한다. 파동의 주파수가 20kHz 이하의 가청주파수, 20kHz 이상의 초음파, 수백 kHz에서 MHz의 영역에 이르는 라디오파 그리고 GHz의 영역에 있는 마이크로파가 주를 이루며, 3,000GHz를 초과하는 전파를 빛이라고 정의한다.

4-6. 빛

빛의 본질에 대해 모르던 과거에는 물체에 반사되거나 어두운 곳에서 시각적으로 눈에 들어오는 밝음을 빛으로 생각하였다. 이와 같이 시각적으로 관찰되는 빛을 가시광이라고 하며, 400nm에서 700nm 정도의 파장을 가진다. 눈에 보이는 빛이 아닌 눈으로 볼 수 없는 파장을 가진 빛이 존재한다. 눈에 보이지 않는 영역에 있는 빛은 700nm보다 파장이 큰 적외선과 400nm보다 파장이 작은 자외선 영역으로 분류할 수 있다. 1nm 이하로 자외선보다 파장이 더욱 짧은 빛은 x선이며, 0.1Å보다 파장이 짧은 영역은 γ선이 해당된다.

이와 같이 다양한 파장을 가지는 빛은 전자기파와 같은 파동으로 생각되었으나, 빛이 가지는 입자성에 관련된 광전효과 등의 실험을 통해 빛은 파동성과 입자성을 모두 가진다는 것을 알게 되었다. 〈그림 32(a)〉와 같은 이중 슬릿 실험에 의해서 빛이 간섭무늬를 나타내는 현상을 볼 수 있으며, 빛은 파동성을 가진다는 것을 확인할 수 있다. 그래서 빛은 공기라는 매질을 통해 파동으로써 전파되는 소리와 같이 에테르라는 매질에서 전파되는 파동이라고 생각하였다. 이후 실험을 통해 에테르가 존재하지 않는다는 것이 밝혀지면서 빛에 대한 생각에는 큰 혼란이 일어난다.

1905년 아인슈타인은 광전효과 실험을 통해서 빛을 구성하는 광자(photon)가 셀 수 있는 입자라는 것을 증명하였으며, A4용지 한 장으로 된 짧은 논문을 쓴 후 1921년에 노벨상을 받게 된다〈그림 32(b)〉. 금속 표면에 빛을 쪼이면 금속 표면에서는 전자가 방출된다.

먼저, 빛의 주파수와 세기에 대해 알아보자. 빛의 주파수를 높이면 빛의 색깔이 변화하며, 동시에 빛의 에너지도 높아진다. 즉, 빛을 구성하는 광

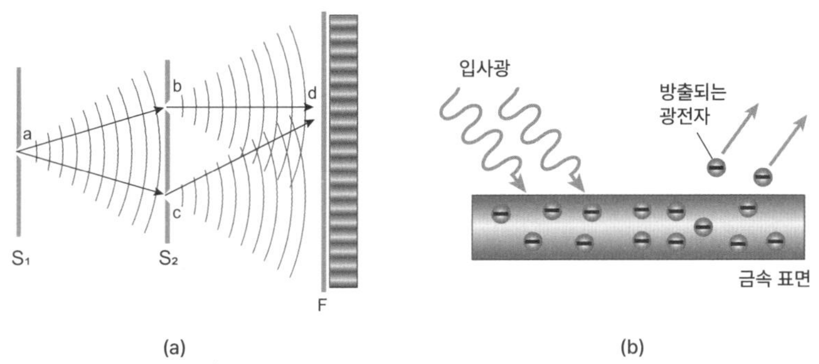

그림 32. (a) 이중 슬릿에 의한 빛의 간섭 (b) 광전효과에 의한 금속 표면에서 발생한 전자들의 방출

자가 가지는 주파수가 높아지면 빛의 에너지가 높아지며, 광자의 개수가 증가하면 빛의 세기가 증가한다. 빛의 주파수가 일정한 값보다 낮은 상태에서 빛의 세기만 높여도 금속 표면에서는 전자가 방출되지 않는다. 이는 빛의 세기, 즉 광자의 개수를 늘려도 전자가 방출되지 않는다는 것을 나타낸다. 그러나 빛의 세기가 낮아도 빛의 주파수가 일정한 값 이상이 되면 금속 표면에서는 전자가 방출된다. 이는 빛의 에너지가 금속이 전자를 가두고 있는 일함수보다 높아야 전자가 방출되는 것을 나타낸다. 광전효과에 의해 발생하는 전자의 개수를 전류의 측정으로 셀 수 있으며, 전자 하나를 방출시키는 데 필요한 광자는 하나이다.

일정한 파장을 가진 빛의 세기를 높인다는 것은 같은 파장을 가진 광자의 개수를 늘린다는 것과 같다. 그래서 일함수보다 높은 에너지를 가지는 주파수의 빛을 금속 표면에 쪼일 때 금속 표면에서 전자들이 방출하는 것이다. 금속에서 전자가 방출되기 시작하는 주파주보다 높은 빛에 대해서도 세기를 일정하게 하면 방출되는 전자의 개수는 일정하게 유지된다. 광전효과는 빛을 이루는 광자가 입자라는 것을 직접적으로 보여 주었다. 상대성이론과 입자물리학에서 밝혀진 광자의 질량은 없다는 것이며, 질량이 없기 때문에 광속으로 움직일 수 있게 된다. 빛은 파동성과 입자성을 동시에 가지므로 이를 '빛의 이중성'이라고 부른다.

1924년 루이 드 브로이(Louis de Broglie)는 물질파라는 개념을 제안하였다. 이는 운동하는 입자들은 질량과 속도에 의해서 정의되는 파동성을 가지는데, v의 속도로 움직이는 질량 m인 물체의 파장은 $\lambda=h/p=h/mv$으로 주어진다는 것이다. 여기서 h는 플랑크 상수이며, $6.626\times10^{-34}\mathrm{J\cdot s}$로 아주 작은 값이다. 그래서 질량이 큰 물체의 경우에는 파동성을 무시할 수 있을 정도로 파장이 짧아진다. 질량이 매우 작은 물체의 경우 파장은 그 물체에 영향을 줄 수 있는 정도가 되며, 광자의 경우에는 질량은 없지만 운동량을 가지므로 물질파에 대한 개념을 적용할 수 있다. 속도를 가지고 움직이는 모든 물질은 파동성이 있다는 것을 알 수 있으며, 이는 모든 물질들은 파동성과 입자성을 동시에 가진다는 것을 나타낸다. 입자의 크기가 작아질수록 파동성은 증가하며, 입자의 크기가 커지면 파동성은 무시할 정도로 작아진다.

빛, 즉 광자는 어떻게 만들어질 수 있을까? 낮에 하늘을 보면 해가 떠 있고 밤에 하늘을 보면 달과 별들이 떠 있는데 이들은 모두 빛을 낸다. 해와 별들은 핵융합에 의해서 높은 에너지의 빛으로 자기장을 만들며, 수많은 입자들을 방출하므로, 스스로 밝은 빛을 낸다. 그리고 달은 지구를 중심으로 공전하면서 태양에서 오는 빛을 반사하여 자신의 위치를 보여준다.

이와 같은 핵융합은 높은 온도에서 물질이 합성되는 과정이며 인공 핵융합은 아직 등장하지 않고 있다. 인공 핵융합이 가능해지면 이는 인류에게 어떤 영향을 줄 수 있을까? 인공 핵융합은 무한한 에너지를 줄 수 있지만 그 과정에서 발생하는 아주 큰 문제점이 등장할 수도 있다.

핵융합이 아닌 다른 방법에는 어떤 것들이 있는지 살펴보자. 급격하게 구름이 만들어질 때 구름 내부에는 전하들이 축적되면서 양전하와 음전하가 분리되는 현상이 일어난다〈그림 33〉. 이렇게 분리된 높은 밀도의 전하들은 밀도가 일정한 수준을 넘어서면 방전을 일으키는데, 이를 번개(lightening)라고 부른다. 번개는 전하, 즉 전자들의 움직임으로 대기 중에 전류가 가장 잘 흐를 수 있는 경로로 흐르게 된다. 이 과정에서 전자들의 흐름에 의해서 공기를 구성하는 분자들은 아주 짧은 시간 동안 플라스마 상태, 즉 전자가 분리된 이온 상태에서 빛을 방출하게 된다. 번개는 가장 쉽게 흐를 수 경로를 택하기 때문에 높은 곳에 피뢰침을 두면 번개를 안전하게 흐르게 할 수 있다. 번개는 플라스마 형성에 의한 빛의 발생을 일으키는데, 플라스마는 기체를 이루는 분자들이 음이온 상태로 되었다가 다시

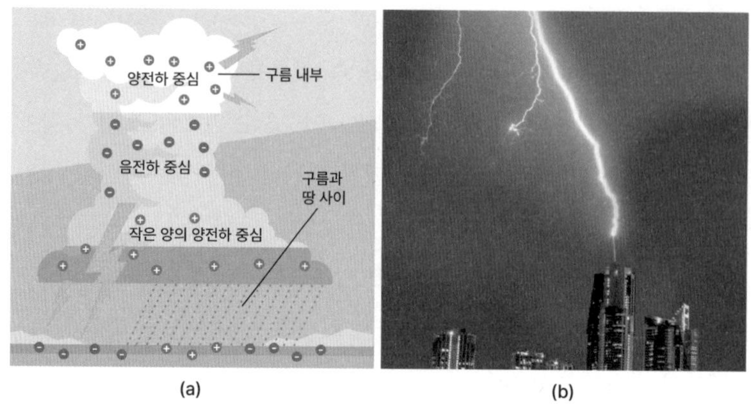

그림 33. (a) 구름 내 전하들의 이동과 밀집 (b) 피뢰침에 번개가 떨어지는 모습

중성 상태로 가면서 빛을 내는 현상이다. 번개가 한 번 칠 때 발생하는 에너지는 100W 전구 10만 개를 약 1시간 동안 사용할 수 있는 정도의 큰 에너지를 가진다.

나무, 종이, 알코올, 휘발유 등의 가연성 물질은 일정한 온도, 즉 발화점을 넘을 경우 불이 붙는 현상이 일어난다. 가연성 물질이 산소와 화합하여 타는 과정에서 불꽃이 발생하며, 이때 불꽃은 빛이 내뿜는다. 나무의 표면을 다른 나무로 마찰시킬 때 마찰열에 의해서 표면의 온도가 450℃ 정도의 발화점에 도달하면 나무의 표면에서 불이 붙기 시작한다. 연기와 함께 불꽃을 내며 나무가 타기 시작하면서 나무 전체가 타게 된다. 불꽃은 나무를 중심으로 위로 올라가면서 타는데, 이는 가연성 가스 등이 가벼워 위로 올라가면서 산화되기 때문이다. 나무가 탈 때 불꽃의 온도는 대략 1,200℃ 정도로 높으며, 불꽃은 노란색을 띤다.

나무가 탈 때 발생하는 고온은 흑체복사에 의한 불빛을 발생시키는 원인이 된다. 물체의 표면 온도가 1,000K 정도가 될 때 표면은 붉은 색깔을 내며, 태양과 같이 6,000K 정도의 고온이 되면 표면에서 가장 많이 발생하

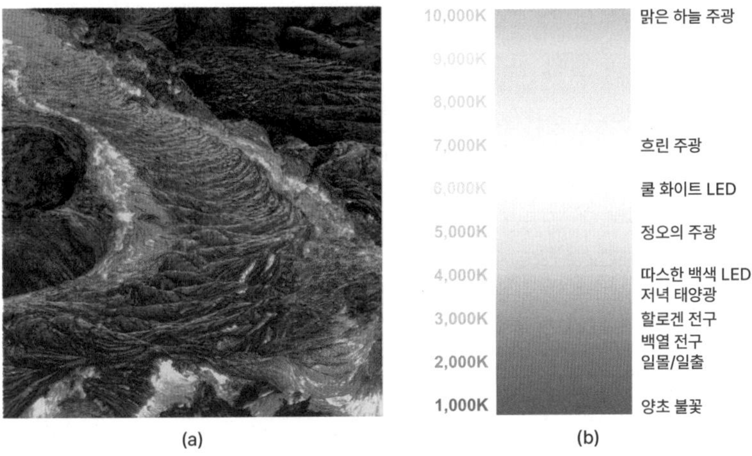

그림 34. (a) 높은 온도의 마그마가 뿜어내는 흑체복사에 의한 불빛 (b) 온도에 대응하는 색

는 파장은 붉은색에서 푸른색 쪽으로 이동한다〈그림 34(b)〉. 그 결과 다양한 색들의 파장이 서로 혼합하여 백색에 가까운 색을 띠게 되며, 그 이상으로 온도가 올라가면 표면은 푸른색을 내게 된다. 다양한 물질은 연소할 때 다양한 온도를 보이며 가스의 경우에는 푸른색을 띠는 높은 온도를 보이기도 한다.

성냥이나 라이터가 만들어지기 전에는 나무의 마찰열을 이용해 불을 붙이는 방법과 선사시대에 돌과 돌을 부딪치거나 철기시대 이후 쇳조각을 부싯돌에 부딪치는 등의 방법을 주로 사용하였다〈그림 35〉. 부싯돌은 옥수

(a)

(b)

그림 35.
(a) 부싯돌 (b) 부싯돌을 이용한 불꽃 점화

와 석영이 주성분인 암석으로 단단한 돌멩이이다. 플린트, 차돌, 수석, 화석이라고도 불리며 회색, 갈색, 흑색 등 여러 가지 색상을 띠는 반투명 또는 불투명의 돌멩이가 주로 사용된다. 부싯돌의 마찰에 의해서 작은 가루들로 부스러짐과 동시에 금속들이 마찰에 의해 발생하는 열과 함께 주변의 산소와 결합하면서 불꽃을 내게 된다. 이 불꽃이 주변의 가연성 물질에 불을 붙게 하는 역할을 하게 된다.

19세기에 이르기까지 불을 붙일 때 부싯돌을 가장 많이 사용하였다. 1680년 영국 화학자 로버트 보일(Robert Boyle)은 나무 조각의 끝에 유황을 바르고, 표면을 인으로 처리한 종이에 그어 불씨를 만들어내는 성냥을 개발하였다. 이렇게 개발된 성냥은 재료로 사용된 인의 비싼 가격 때문에 상용화가 되는 데 100년 이상이 걸려 19세기 들어서야 보급되게 된다. 초기의 성냥에 비해 달라진 점은 황이 아닌 염소산칼륨과 황화안티모니의 발화연소제를 나무 조각에 발라 붙이고, 인 대신 유리가루, 규조토 등의 마찰제를 사용하였다.

1823년 독일의 화학자 되베라이너(Johann Wolfgang Döbereiner)가 염산을 아연과 반응시켜 만든 수로를 점화시키는 라이터를 개발하였지만 상용화되지 않았고, 1903년 철과 세륨의 합금으로 만들어진 발화석과 오일을 사용한 오일라이터를 개발해서 상용화하게 된다. 가스라이터는 1946년에 프랑스 프라미네르사에서 액화석유가스를 사용하여 만들면서 오일라이터보다 더 많은 수요를 가져갔다. 이전까지는 부싯돌과 유사하게 발화석을 마찰시켜 불꽃을 얻었지만, 1965년 압전소자를 활용한 발화기술이 등장하면서 발화석보다 더 많이 사용되게 되었다.

최근 가스레인지 등에 사용되는 발화방식은 압전소자방식과 함께 전기에 의한 불꽃방전방식이다. 불꽃방전은 높은 전압에 의해서 공기 중으로 급격한 전하의 흐름이 생기는데, 이때 공기 분자들이 순간 플라스마 상태가 되면서 빛과 함께 높은 열을 순간적으로 발생시킨다. 이와 같은 불꽃 방전은 자동차의 가솔린 엔진에 사용되는 점화플러그에서 쓰이며, 가솔린 엔진 내에 연료가 혼합된 기체를 불꽃방전으로 폭발시켜 구동력을 얻게 된다. 라이터는 물체를 태우기 위한 고열을 발생시키려고 만들었으며 열이 발생하는 것과 동시에 불빛을 내는 현상을 동반한다. 겨울철 전기스토브 열선에 전류가 흐르면 열선은 붉게 달아오르면서 열과 빛을 낸다. 이와 유사하게 열선을 활용한 전기라이터가 최근에 등장하였으며, 리튬이온 충전지를 사용하여 여러 번 사용할 수 있게 하였다.

나무의 마찰, 부싯돌, 라이터, 성냥 등 불꽃을 만드는 도구들은 지속적으로 사용되기보다는 불을 붙이는 도구로 사용되었다. 전기를 사용하기 전까지는 지속적으로 불빛을 발생시키기 위해서는 계속해서 나무를 태우거나, 가연성 오일이나 가스 등을 태우는 방식을 주로 하였다. BC 3000년경부터 사용된 것으로 추정되는 초(candle)는 가연성 고체인 밀랍이나 기름에 심지를 넣어서 불을 붙여서 사용하는 연소물이다. 초의 주성분으로 자연 중에서 얻어지는 밀랍, 수지, 목랍, 충백랍, 경랍, 파라핀납, 식물성 기름 등의 가연성 고체를 사용한다.

1879년 에디슨이 탄소 필라멘트로 전구를 발명한 후, 1908년 쿨리지가 텅스텐 필라멘트 전구를 만들어서 지금까지 사용되고 있다. 전구는 유리구 내에 녹는점이 3,400℃인 텅스텐으로 만들어진 텅스텐 필라멘트를 사용한다. 텅스텐 필라멘트에 전류를 흘려서 약 3,000℃의 고온이 되면 텅스텐 필라멘트에서는 열, 빛 그리고 전자가 방출된다. 전구에서 빛으로 변환되는 에너지는 5%이며 나머지는 열에너지로 방출된다. 전구의 수명은 약 1,000~1,500시간으로 필라멘트의 수명이 줄면 밝기도 함께 줄어들어 약 80%까지도 떨어진다. 이와 같이 빛, 열 그리고 전자를 방출하는 필라멘트는 브라운관, 전자현미경 등의 전자총을 사용하는 장치에 많이 이용된다.

전자를 방출시키기 위해 필라멘트에 전류를 흘려 고온인 상태에서 방출되는 전자를 열전자(hot electron)라고 부른다. 필라멘트에 의한 전자 방출과는 다르게 뾰족한 모양의 금속 막대에 고압을 인가하여 금속의 일함수를 넘는 에너지를 줄 때 전자들이 튀어나오게 된다. 이와 같은 방식을 장방출(field emission)이라고 부르며, 이때 방출되는 전자들을 냉전자(cold electron)라고 한다.

제너럴 일렉트릭사의 인만(George E. Inman)은 백열등에 비해 긴 수명과 높은 발광 효율을 가진 형광등을 실용화하였다. 형광등을 구성하는 유리관 내부는 진공으로 되었으며 수은과 아르곤 가스가 주입된다. 텅스텐 필라멘트에서 발생한 전자들은 고압으로 가속하여 형광등 내에 있는 형광물질과 충돌하면서 형광현상에 의해서 빛을 발생한다. 지폐가 자외선에 노출되면 지폐 표면에 있는 형광물질에 의해서 연두색 빛이 표면에서 방출

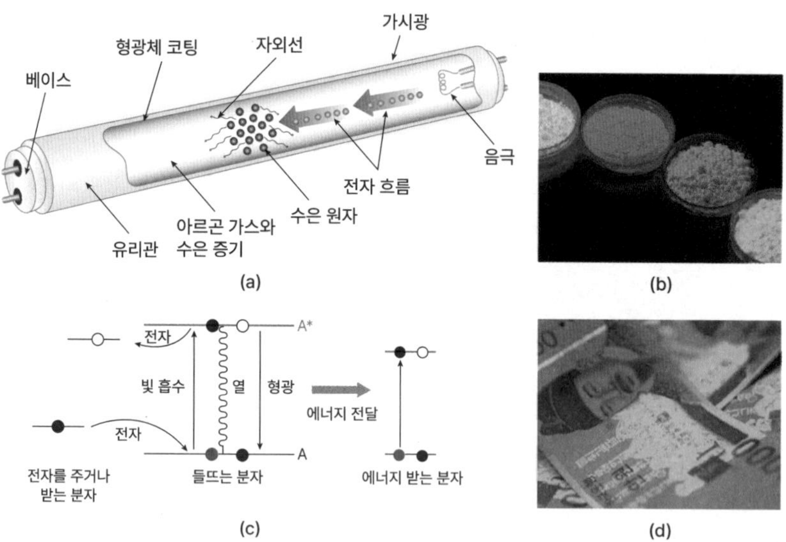

그림 36. (a) 형광등의 작동원리 (b) 다양한 물질들의 형광 (c) 기저 상태의 전자가 여기 상태가 된 뒤 기저 상태로 돌아가면서 빛을 내는 현상 (d) 자외선에 의한 지폐의 형광현상

된다. 물질에 따라 다양한 형광색을 내므로 형광등 내 형광물질의 선택에 따라 형광등의 색을 바꿀 수 있다. 형광등의 색을 변화시키기 위해서 형광물질의 기저 상태와 여기 상태의 에너지 차이, 즉 밴드 갭을 조절해야 한다. 형광등 내 형광물질에 전자 또는 빛을 노출하면 기저 상태에 있는 전자가 여기 상태에 있다가 곧바로 기저 상태로 내려가면서 빛, 즉 광자를 방출한다. 하나의 전자는 하나의 광자를 방출시키는 것이다.

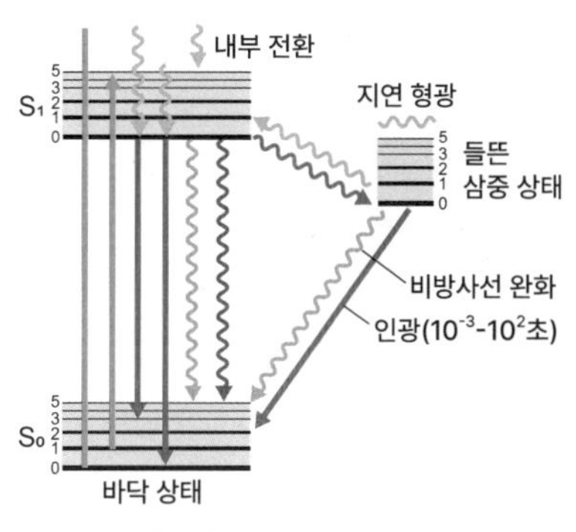

그림 37. 야광물질의 전자구조

형광은 형광물질을 자극하는 전자 또는 광자가 형광물질에 노출되어야만 빛을 방출한다. 형광과는 다르게 야광은 빛에 노출된 후 빛이 없어도 빛을 천천히 방출한다. 야광물질의 전자구조는 빛에 의해서 기저 상태에 있는 전자들이 여기 상태로 간 후 곧 바로 기저 상태로 떨어지지 않고 기저 상태와 여기 상태 사이에 있는 준안정 상태로 들어간다. 이 준안정 상태에 있는 전자들은 일정한 시간이 지나서 기저 상태로 떨어지면서 빛을 방출하므로, 야광은 일정한 시간 동안 지날 때까지 빛을 방출할 수 있다. 외부의 빛에 의해 여기 상태로 들어가 전자들은 외부의 빛이 차단되면 곧바로 준안정 상태로 떨어지면서 파장이 긴 빛을 순간적으로 방출한다. 준안정 상태로 들어간 전자들은 천천히 기저 상태로 떨어지면서 빛을 서서히 방출하게 된다. 즉, 야광은 두 가지 파장을 가지는 두 빛을 순차적으로 방출하는 것이다. 야광의 밝기는 형광등과 같은 다른 조명에 비해 아주 약하기 때문에 밝기를 높이기 위한 기술이 요구되기도 한다. 최근에는 10시간 이상 빛을 방출하는 야광물질이 개발되어 밤에 가로등 없이도 걸을 수 있는 인도를 만드는 것도 가능해졌다.

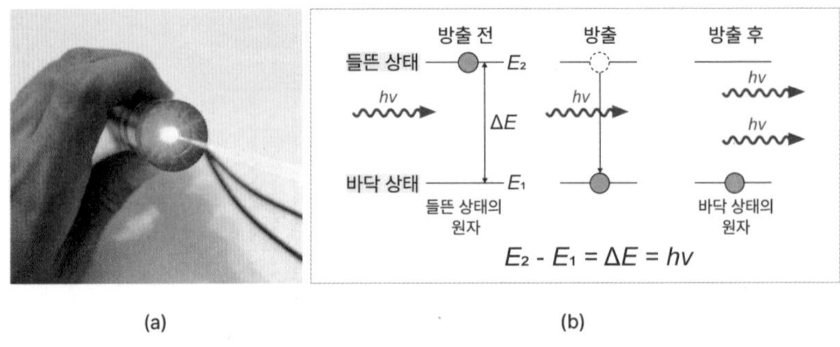

(a) (b)

그림 38. (a) 초록색 레이저 포인터 (b) 외부에서 들어온 광자에 의한 전자의 여기와 전자의 에너지 준위 이동에 의한 광자의 방출

물질 내에 있는 전자가 들뜬 상태에서 기저 상태로 이동할 때 들뜬 상태와 기저 상태의 에너지 차이와 같은 에너지를 갖는 광자를 방출한다. 형광과 야광에서도 이와 같이 전자의 어떤 에너지 상태로 전이하는지에 의해서 빛, 즉 광자 에너지가 결정된다. 여기서 에너지가 결정된다는 것은 파장, 즉 색깔이 결정된다는 의미다. 1917년 아인슈타인은 〈그림 38(b)〉와 같은 유도방출에 대해 제안하였다. 외부에서 광자가 들어와 들뜬 상태에 있는 전자를 자극하면 전자는 기저 상태로 떨어지면서 광자를 방출한다. 들뜬 상태의 전자를 자극한 광자 하나가 전자가 낮은 에너지 상태로 가면서 방출한 광자 하나와 함께 방출되어서 유도방출의 결과인 두 개의 광자가 되는 것이다. 즉, 하나의 광자가 들어가서 두 개의 광자가 나오는 것이다. 1960년 시어도어 메이먼(Theodore Harold Maiman)이 합성으로 만들어진 루비 결정을 이용하여 태양 표면에서 방출되는 빛보다 4배 이상 밝은 붉은색 고체 레이저를 만들면서 레이저 시대가 오게 된다.

레이저(LASER)는 'Light Amplification by the Stimulated Emission of Radiation'의 머리글자를 딴 것으로 '유도방출과정에 의한 빛의 증폭'이라는 뜻이다. 레이저가 가진 다른 광원과의 차이점은 단일파장, 즉 단일색상의 빛을 가진다는 것과 빛의 강도가 금속 표면을 태울 정도로 월등히 높다는 것이다. 백열등과 형광등에서 방출하는 빛은 간섭성이 크지 않지만 레이저에서 방출하는 빛은 간섭성이 크기 때문에 홀로그램에 의한 3차원 영상을 만드는 것이 가능하다. 특히, 레이저는 직진성이 우수한 빛을 방출하여 거리가 아무리 멀어도 빛의 세기가 크게 줄어들지 않는다. 1969년 아폴로 11호가 달에 반사경을 설치하고 레이저로 지구와 달 사이의 거리를 측정하였는데, 그 오차가 2cm 정도로 레이저에 의한 거리 측정은 정밀도가 높다.

레이저는 크게 고체 레이저, 기체 레이저 그리고 반도체 레이저로 분류된다. 고체 레이저와 기체 레이저는 〈그림 39(a)〉와 유사한 구조를 가지며, 레이저 물질로 고체물질을 사용하는 고체 레이저와 가스물질을 사용하는 가스 레이저로 분류된다. 플래시램프, 아크램프, 다른 레이저에 의해서 방출된 광자들은 고체 또는 가스로 된 레이저 물질들의 유도방출을 유발한다. 고체물질로는 루비, 사파이어, Nd:YAG 등이, 가스물질로는 He-Ne, CO_2, He, N_2, KrF, ArF, KrF 등이 주로 사용되며 물질의 종류에 따라 다양한 파장의 빛을 방출한다. 레이저 포인터는 1~5mW 정도의 작은 에너지 빛을 방출하며, CD-ROM 드라이브는 5~100mW, 홀로그램용 레이저

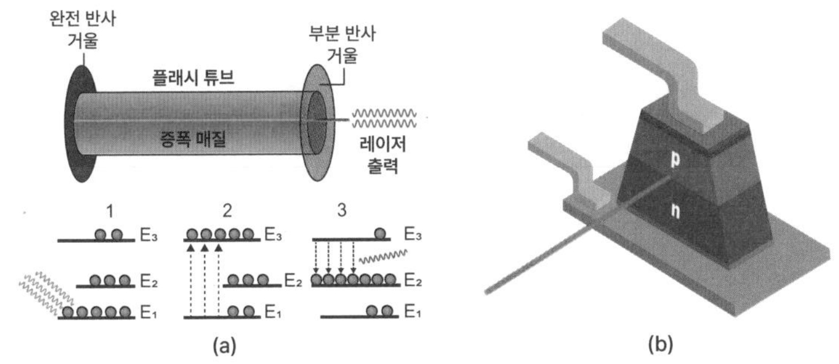

그림 39. (a) 레이저 물질과 플래시 램프에 의한 레이저 구조 (b) pn 접합으로 만들어진 반도체 레이저

는 400mW, 마이크로 머시닝 레이저는 1~20W 그리고 공업용 CO_2 레이저는 100~3,000W의 다양한 에너지 빛을 방출한다. 특히 고에너지 레이저는 펄스 레이저 형태로 사용될 때 1,015W의 엄청난 에너지를 방출하므로 군사용으로 사용되기도 한다. 반도체 레이저는 다른 레이저들의 구조와는 다르게 pn 접합 구조를 가진다. 〈그림 39(b)〉와 같은 pn 접합 구조는 작은 크기의 레이저를 만드는 것이 가능하게 하므로 광통신과 CD 드라이브 등의 작은 레이저 광원으로 많이 사용된다. 반도체 레이저의 pn 접합에서 순방향 전압에 의해서 전자와 정공이 재결합하면서 빛을 방출한다. 이처럼 pn 접합으로 만들어진 반도체 레이저는 광다이오드 또는 LED(light emitting diode)라고도 부른다. InAs, GaAs, ZnSe, PbSnSe 등의 다양한 밴드 갭을 갖는 반도체 물질들은 다양한 파장의 빛을 방출한다.

수에서 수십 nm의 크기를 가지는 금속, 반도체, 부도체로 이루어진 소재들은 나노점(nanodot)이라고 부르며, 일반적인 소재들과는 밴드 갭, 녹는점, 광특성 등에서 차이를 보인다. 나노점 중에서 실리콘과 같은 반도체 소

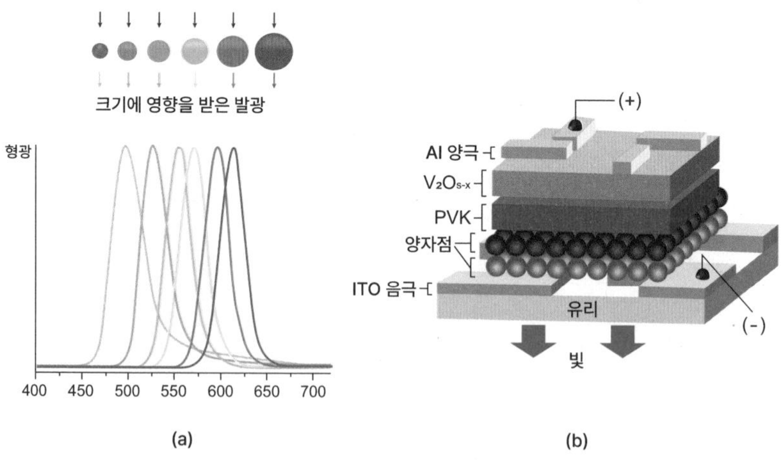

그림 40. (a) 양자점의 크기에 따른 색 변화 (b) 양자점 LED

재로 만들어진 나노점은 양자점(quantum dot)이라고 부른다. 실리콘 양자점은 크기가 4.2nm까지는 붉은색을 내지만 그 이하로 크기가 줄어들면 주황색, 노란색, 초록색, 파란색, 보라색으로 변화한다. 이는 양자점의 크기가 줄어들 때 양자점의 밴드 갭이 늘어난다는 것을 의미한다. 양자점 내에 존재하는 전자들은 양자점의 크기가 줄어들어 특정 크기 이하가 될 때 밴드 갭이 증가하는 현상을 보인다. 이와 같이 양자점의 크기가 줄어들 때 밴드 갭이 증가하는 것을 양자구속효과(quantum confinement effect)라고 한다. 실리콘은 밴드 갭이 1.1eV 정도지만 실리콘 양자점의 크기가 4.21nm 이하로 줄어들면 밴드 갭이 증가하므로 색을 변화시키는 것이 가능하다. 그래서 실리콘 양자점의 크기를 조절하여 다양한 색깔을 내는 양자점 LED를 만드는 것이 가능하다. S사에서는 양자점 LED를 활용한 QLED TV를 상용화하였다. 기존 반도체 LED는 실리콘, GaAs, GaN 등의 무기물 반도체 소재를 중심으로 다양한 밴드 갭에 의한 다양한 색 구현이 가능하다.

폴리머 또는 플라스틱은 유기물로 된 고분자 물질이며 다양한 화학구조로 제작될 수 있다. 유기물들의 결합 구조를 조절함으로써 밴드 갭을 조절하는 것이 가능하며, 〈그림 41〉과 같이 여러 유기물들은 다양한 밴드 갭

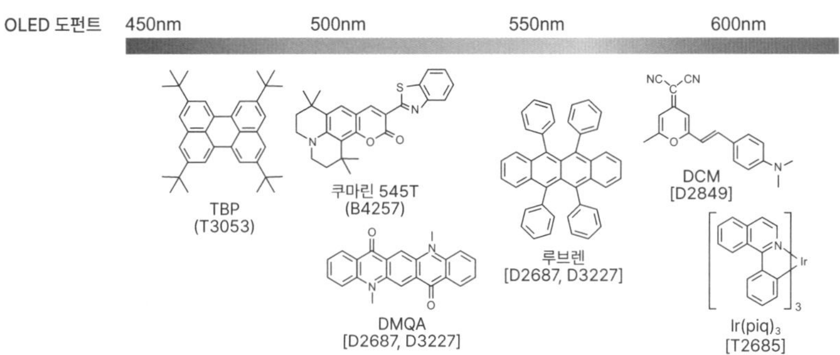

그림 41. 다양한 색을 내는 유기 반도체 소재들

에 의해 붉은색에서 파란색까지 다채로운 색을 가진다. 다양한 밴드 갭을 가지는 유기물 반도체 소재를 활용하여 기존 반도체 LED와 유사한 pn 접합 구조의 LED를 만들 수 있으며 이를 유기물 LED, 즉 OLED라고 한다. 유기물 반도체 소재가 가지는 장점 중 하나는 유연성 소재이며 유연성 소자를 만들 수 있다는 것이다. 유연성 OLED는 유연성 디스플레이를 만드는 것을 가능하게 하며 접는 스마트폰과 두루마리 디스플레이 등의 다양한 유연성 소자들을 만들 수 있게 한다. 레이저, LED, OLED 등을 통해 자외선, 가시광 그리고 자외선 영역까지의 다양한 파장을 갖는 빛, 즉 광자를 방출하는 것이 가능하다.

자외선은 10~400nm까지의 파장을 가지며, 자외선보다 파장이 짧은 빛은 x선과 γ선이다. x선은 파장이 10nm 이하로 0.1Å 정도이며 x선의 빛, 즉 광자는 124eV에서 12,400eV에 이르는 높은 에너지를 가진다.

〈그림 42(a)〉는 구리 원자의 전자에너지 구조이며, 전자들의 에너지 레벨 사이를 이동하면서 다양한

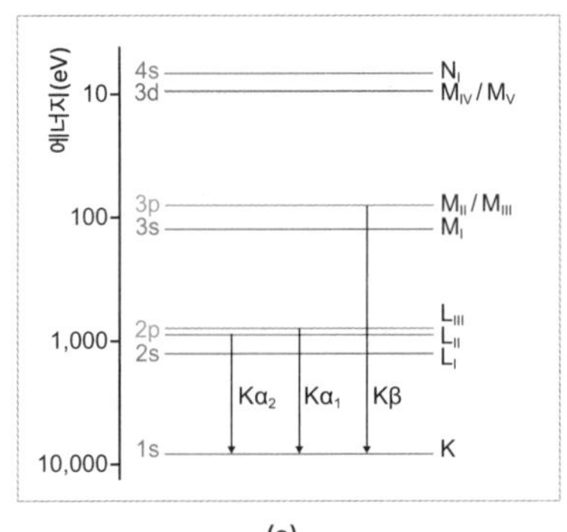

(a)

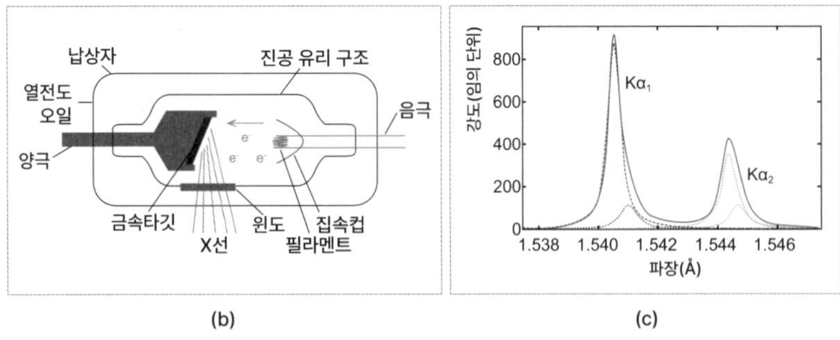

(b)

(c)

그림 42. (a) 구리 전자의 에너지 레벨 (b) X선 발생 장치 (c) 파장에 따른 X선의 강도

파장의 x선을 방출한다. x선 발생장치는 〈그림 42(b)〉와 같은 구조를 가지면 텅스텐 필라멘트에서 발생한 전자에 고전압을 인가하여 구리와 같은 금속의 표면을 때린다. 금속의 표면을 때린 전자들은 높은 에너지를 가지고 있으므로 금속 내 코어에 있는 전자들을 여기 상태로 만들 수 있다. 여기 상태에서 전자들은 다시 원위치로 돌아가면서 여기 상태와 자기 위치의 차이에 해당하는 에너지를 가지는 x선을 발생시킨다.

구리의 경우에는 〈그림 42(c)〉와 같이 1.5Å 정도의 짧은 파장을 가지는 x선을 방출한다. 이렇게 만들어진 x선은 비파괴 검사, 결정분석, 골격검사, x선 리소그래피 등에 활용된다. 금속 표면에 전자를 충돌시키는 것 외에도 x선을 방출하는 다양한 방법이 있다. 그중 하나는 핵융합, 형광물질에 의한 x선 방출이며, 또 다른 방법은 전자를 가속시키는 가속기이다. 전자들은 가속시킬 때 빛을 방출하며 원형가속기에서 전자들을 회전시킬 때 각가속도의 변화에 의해서 빛의 파장을 조절하는 것이 가능하다. 전자들이 가지는 운동량의 변화, 즉 에너지의 변화는 빛을 생성하게 되며, 전자들의 에너지 변화를 1,240eV가 되게 하면 만들어지는 빛은 1Å의 파장을 가지는 x선이 된다. x선보다 더욱 큰 에너지, 즉 더욱 짧은 파장을 가지는 γ선은 에너지가 높아 원자를 구성하는 전자들의 거동으로는 만들어지기 힘들다. γ선은 핵융합 과정 또는 핵 내 방사능 붕괴에 의해서 발생한다.

예제

4-1. 추가 원운동 1분 동안 360회 회전하고 있을 때 시간이 0에서 회전수가 5회가 될 때까지 시간에 따른 원운동의 높이 변화를 그래프로 나타내보자.

4-2. 물총고기는 물 밖 1~2m 정도 멀리 떨어져 있는 곤충에게 물을 쏘아서 곤충을 물로 떨어뜨려 곤충을 잡는다. 이 물고기는 물 밖에 있는 곤충을 물총으로 정확히 맞추기 위해서 물총의 방향을 어떻게 잡아야 하는지 논의해보자.

4-3. 공기의 굴절률이 1이며 물의 굴절률은 1.33이다. 호수에 비친 풍경을 잘 관찰하기 위해서는 관찰자의 시선이 호수의 수면과 이루는 각도가 얼마 이하가 되어야 하는지 논의해보자.

4-4. 파도의 높이가 4m로 형성된 바다에서 파도에 물보라가 형성되는 곳이 있으면 그곳의 깊이는 얼마가 되어야 하며, 그 이유는 무엇인지 논의해보자.

4-5. 노이즈 캔슬링 헤드폰에 달린 마이크로 들어오는 잡음들의 위상을 반대로 만들어 스피커에서 재생하면 노이즈가 상쇄된다. 그러나 반대의 위상을 가지는 잡음을 만드는 시간을 고려할 때 위상을 어떻게 조절하는 것이 유리할지 논의해보자.

4-6. 구멍이 난 물병에 용수철이 달려 있으며, 구멍으로 물이 흐르고 있다. 이때 물병을 가장 잘 흔들리게 하기 위해서는 물병에서 물이 빠지는 것과 관련하여 어떤 주파수로 물병을 흔들어야 할지 논의해보자.

4-7. 소리는 매질의 밀도가 클수록 빠르게 전달되는 특성이 있다. 공기의 온도가 높아지면 공기 분자들의 밀도는 낮아지므로, 공기의 온도를 변화시키면 소리의 전달 속도를 변화시킬 수 있다. 강의실 내에서 원하는 사람에게 소리를 더 잘 전달하기 위해 강의실 내 공기의 온도를 어떻게 조절하면 되는지 논의해보자.

4-8. 아날로그 소리를 디지털 소리로 변환시킨 후 MP3와 같은 형태로 저장장치에 저장해서 필요할 때 아날로그 소리로 변환해서 소리를 만들게 된다. 원음에 가까운 MP3 파일을 만들기 위해서는 1초에 몇 개의 신호를 만들어내는 것이 좋을지 논의해보자.

4-9. 괘종시계는 진자가 가지는 주기운동을 활용한 시계이다. 이와 같이 주기운동을 하는 물리계를 활용하면 시계를 만드는 것이 가능하다. 주기운동을 하는 물리계를 하나 선택하여 시계로 구동할 수 있는 원리를 논의해보자.

4-10. 총알의 질량은 4g 정도로 가벼우며 발사된 후 초속 900m의 속도로 날아가게 된다. 총알이 회전하지 않고 직선으로 날아갈 때 드 브로이(Louis de Broglie) 물질파의 파장을 총알의 질량이 백만 배 작아질 때의 파장과 비교해보자.

참고문헌

"김달우 교수의 내 사랑 물리 파동역학 편", 김달우 저, 전파과학사, 2016년

"나노테크놀러지", 김희봉 역, 야스미디어, 2004년

"라디오 수신기의 역사", 남표 저, 커뮤니케이션북스, 2013년

"레일리가 들려주는 빛의 물리 이야기(개정판)", 정완상 저, 자음과모음, 2019년

"만화로 쉽게 배우는 물리 [빛 · 소리 · 파동]", 닛타 히데오 저/김진미 역/김선배 감수, 성안당, 2021년

"반사하고 굴절하는 빛", 정완상 저, 이치사이언스, 2012년

"빛과 어둠", 잭 챌로너 저/박병철 역, 승산, 2003년

"빛과 파동", 김중복 저, 홍릉과학출판사, 2006년

"시간눈금과 원자시계", 이호성 저, 교문사(청문각), 2018년

"전자기파란 무엇인가", 고토 나오히사 저/손영수 역, 전파과학사, 1985년

"조명 원리와 응용", 정타관 저, 북스힐, 2005년

5
물질과 에너지

5-1. 물질의 근원과 원자

원자폭탄이 폭발할 때 우라늄 235를 중성자로 때리면 핵분열이 일어나면서 바륨, 크립톤, 중성자 그리고 에너지가 발생하며, 이 에너지에 의해서 주변은 파괴된다〈그림 1(a)〉. 핵분열에서 발생하는 에너지는 질량이 에너지로 변환되는 현상이며, 핵분열 시 감소하는 전량만큼 에너지가 발생한다. 특수상대론에서 다룬 $E=mc^2$는 질량이 에너지로 변환할 때 1g의 질량이라도 9×10^{13}J의 엄청나게 큰 에너지로 바뀔 수 있다는 것을 이야기한다. 이는 1g의 질량을 가진 물질을 만들기 위해서 그만큼 큰 에너지가 필요하다는 것과 같다. 우주의 총질량은 대략 1.5×10^{58}kg이니 우주를 만들기 위해서 얼마나 많은 에너지가 빅뱅을 통해 방출되었는지 상상할 수 있다. 빅뱅에서 방출되는 에너지는 열에너지이며, 아주 높은 온도에 의한 핵융합 과정에서 우주의 모든 물질이 합성되었다. 빅뱅이 일어나고 3분 정도의 짧은 시간 동안 우주에 존재하는 모든 원자들이 만들어진 것이다. 이때 가장 단순한 수소원자부터 원자량이 큰 우라늄을 포함하는 다양한 원자들이 핵융합 과정을 통해 만들어졌다〈그림 1(b)〉. 가장 작은 질량을 가진 수소원자 두 개가 약 1억 ℃ 이상의 온도가 되면, 핵융합에 의해서 헬륨 원자 하나의 중성자를 만들어내는 동시에 많은 에너지를 방출한다.

20세기 이전 원자에 대한 자세한 이해가 없었을 때에는 만물의 근원이 하나의 물질 또는 여러 물질이라고 믿었으며, 원자론에 대해 많은 내용들이 등장하였다. 고대의 철학자들은 과학을 포함한 모든 분야를 연구하였다. 이들은 세상은 무엇으로 이루어져 있는지, 사물을 쪼개고 쪼개면 어디까지 쪼갤 수 있는지 알고 싶어했다.

철학의 아버지라고 알려진 탈레스(Thales, BC 624~546년경)는 만물의 근원은 물이라고 주장하였으며, 모든 사물은 환경에 따라 변화하며 하나의 재료, 즉 물에서 만들어진다고 생각하였다. 물은 스스로 변화하여 기체 상

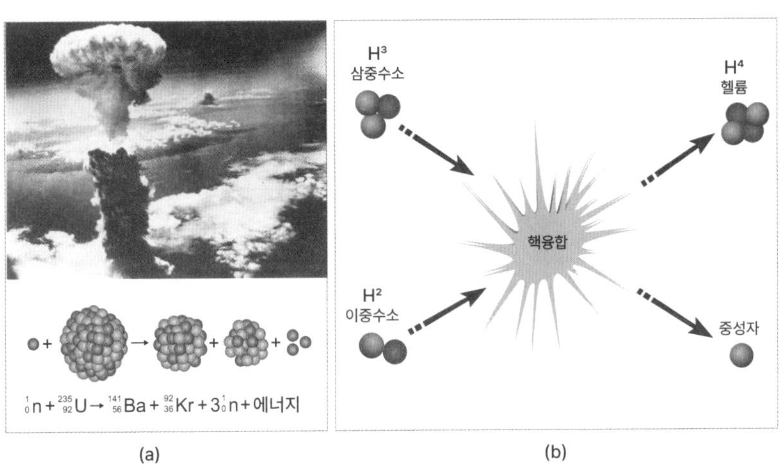

그림 1. (a) 원자폭탄의 핵분열에 의한 에너지 발산 (b) 수소 원자들의 핵융합에 의한 헬륨 원자의 생성

태인 수증기, 액체 상태인 물, 그리고 고체 상태인 얼음까지 다양한 형태로 변화하므로 만물을 형성한다고 봤다. 탈레스는 일 년을 365일로 한 달을 30일로 정하기도 했으며, 태양과 달을 관찰하여 일식을 예측하기도 하였다. 헤라클레이토스(Heraclitus, BC 540~480년경)는 불이 만물의 근원이라고 생각하였다. 모든 것이 불에서 시작한다고 여겼으며, 불이 변해서 공기, 바람, 물, 흙, 영혼이 된다고 생각했다. 엠페도클레스(Empedocles, BC 490~430년경)는 물, 공기, 불, 흙의 4원소가 세상을 형성하는 근원이라고 보았다. 물, 공기, 불, 흙이 일정한 비율일 때 어떤 사물이든 만들어질 수 있다고 본 것이다.

이와 같은 내용은 오늘날 원자의 개념과는 전혀 다르다. 데모크리토스(Democritos, BC 460~370년경)는 물질을 구성하는 가장 작은 알갱이가 되는 원자들로 세상 만물이 만들어졌다고 주장하였다. 17세기 뉴턴은 데모크리토스 주장에 찬성하며, 일정한 질량을 가진 원자들이 뉴턴의 운동법칙에 따라 운동하고 있다고 생각하였다.

1803년 돌턴(Dalton)은 뉴턴의 원자론에 동의하였으며 화학적인 측면에서 원자들이 특정한 분자구조를 이룬다고 생각했다. 물 분자는 두 개의 수소 원자와 하나의 산소 원자가 결합하며 만들어지는 것과 같이 모든 분자들이 화학적 결합을 한다고 생각하였다. 1897년에는 톰슨(Thomson)이 음극선관 실험을 통해 전지를 발견하고, 원자구조론, 물질구성, 원소의 주기율 등에 대한 연구를 하였다. 톰슨은 원자들이 음전하와 양전하가 똑같은 양으로 들어 있어서 중성의 입자로 존재한다고 생각하였다. 중성의 원자 내에 있는 전자를 꺼내거나 전자를 하나 집어넣으면 원자는 양 또는 음의 이온이 되는 것이다. 1911년이 되어서 러더퍼드(Rutherford)는 방사선 물질을 연구하였으며, 방사선 붕괴 시에 α, β, γ 입자들이 방출된다는 것을 발견한다. 여기서 α 입자들은 양의 전자를 띠는 물질로 원자의 핵과 산란을

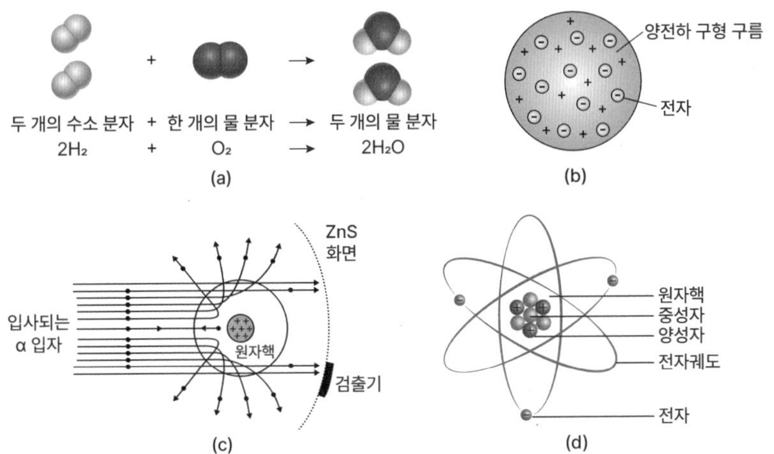

그림 2. (a) 돌턴의 원자 모델 (b) 톰슨의 원자 모델 (c) 러더퍼드의 알파선 산란 (d) 러더퍼드의 원자 모델

일으킨다. 러더퍼드는 α 입자 산란 실험을 통해 원자의 핵이 양전하를 띠는 원자의 크기에 비해 더욱더 작은 입자라는 것을 발견한다. 이 실험 결과에 의한 러더퍼드의 원자 모델은 양의 입자인 원자핵 주변을 음전하의 전자들이 둘러싸고 있다는 것이며, 실제 원자들의 구조와 거의 유사한 모델을 제시하게 된다.

α 입자를 활용하는 러더퍼드의 후방 산란 실험은 〈그림 3(a)〉와 같이 얇은 박막의 원자들이 배열되어 있을 때 원자들의 종류와 두께에 대한 정보를 제공한다. α 입자가 미지의 원자 핵과 충돌해서 반사될 때 핵의 질량이 클수록 α 입자는 큰 에너지를 가지고 튀어나오며, 이 α 입자의 에너지 변화로부터 얇은 소재의 두께와 어떤 원자들로 구성되었는지 알 수 있게 된다. 발머(Johann Jakob Balmer)는 수소 기체가 방출하는 가시광선에 해당하는 스펙트럼을 발견하였다. 러더퍼드의 원자 모형에서 전자들은 원자핵 주변을 감싸고 있으며, 외부의 빛을 흡수한 후 다시 빛을 방출한다. 이때 특정한 에너지에 해당하는 빛들을 흡수·방출하는데, 1913년 보어(Niels

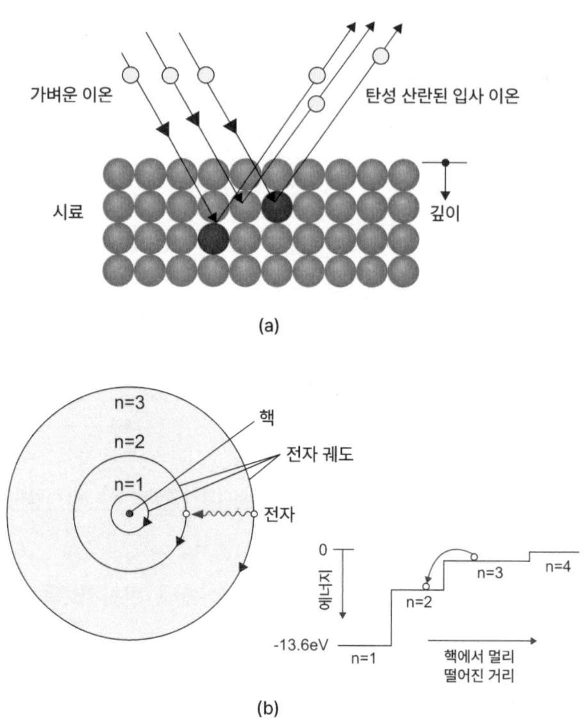

그림 3. (a) 러더퍼드의 후방 산란 (b) 보어의 원자 모델

Herik David Borh)는 원자들의 스펙트럼을 설명할 수 있는 전자들의 거동을 다루는 원자 모델을 제시한다. 보어의 원자 모델은 핵 주변을 전자들이 일정한 궤도를 따라 움직이고 있다는 것이며, 이는 태양계 행성들의 운동과 유사하다. 전자들이 이루는 궤도는 외각으로 갈수록 높은 에너지 상태가 되며, 궤도와 궤도 사이의 에너지 차이와 일치하는 에너지의 빛을 흡수·방출한다. 보어는 이전의 모델에 비해서 실제 원자에 가장 가까운 원자 모델을 제시하였다. 1926년 막스 보른(Max Born)은 양자역학을 통해 수소 원자의 파동함수를 통계적으로 해석하였으며, 보어의 원자 모델에서 더욱더 발전한 형태의 원자 모델을 제시한다. 막스 보른의 원자 모델은 핵 주변에 전자들이 구름처럼 퍼져 있는 모양을 가지며, 전자들은 파동함수로 표현되는 궤도 내에서 전자구름의 형태로 존재한다는 것이다.

수소(hydrogen) 원자는 〈그림 4(a)〉와 같이 핵 내에 양전하를 띠는 양성자 하나와 핵 주변을 돌고 있는 전자 하나로 구성된다. 수소 원자의 핵은 양전하를 띤 양성자들로 구성되고 전자들은 핵 주변에 전자구름으로 존재한다. 반수소(antihydrogen) 원자는 〈그림 4(b)〉와 같이 하나의 음전하를 띤 반양성자가 핵을 구성하므로 핵은 음전하를 띠고 양전하를 가지는 하나의 양전자(positron)가 핵 주변에 양전자구름의 형태로 존재한다.

1932년 앤더슨(C. Anderson)은 우주에서 오는 입자들을 관측하여 전자의 반입자인 양전자가 존재한다는 것을 실험으로 검증한다. 1995년 반수소를 인공적으로 만드는 데 성공하였으며, 1970년대에는 반헬륨을 합성하는 데 성공하기도 하였다. 이와 같은 반입자들에 의해서 반수소와 같은 반물질들이 구성될 수 있다. 1g의 반물질을 제조하기 위해서 7경 1,875조 5,000억 원을 사용할 만큼 반물질을 만드는 일은 쉽지 않다. 빅뱅에 의해 물질이 생성될 때 반물질도 함께 만들어졌으며, 물질과 반물질이 쌍소멸될 때 에너지를 방출하면서 소멸하였을 것이라고 추정된다. 쌍소멸은 전자와 양전자의 두 입자가 소멸하여 에너지를 방출하는 것이며, 쌍생성은 에너

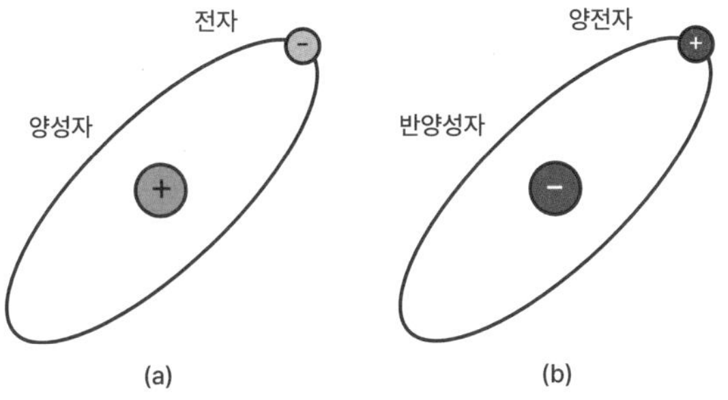

그림 4. (a) 수소 원자 (b) 반수소 원자

지가 전자와 양전자의 두 입자를 만드는 것이다. 음전하를 띠는 전자의 반입자는 양전자이며, 양전하를 띠는 양성자의 반입자는 반양성자이다. 전자와 양전자가 쌍소멸하는 과정에서 에너지가 발생하며 이는 폭발이 일어난다는 것을 나타낸다. 이와 같이 반물질은 물질과 만날 때 쌍소멸에 의한 엄청난 에너지를 방출하며, 0.7g의 반물질은 1만 5,000톤의 TNT의 위력을 내므로 반물질을 활용하여 수소폭탄보다 강력한 폭탄을 만드는 것도 가능할 수 있다.

원자의 지름은 0.1nm 정도로 작으므로, 원자와 같이 작은 물체를 관찰하기 위해서는 현미경이 필요하다. 그러나 가시광 영역을 사용하는 광학현미경은 가시광의 짧은 파장인 400nm보다 작은 물체를 관찰하기는 힘들며, 보통 2,000배율의 관찰이 가능하다. 20세기에 들어서 가시광을 전자로 대체하여 광학현미경의 한계를 뛰어넘는 약 천만배율 정도의 전자현미경이 개발되었다.

전자현미경의 종류는 크게 두 가지며, 물체 표면의 모양을 관찰할 때 사용하는 주사전자현미경(scanning electron microscope)과 물체의 단면을 측정할 때 사용하는 투과전자현미경(transmission electron microscope)이 있다. 전자를 전기장에 의해서 가속시킬 때 전자의 속도가 빨라지면 전자의 파장은 0.005nm까지 짧아지므로 고전압으로 가속된 전자에 의해서는 분해능이 높은 전자현미경을 만드는 것이 가능해진다. 1928년 에드워드 허친슨 싱(Edward Hutchinson Synge)이 개발한 주사전자현미경은 분해능이 10~20nm이며, 1931년 크놀(Max Knoll, 1897~1969), 루스카(Ernst Ruska, 1906~1988), 보리스(Bodo von Borries, 1905~1957)가 개별적으로 개발한 투과전자현미경은 0.1nm보다 높은 분해능을 가져 원자들의 관찰이 가능하다. 〈그림 5(b)〉는 투과전자현미경으로 강유전체 $BaTiO_3$ 박막을 관찰한 것으로 원자들이 잘 정렬되어 있는 것이 관찰된다. 투과전자현미경으로 원자의

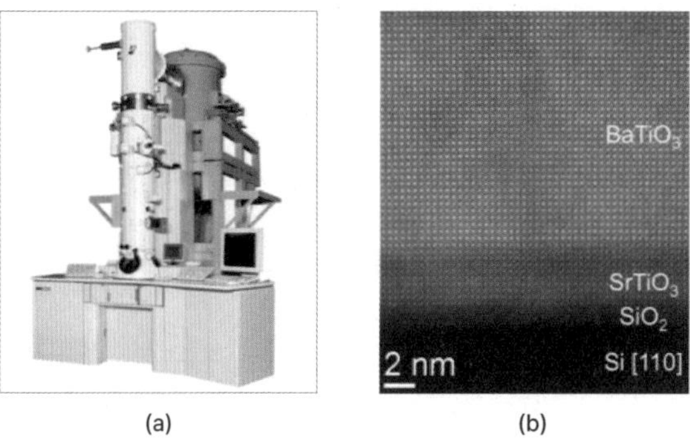

그림 5. (a) 투과전자현미경 (b) 투과전자현미경으로 관찰한 $BaTiO_3$ 박막의 원자 사진

크기 비교가 어느 정도 가능하며, 고체 내의 원자들이 이루는 격자의 크기, 결정성 그리고 어떤 원자들로 구성되었는지 등의 다양한 정보를 얻을 수 있다.

1981년 IBM 연구진이었던 비니히(Gerd Binnig)와 로레르(Heinrich Rohrer)가 개발한 주사형 터널 현미경은 〈그림 6(a)〉와 같이 뾰족한 팁에 의해서 표면을 이루는 원자들의 터널 전류를 측정하여 표면 원자들의 배열을 관

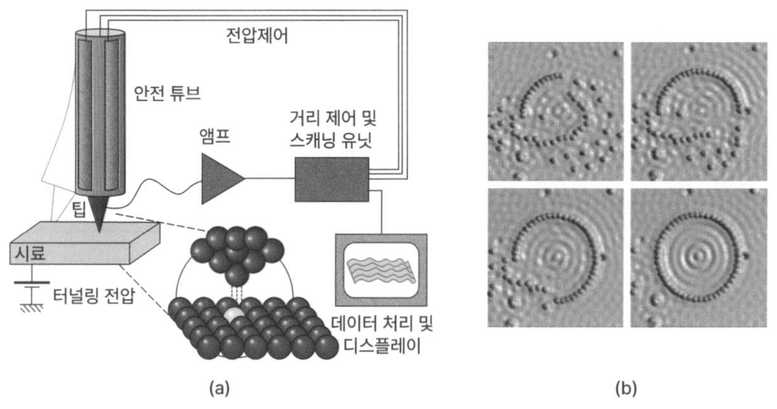

그림 6. (a) 주사형 터널 현미경 (b) 주사형 터널 현미경에 의해 구리 표면에 배열된 제논 원자들

찰할 수 있다. 주사형 터널 현미경의 구현을 위해서는 텅스텐으로 만들어진 팁의 끝을 손으로 갈아서 팁 끝에 원자가 하나 정도가 되도록 아주 날카롭게 만들어야 한다. 이 텅스텐 팁과 표면 사이의 전류를 측정할 때 팁 끝의 원자와 표면의 원자 사이 거리에 따라 전류는 크게 변화한다. 텅스텐 팁과 표면 사이에서 일정한 공간을 넘어 흐르는 전류를 터널 전류라고 하며, 텅스텐 팁이 표면에 가까우면 전류가 크게 흐르게 된다. 텅스텐 팁으로 표면을 스캔하면 원자가 있는 부분에는 전류가 잘 흐르고, 없는 부분에는 전류가 잘 흐르지 않는다. 이 전류에 의해서 표면의 원자들이 배열된 정보를 얻을 수 있게 된다.

이와 같이 표면에 배열된 원자들을 관찰할 수 있는 주사형 터널 현미경은 수평 분해능이 0.1nm로 투과전자현미경과 비슷한 수준을 보인다. 그러나 텅스텐 팁과 표면 사이에 터널 전류가 흐를 수 있는 금속 또는 반도체 소재들만 주사형 터널 현미경으로 측정이 가능하며, 전류가 흐르지 않는 부도체의 경우 표면 관찰은 불가능하다. 〈그림 6(b)〉는 주사형 터널 현미경으로 구리 표면에 배열된 제논 원자들을 관찰한 것으로 구리 원자들이 일정하게 배열된 상태에서 텅스텐 팁으로 제논 원자들을 원하는 모양으로 배열한 것이다. 주사형 터널 현미경으로 원자들 하나하나에 대한 위치 제어가 가능하며, 이를 이용한 고밀도 정보저장기술과 같은 새로운 기술들을 개발하는 것도 가능해질 것이다.

5-2. 간단한 양자역학

양자역학(quantum mechanics)은 1925년부터 하이젠베르크(Werner Heisenberg)와 슈뢰딩거(Erwin Schrödinger)를 중심으로 만들어지기 시작하였다. 양자역학에서 말하는 양자화는 물리량이 연속적이지 않다는 것을 의미한다. 수소 원자의 전자들은 불연속적인 에너지 레벨을 가지며, 수소 원자가 방출하는 스펙트럼도 불연속적인 에너지들을 보인다. 특히 흑체복사를 이해하기 위해서는 흑체를 구성하는 전자 에너지가 불연속적이라는 것과 이 전자들이 양자화된 에너지를 가진다는 것을 알아야 한다.

고전역학에서 입자는 〈그림 7(a)〉와 같이 질량과 위치를 정확하게 표시할 수 있는 대상이며, 뉴턴의 힘의 법칙에 따라 입자 상태를 정의하는 것이 가능하다. 양자역학에서는 입자를 〈그림 7(b)〉와 같은 모양을 가진 파속(wave packet)으로 표현한다. 파속은 짧은 파장의 파동에서부터 긴 파장의 파동까지 다양한 파동을 합할 때 형성된다. 그래서 입자와 같이 일정한 공간을 차지하는 동시에 파동의 특성을 가진다. 또한 〈그림 7(c)〉와 같이 드브로이의 물질파에서 v의 속도로 움직이는 질량 m인 물체의 파장은 $\lambda = h/p = h/mv$으로 주어지며, 이는 단순한 고전역학에서의 입자가 파동성을 가지는 것으로 파속과는 다른 의미를 가진다. 양자역학에서 사용되는 입

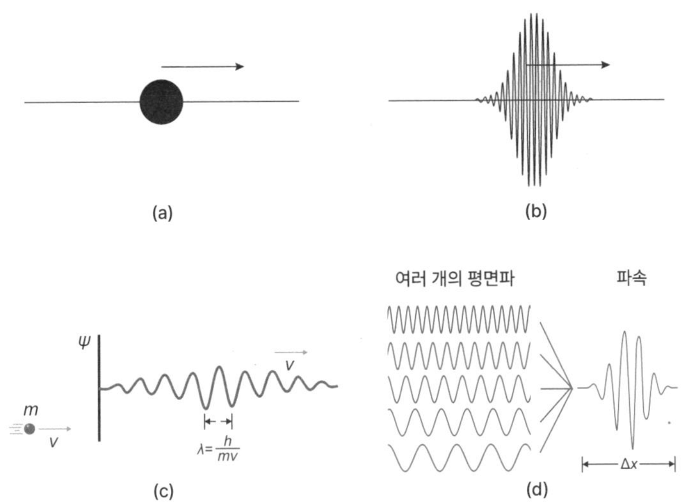

그림 7. (a) 고전역학에서 다루는 입자 (b) 파속 (c) 입자 운동에 의한 물질파의 형성 (d) 여러 파동이 합해져 만들어지는 파속

자를 나타내는 파속은 〈그림 7(d)〉와 같이 파장이 다른 여러 개의 파동을 합할 때 국소 영역에서 파동의 덩어리인 파속이 형성된다. 파속이 형성될 때 파장의 종류가 많아질수록 파속은 더욱 좁은 영역에서 형성된다. 즉, 파속을 형성하는 파동의 수가 많을수록 파속은 더욱더 국소 영역에서 형성된다. 입자가 파속과 같은 파동의 형태로 표현되기 때문에 양자역학에서는 슈뢰딩거의 파동방정식을 사용한다.

〈그림 8〉과 같이 파속의 폭은 Δx의 공간을 차지하므로 파속의 위치를 정확하게 정의할 때 오차가 발생한다. 이때 〈그림 8(a)〉와 같이 Δx의 값이 작거나 0에 가깝다면 위치를 정확히 표현할 수 있다. 그러나 〈그림 8(b)〉와 같이 Δx의 값이 아주 크다면 입자의 위치에 대한 오차는 더욱 증가하게 된다. 이 Δx를 위치의 불확정량이라고 정의한다. 위치의 불확정량이 0에 가깝다면 위치가 정확하게 정의되며, 위치의 불확정량이 크면 위치를 정의하기가 어려우므로 위치의 불확정성이 증가한다. 양자역학의 중심이 되는 이론 중 하나인 불확정성 원리는 하나의 시스템, 즉 전자 하나 또는 다른 입자가 가지는 운동량, 스핀, 위치 등의 여러 가지 물리량 중 하나만 정확히 측정할 수 있다는 것이다. 다르게 말하면 두 개의 물리량을 동시에 측정할 때 하나는 정확히 측정되지만 나머지는 정확도가 떨어진다는 것을 의미한다. 이를 하이젠베르크의 불확정성 원리라고 한다. 파속의 폭을 줄이기 위

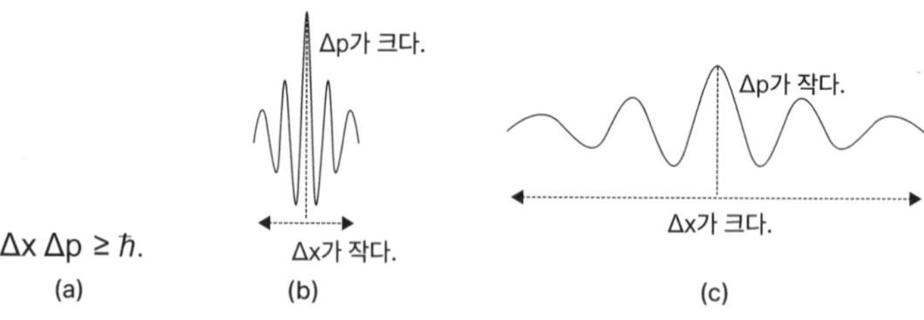

그림 8. (a) 하이젠베르크의 불확정성 원리 (b) 좁은 폭을 가진 파속 (c) 넓은 폭을 가진 파속

해서는 다수의 파장이 다른 파동을 중첩, 즉 합하면 된다. 〈그림 8(b)〉와 같이 파속의 폭이 0에 가까워지려면 파장의 수가 무한대가 되어야 하며, 폭이 0에 가까울 때 Δx는 0에 가깝다. 그러므로 파속의 위치는 정확하게 정의될 수 있다. 그러나 이 파속을 형성하기 위해서 다양한 파장의 파동들이 중첩되어야 하므로 이 파속의 운동량은 정의하기 힘들다. Δx가 0에 가까우면 운동량의 불확정량 Δp가 아주 크다는 것으로 운동량의 불확정성이 매우 증가한다. 반대로 위치의 불확정량 Δx가 아주 크거나 무한대에 가까우면 하나 또는 최소 개수의 파동들로 파속을 정의할 수 있다. 이는 파장이 잘 정의되므로 운동량을 정확하게 알 수 있다는 것이며, 운동량의 불확정량 Δp가 0에 가깝다는 것이다. 그래서 하이젠베르크의 불확정성 원리를 $\Delta x \Delta p \geq \hbar$와 같이 간단한 식으로 나타낼 수 있다. 위치의 불확정량 Δx가 감소하면 운동량의 불확정량 Δp가 증가하며, 반대로 운동량의 불확정량 Δp가 감소하면 위치의 불확정량 Δx가 증가하게 된다. 여기서 $\hbar$는 플랑크 상수를 2π로 나눈 것이다.

코끼리와 같이 질량이 매우 큰 물체는 파동성을 고려하지 않아도 되므로 뉴턴의 힘의 법칙에 따라 속도, 위치, 에너지 등을 분석할 수 있다. 그러나 입자의 크기가 작아 원자 크기 정도인 경우, 예를 들어 수소 원자에서 전자가 어떤 에너지를 가지고 어떻게 존재하는지 분석하기 위해서는 입자의 파동성을 고려하는 파동방정식 형태의 슈뢰딩거 방정식이 필요해진다. 〈그림 9〉와 같이 슈뢰딩거 방정식은 2차 미분방정식의 형태를 가지며, $i\hbar\frac{\partial}{\partial t}\psi = H\psi$와 같이 간단히 나타낼 수 있다. 여기서 H를 해밀토니안(Hamiltonian)이라 부르며, 주어진 물리계의 운동에너지와 위치에너지의 합에 해당한다. 슈뢰딩거 방정식에서 시간에 대한 항을 제거하면 $H\psi = E\psi$와 같이 슈뢰딩거 방정식의 형태가 된다. 일반적으로 시간에 독립적인 슈뢰딩거 방정식을 이용해 원하는 파동함수와 에너지를 분석하고 얻은 파동함수

3차원 슈뢰딩거 방정식

$$i\hbar\frac{\partial}{\partial t}\psi(x, y, z, t)=\left[-\frac{\hbar^2}{2m}\left(\frac{\partial^2}{\partial x^2}+\frac{\partial^2}{\partial y^2}+\frac{\partial^2}{\partial z^2}\right)+V(x, y, z)\right]\psi(x, y, z, t).$$

수소 원자

양성자, 중성자, 전자

$$E_{jn}=\frac{-13.6\ \text{eV}}{n^2}\left[1+\frac{\alpha^2}{n^2}\left(\frac{n}{j+\frac{1}{2}}-\frac{3}{4}\right)\right]$$

$$n = 1, 2, 3, \ldots$$

$$l = 0, 1, 2, \ldots, n-1$$

$$m = -l, \ldots, l$$

$$\psi_{nlm}(r, \theta, \phi)=\sqrt{\left(\frac{2}{na_0}\right)^3+\frac{(n-l-1)!}{2n(n+l)!}}\,e^{-\rho/2}\rho^l L_{n-l-1}^{2l+1}(\rho)\cdot Y_l^m(\theta, \phi)$$

그림 9. 양자역학의 중심이 되는 슈뢰딩거 방정식과 슈뢰딩거 방정식으로 구한 수소 원자의 에너지와 파동함수

에 $e^{-iEt/\hbar}$을 선형적으로 곱해주면 시간 변화에 대한 파동함수를 표현할 수 있게 된다. 〈그림 9〉는 하나의 전자와 하나의 양성자로 이루어진 수소 원자를 슈뢰딩거 방정식으로 풀었을 때 얻어지는 에너지 E와 파동함수 ψ를 나타낸 것이다. 에너지에 표현된 α는 미세 구조 상수이며, 파동함수에 표현된 n은 주양자수, l은 궤도양자수, m는 자기양자수, a_0는 보어 반경에 해당한다. 에너지 E는 전자가 n의 궤도양자수를 가질 때의 에너지를 나타내며, 파동함수 $\psi(r, \theta, \phi)$는 전자가 구좌표 r, θ, ϕ상에 있을 확률밀도를 나타낸다. 전자의 에너지는 궤도양자수가 정해지면 일정한 값을 가지게 되지만, 파동함수는 모든 공간에서 전자들이 어떤 확률밀도로 분포할 수 있는지에 대한 정보를 준다.

파동함수는 수소 원자가 존재할 수 있는 확률밀도를 나타내며, 궤도양자수가 주어지면 〈그림 10〉과 같이 s, p, d, f 궤도들은 각각의 모양을 가진다. 여기서 s궤도에 있는 구 모양의 전자들은 s궤도 내에만 존재할 수 있으

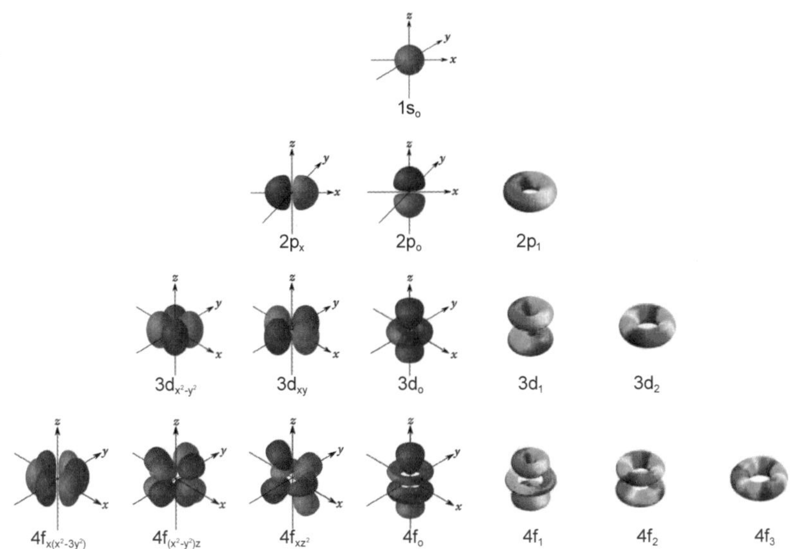

그림 10. 수소 원자의 전자들이 형성하는 궤도양자수에 대응하는 다양한 모양의 궤도들

며, 다른 전자들도 자신이 속한 궤도가 아닌 다른 공간에는 존재할 수 없게 된다.

전자, 중성자, 양성자와 같은 입자들은 페르미온(fermion)이라고 불리는데, 이들은 하나의 공간에 같은 입자가 하나밖에 들어갈 수 없다. 1925년 파울리(W. Pauli)는 하나의 공간에 같은 입자가 두 개 이상 들어갈 수 없다는 배타원리를 제안한다. 〈그림 11〉을 보면 두 개의 전자가 한 공간에 들어가 있는 것이 나타나며, 여기서 화살표 방향은 전자의 스핀 방향을 나타낸다. 전자들이 두 개씩 네 개의 궤도에 들어 있으며, 세 궤도에는 스핀의 방향이 다른 두 전자가 들어간다. 전자의 경우에는 스핀의 방향이 다를 때 같은 입자로 보지 않기 때문에 스핀이 다른 두 전자는 하나의 궤도에 들어갈 수 있다. 그러나 스핀이 위를 향하는 두 전자는 하나의 궤도에 들어갈 수 없으므로, 〈그림 11〉의 위 그림은 맞다고 할 수 없다. 전자는 스핀

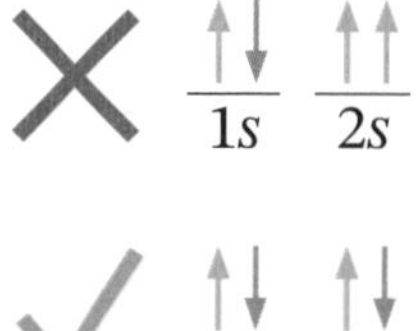

그림 11. 스핀을 가지는 전자들에 대한 파울리의 배타원리

이 1/2인 페르미온이며 스핀이 1/2 또는 -1/2을 값을 가질 수 있다. 양자역학에서는 스핀이 1/2인 전자와 스핀이 -1/2인 전자는 똑같은 입자가 아니라고 보며, 이는 스핀이 다르기 때문이다. 일반적으로 스핀이 1/2인 전자를 스핀 업(up)인 전자라고 하며, -1/2인 전자를 스핀 다운(down)인 전자라고 부른다. 파울리의 배타원리에 따르면 스핀이 업인 전자 두 개가 하나의 궤도에 들어갈 수는 없다. 스핀이 업인 전자 하나와 스핀이 다운인 전자 하나는 하나의 궤도에 들어가는 것이 가능하다. 〈그림 11〉에서 위에 표시되는 2s에는 스핀 업인 전자 두 개가 들어가 있으므로 잘못된 것이다. 아래의 그림에는 하나의 궤도에 스핀이 다른 두 전자가 들어가 있으므로 파울리의 배타원리에 위배되지 않는다. d궤도는 3개이며 d궤도를 가지는 전자의 수는 최대 6개가 될 수 있다는 것이다. 전자의 스핀은 지구의 자전과 같이 전자가 회전하는 것으로 이 회전을 통해 전자는 자기장을 형성한다. 이와 같이 전자의 스핀으로 형성되는 자기장은 자석과 같은 자성체들이 자기적 특성을 나타낼 수 있게 한다.

고전역학에서는 입자가 장벽과 충돌할 때 장벽이 가지는 에너지보다 작은 에너지로 충돌하면 100% 뒤로 튕겨나고 절대 장벽을 뚫고 지나갈 수 없다는 결론을 내리게 된다〈그림 12〉. 그러나 양자역학의 관점에서는 입자가 장벽의 에너지보다 작은 에너지를 가지고 충돌하더라도 장벽을 뚫고 지나갈 수 있는 어느 정도의 확률이 있으며, 나머지는 뚫고 지나가지 못하고 튕겨져 나오는 확률이라고 보았다. 이와 같이 장벽의 에너지보다 낮은 에너지를 가진 입자가 장벽을 뚫고 지나가는 현상을 터널 효과(tunneling effect)라고 한다.

〈그림 12(b)〉와 같이 장벽의 에너지가 U_0이며 입자의 에너지 E가 장벽

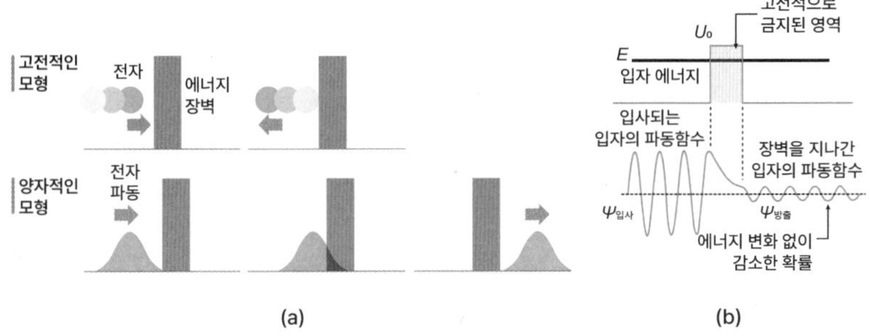

그림 12. (a) 고전역학과 양자역학에서의 입자가 장벽과 충돌할 때의 차이 (b) 양자역학에서 입자가 장벽과 충돌 후 터널 효과

의 에너지 U_0보다 작은 경우, 입사되는 입자의 파동함수는 장벽을 지난 후 작아지지만 0이 되지는 않는다. 입자의 파동함수가 0이 아니라는 것은 입자가 장벽을 뚫고 지나가서 발견될 확률이 0이 아니라는 것을 의미하며, 입자가 장벽을 뚫고 지나갈 확률이 어느 정도 있다는 것이다. 장벽을 뚫고 지나간 입자의 에너지는 변화하지 않으며, 단지 파동함수의 크기, 즉 입자가 발견될 확률밀도만 작아지는 것이다. 장벽이 갖는 에너지의 크기가 클수록 파동함수의 크기는 작아질 것이라고 예측할 수 있으며, 반대로 장벽이 갖는 에너지가 충분히 낮다면 파동함수의 크기는 보다 커질 수 있다. 이는 장벽의 에너지가 클수록 터널 효과에 의해 입자가 장벽을 지나갈 확률이 낮아진다는 것을 의미한다. 터널 효과를 이용하는 터널 다이오드는 반도체 pn 접합의 불순물 농도를 높여서 터널 전류가 형성되는 것을 이용한다.

5-3. 기본 입자들에 대한 표준 모델

빅뱅에 의한 에너지는 핵융합 과정에서 우주를 이루는 기본 입자들을 모두 만들어낸다. 이 기본 입자들은 〈그림 13〉과 같이 표준 모델로 분류할 수 있는데, 그림에는 우주의 모든 물질을 이루는 기본 입자들이 다 포함되어 있다. 기본 입자들이 가지는 물리적 특성을 다루고, 기본 입자들에 의해서 발현되는 다양한 물리적 현상들에 접근할 수 있다.

기본 입자들은 〈그림 13〉과 같이 렙톤(lepton), 쿼크(quack), 게이지 보존(gauge boson), 힉스 보존(higgs boson)의 4가지로 분류할 수 있다. 보존으로 분류된 입자들은 질량을 가지지 않지만, 나머지 입자들은 질량을 가진다.

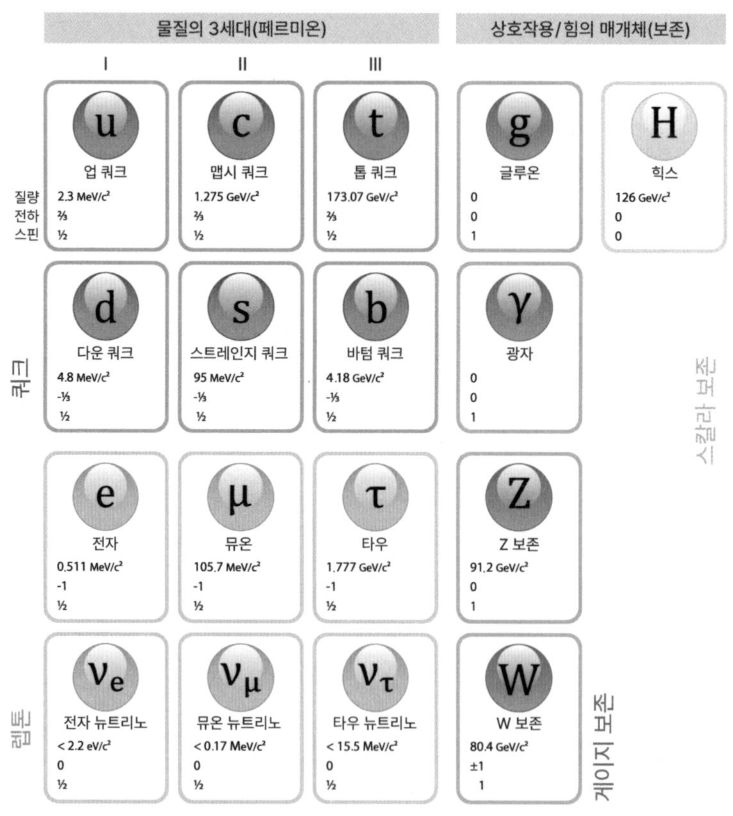

그림 13. 기본 입자들의 표준 모델에 대한 분류

질량이 있다는 것은 뉴턴의 힘의 법칙에 의해서 가속을 시킬 수 있다는 것을 의미하기도 한다. 또한 질량과 질량 사이에는 만유인력이 작용하므로 서로서로 인력이 작용한다. 게이지 보존과 힉스 보존을 우리는 보존이라고 부르며 보존이 아닌 나머지 기본 입자들을 페르미온(fermion)이라고 부른다. 보존(boson)은 하나의 공간에 무한히 많은 입자가 들어갈 수 있으며, 질량을 가지지 않는 특이한 입자이다. 보존과 다르게 페르미온은 우리가 늘 경험하는 하나의 공간에 하나의 입자만 들어갈 수 있는 입자이다. 하나의 공간에 하나의 입자만 들어갈 수 있다는 것은 파울리(Pauli)의 배타원리를 따른다. 전자의 경우에는 스핀(spin) 방향이 다른 두 개의 전자가 하나의 공간에 들어갈 수 있으며, 이는 스핀의 방향에 따라 전자를 구분할 수 있다는 것이기도 하다.

이와 같이 기본 입자들이 가지는 물리량은 질량, 전하, 스핀으로 기본 입자들의 종류에 따라 서로 다른 물리량을 가진다. 렙톤 중 하나인 전자를 보면, 질량은 0.511MeV/c^2, 전하량은 -1, 스핀은 1/2을 가진다. 전자의 질량은 SI 단위계인 9.1×10^{-31}kg으로 환산되며, 전하량은 -1.6×10^{-19}C으로 환산될 수 있다. 전자는 음의 전하량을 가지며, 전자와 전자 사이에는 쿨롱(coulomb)의 힘에 의한 척력이 작용한다.

한편, 전하로부터 힘이 작용하는 공간을 전기장이라 하며, 양전하를 가지는 기본 전하가 어떤 힘을 받는지에 따라 전자 주변의 전기장을 정의할 수 있다. 전자는 양의 기본 전하에 인력을 작용하므로 전자 하나가 자유 공간에 놓여 있을 때 전기장은 전자의 모든 주변에서 전자를 향하게 된다. 기본 입자들이 가지는 전하량은 전기장을 형성하고, 쿨롱의 힘에 의한 전기력을 발생시킨다. 원자의 구조에서 전자는 핵 주변에 특정한 궤도를 가지고 일정한 거리를 유지한다. 핵을 이루는 양성자의 수만큼 전자의 개수가 정해지며, 양성자는 전자의 반대 전하량을 가지므로 핵은 전기적으로 중성이 된다. 전기적으로 중성인 상태에 원자에서 전자가 분리되면 원자는 음의 전하를 띠는 양이온(cation)이 된다. 철을 이루는 Fe 원자들은 금속결합을 하면서 전자 두 개를 버리고 Fe^{+2}의 양이온 상태가 된다. Fe 원자에서 떨어져 나온 전자들은 자유전자로 존재하며, 전자들의 흐름에 의해서 전류가 흐르게 된다. 전류는 단위시간당 흐르는 전하량을 나타낸다. 전자는 음의 전하량을 가지고 있으므로 전자들의 흐름은 음의 전류를 형성한다. 전자의 흐름이 아닌 양의 전자를 띠는 Fe^{+2} 양이온이 흐른다면 이는 양의 전류를 형성하는 것이다.

전자의 흐름으로 만들어진 전류의 흐름은 주변에 자기장을 형성하는데, 이것이 암페어(Ampere)의 법칙이다. 자기장은 전기장과 유사하며 자기력이 형성되는 공간이라 정의할 수 있다. 이 자기장은 자기장을 가지는 자석과 상호작용을 하거나, 주변 전하들에 로렌츠 힘(Lorentz force)을 작용할 수 있다. 전자는 전류에 의해 형성되는 자기장과 유사하게 스핀 자기 모멘트를 갖는다. 전자는 기본 전하량을 가지며 동시에 스핀을 가지는데, 지구가 자전하는 것과 유사하게 전자가 회전하는 것을 전자의 스핀이라고 한다. 전자의 회전인 스핀은 전자를 중심으로 주변에 자기장을 형성한다. 전자 자기 모멘트의 값은 약 -9.284764×10^{-24}J/T로 크기가 작지만, 전자들의 스핀이 모이면 자기장의 세기가 증가하여 1테슬라(T)의 큰 자기장을 형성할 수 있는 자석을 만들 수도 있다. 산화철 광물인 자철광은 자석의 성질을 Fe 원자 내 전자들의 스핀 배열에 의해서 자기장을 형성하고, 자석의 성질을 나타내는 것이다.

전자가 가지는 물리량은 질량, 전하량, 스핀이며 질량이 형성하는 만유인력에 의한 중력장, 전하량이 형성하는 전기력에 의한 자기장, 그리고 스핀이 형성하는 자기력에 의한 자기장을 형성한다. 자연계에 존재하는 기본 힘들은 만유인력, 전자기력, 약한 핵력, 강한 핵력의 4가지 힘으로 분류할 수 있다. 전자는 만유인력과 전자기력을 나타내므로 자연계에 존재하는 기본 힘 중 두 가지 힘의 원인이 될 수 있다. 나머지 약한 핵력과 강한 핵력은 원자핵 내 기본 입자들에서 관찰된다.

5-4. 물질의 상태

〈그림 14〉는 고체, 액체, 기체 그리고 플라스마의 4가지 상태에 대한 원자의 상태를 보여주고 있다. 물은 고체인 얼음, 액체인 물, 수증기인 구름 그리고 플라스마까지 4가지 상태를 보인다. 물이 보이는 4가지 상태와 유사하게 모든 물질 역시 고체, 액체, 기체 그리고 플라스마의 4가지 상태를 가진다. 물질의 상태 가운데 밀도가 가장 높은 것은 고체이다. 이는 고체를 이루는 원자들이 최소 부피에 가장 많이 들어간다는 것을 의미한다. 고체에 비해 액체의 밀도는 작아지는데, 이는 고체를 이루는 원자들의 결합된 길이가 액체에 비해 더 작다는 것을 나타내기도 한다. 일반적인 물질들은 고체의 밀도가 액체보다 더 크지만, 물과 같은 극성분자들은 얼음으로 될 때 물보다 밀도가 작아지는 특징을 보이며, 이로써 얼음이 물에 뜰 수 있다.

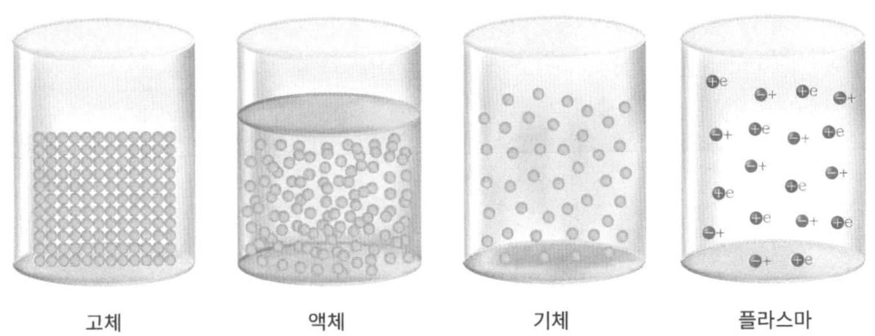

그림 14. 물질이 갖는 4가지 상태 : 고체, 액체, 기체, 플라스마

기체와 플라스마는 고체와 액체에 비해서 1/2,000 정도의 매우 작은 밀도를 가진다. 특히, 고체와 액체의 밀도는 큰 변화를 보이지 않지만, 기체와 플라스마의 밀도는 0 정도의 낮은 밀도에서 액체의 밀도에 가깝게 높은 밀도까지 다양한 범위를 가진다. 그래서 기체와 플라스마가 있는 공간의 압력은 0에서 무한대까지의 범위까지도 도달할 수 있다.

물을 이루는 물 분자들은 극성분자이며, 금과 철과 일반적인 소재들에 비해 액체와 고체의 밀도에 있어서 다른 변화를 보인다. 금과 철은 액체 상태에 비해 고체 상태에서 더 높은 밀도를 보이지만, 물은 얼음이 되면 물보다 밀도가 더 낮아지는 특성이 있다. 빙산을 이루는 얼음이 바다에 떠 있을 수 있는 것은 얼음의 밀도가 바닷물의 밀도보다 낮기 때문이다. 〈그

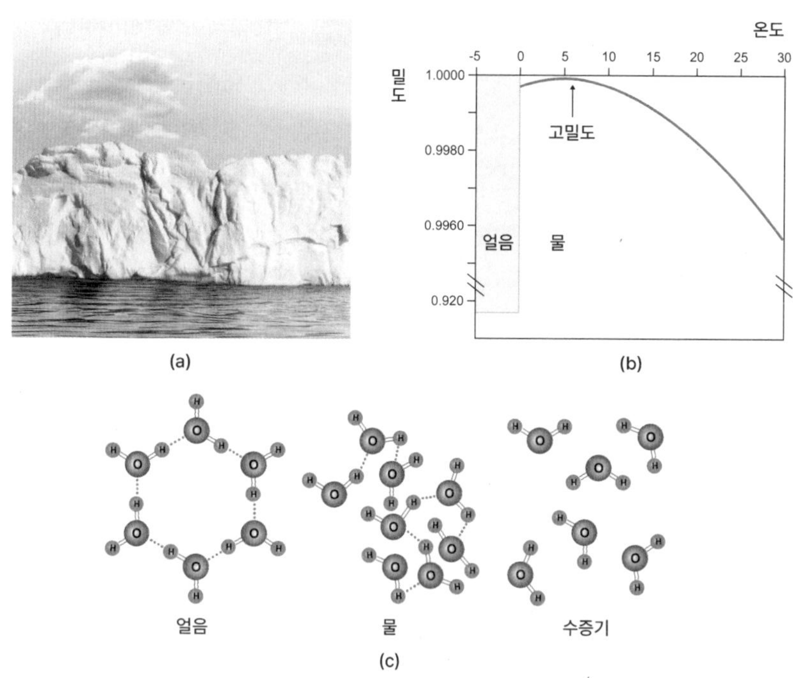

그림 15. (a) 바다에 떠 있는 빙산 (b) 물의 온도 변화에 따른 밀도 변화 (c) 얼음, 물, 수증기의 분자 구조

림 15(b)〉와 같이 물의 밀도는 온도가 내려갈수록 높아지다가 4℃ 정도에서 최대 비중이 1이 된다. 비중이란 물을 밀도가 가장 높을 때를 기준으로 하여 물의 비중을 4℃에서 1로 두며, 물의 비중을 기준으로 다른 물질들의 상대적인 비중을 밀도로 표시한다. 그래서 철의 비중은 7.85로 물에 비해 상대적으로 높다. 물의 밀도가 가장 높을 때에는 4℃이며, 온도를 더 내리면 물은 〈그림 15(c)〉와 같이 결정 상태를 형성하면서 밀도가 더 커지게 된다. 〈그림 15(c)〉에 나타난 육각형의 얼음 결정 구조는 자연계 대부분의 얼음에 해당하며, 얼음이 형성될 때 온도와 압력 등의 환경에 따라서 18개 이상의 결정 구조와 3개 정도의 비정질 구조를 가진다고 알려져 있다.

에너지의 변화로 물질의 상태가 변화될 수 있으며, 고체, 액체, 기체 그리고 플라스마의 순서로 높은 에너지 상태가 된다. 고체를 이루는 원자는 주변 원자들과 결합되어 있는데, 열에너지를 가해 일 결합을 끊으면 원자들은 유동성 있는 액체 상태가 된다. 그래서 밀도에는 큰 차이가 없지만 액체는 유동성을 가진다. 액체 상태에서 더 많은 열에너지를 주면 액체를 이루는 원자들은 모든 공간으로 퍼져나가는 원자 또는 분자 단위의 기체 입자가 되면서 기체를 형성한다. 기체 상태인 수증기는 낮은 온도의 표면을 만나면 열에너지를 잃으면서 물방울로 맺히게 되고, 더 낮은 온도가 되어 많은 열에너지를 방출하게 되면 다시 일음이 된다. 반대로 일음이 에너지를 받아서 녹으면 물이 된 후 지속적으로 열에너지를 받아서 수증기로 변화하게 되는 것이다.

물과 같은 액체는 유동성이 있어 중력에 의해서 물을 담은 그릇의 모양에 맞게 아래에서부터 일정한 부피까지 그릇을 채운다. 이와는 다르게 기체는 모든 공간을 고르게 채운다. 기체를 이루는 원자에 아주 큰 에너지를 가해 원자들이 이온 상태가 될 때 이를 플라스마 상태라고 한다. 플라스마를 이루는 이온들은 주변의 전자와 결합하거나 분리되면서 다양한 파장의 빛을 낸다. 이온들이 포함된 기체 상태의 플라스마는 아주 높은 에너지를 가지므로 철과 같은 단단한 고체를 가공할 수 있다. 기체와 플라스마는 일정한 용기 안에 가두지 않으면 주변으로 퍼져나간다. 그러나 고체는 일정한 모양을 유지하면서 표면을 이루는 원자들은 큰 변화를 보이지 않는다. 특히 액체는 유동성을 가지고 있어서 담긴 용기의 가장 낮은 부분에서부터 채워지며 표면을 이루는 원자들이 고체의 표면과 다르게 기체 상태로 이동하거나 기체 상태에서 다시 액체 표면으로 들어가기도 한다.

금, 다이아몬드 등과 같은 고체는 원자들이 튼튼하게 결합되어 있어 액체가 갖는 유동성이 없다. 고체를 이루는 원자들의 배열에 따라 단결정(single crystal), 다결정(polycrystal), 비정질(amorphous)로 구분할 수 있다. 단결정은 〈그림 16〉과 같이 원자들이 규칙적으로 배열되어 있는 고체 소재이다. 단결정의 국소 영역에서 비교적 멀리 떨어진 영역의 원자들이 일정한 배열 구조를 갖는다. 단결정을 이루는 다양한 결정 구조가 있으며, 그중 다

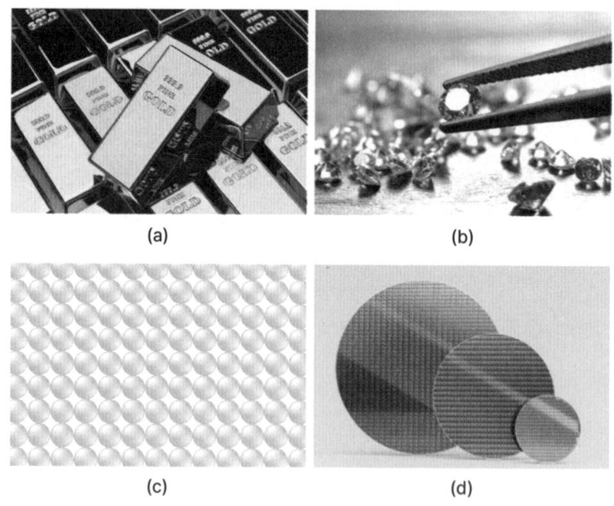

그림 16. (a) 고체 소재(금) (b) 고체 소재(다이아몬드) (c) 단결정 구조 (d) 실리콘 웨이퍼

이아몬드 구조는 가장 높은 원자밀도를 갖는다. 이에 다이아몬드는 경도가 아주 높은 광물에 해당한다. 반도체 소재 중 하나인 실리콘을 활용하여 단결정 소재를 만든 것이 현대 반도체 산업에 핵심이 되는 실리콘 웨이퍼이다. 실리콘 웨이퍼는 99.9999999%의 순도로 만들 수 있으며, 초크랄스키(Czochralski) 공법을 통해 직경 300mm로 제작이 가능하다.

다결정은 아주 작은 단결정들이 결합하여 만들어지며, 〈그림 17〉과 같이 부분적으로는 단결정이지만 작은 단결정들이 일정한 경계를 형성하면서 결정 구조가 깨지는 구조를 갖는다. 일반적인 철, 구리, 알루미늄 등 대부분의 금속은 다결정 구조를 가진다. 또한 단결정 소재들은 높은 원자 배열도를 가져야 하므로 만들기가 쉽지 않기 때문이다. 실리콘 웨이퍼를 만들 때와 유사하게 금속을 녹는점 근처에서 천천히 냉각시키면서 단결정 금속을 만드는 것도 가능하다. 비정질은 단결정, 다결정과는 다르게 고체를 이루는 원자들이 결합할 때 아무런 정렬을 보이지 않는다. 액체 상태에서 온도를 비교적 빠르게 내릴 때 형성되는 고체들에서 비정질 상태가 잘 만들어진다. 물의 온도를 내려서 얼음을 만들 때에도 단결정과 다결정은 잘

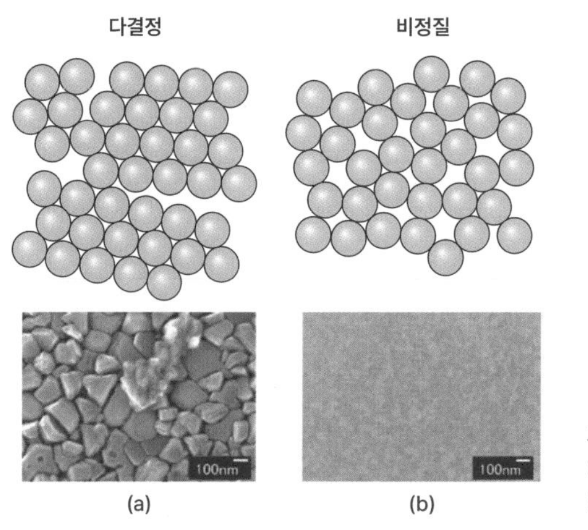

그림 17.
(a) 다결정 구조
(b) 비정질 구조

표 1. 모스(Mohs) 경도계

암종	활석	석고	방해석	형석	인회석
경도	1	2	3	4	5
형태					
암종	**정장석**	**석영** (수정)	**황옥** (토파즈)	**강옥** (루비, 사파이어류)	**금강석** (다이아몬드)
경도	6	7	8	9	10
형태					

형성되지만 비정질은 잘 형성되지 않는다. 유리를 형성하는 산화규소의 경우에도 천천히 냉각시키면 단결정 상태의 크리스털 글라스를 만드는 것이 가능하며, 비교적 빨리 냉각시키면 비정질 상태의 유리가 형성된다.

고체의 특징에는 단단한 정도를 나타내는 경도가 있다. 독일 광물학자인 프리드리히 모스(Friedrich Mohs)가 만든 모스 경도계는 〈표 1〉과 같이 다양한 광물들로 측정하고자 하는 물질의 표면을 긁어서 경도를 측정한다. 모스 경도계를 이루는 활석과 석고는 손톱으로 긁으면 쉽게 흠집을 낼 수 있지만 방해석은 흠집이 나지 않는다. 이는 손톱의 경도가 2.5이기 때문이며, 일반적인 유리의 경도는 5.5에서 7 정도 되므로 7보다 경도가 높은 다이아몬드 커터를 통해 자르는 것이 가능하다.

고체를 이루는 원자들은 〈그림 18〉과 같이 결합되어 있으며, 주변의 원자들과 스프링으로 결합된 것과 같은 구조를 가진다. 원자 사이에 스프링이 결합되어 있으므로 외부 힘으로 변형시키는 것이 가능하다. 그래서 고체는 외부 힘으로 변형될 수 있으며 일정한 한계를 넘어가는 원자들 사

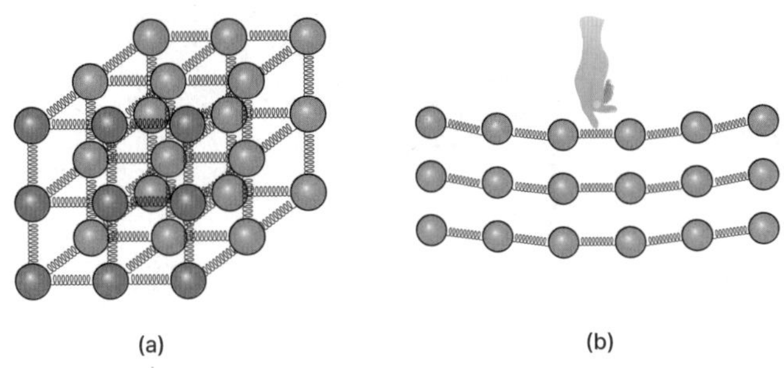

그림 18. (a) 고체를 이루는 원자들의 결합 구조 (b) 외부 힘에 의한 원자들의 결합 구조의 변형

이가 급격히 떨어지면서 구조가 깨지게 된다. 주변의 온도가 절대온도 0K일 때에는 원자들은 아무런 미동도 하지 않고 그대로 있지만, 온도가 올라가면 스프링과 스프링으로 연결되어 있는 원자들은 진동하게 된다. 이와 같이 고체를 이루는 원자들이 진동하는 것을 포논(phonon)이라고 하며, 이 진동은 고체에서 열을 전달한다. 특히, 다이아몬드는 포논에 의해서 열전달을 일으키며 열전달계수는 2,500W/m·K으로 은의 열전달계수인 429W/m·K에 비해 더 큰 값을 가진다. 은의 열전달에 포논은 1% 정도 기여하지만 자유전자들에 의해서 99%의 열전달이 일어난다.

고체에 열에너지를 주면 원자들의 결합이 깨지면서 원자들이 유동성을 갖는 액체 상태로 된다. 이 과정은 얼음이 열에너지에 의해 녹아서 물이 되는 것과 유사하다. 주변에는 생수, 소주, 휘발유 등과 같은 다양한 액체 상태의 물질들이 존재한다. 소주를 이루는 알코올이나 휘발유는 상온, 상압에서 휘발되는 특징이 있다. 자연계에 존재하는 액체 중 물, 수은 그리고 브롬은 상온, 상압에서 액체 상태로 존재하는 유일한 물질이다. 액체의 유동성은 액체의 종류에 따라 차이가 있으며, 액체가 얼마나 유동성이 작은지를 나타내는 것이 점성이다〈그림 19〉. 섭씨 0℃에서 물의 점성은 0.02N·s/m^2로 오일의 점성인 0.4N·s/m^2에 비해 작다. 이는 물이 오일보다

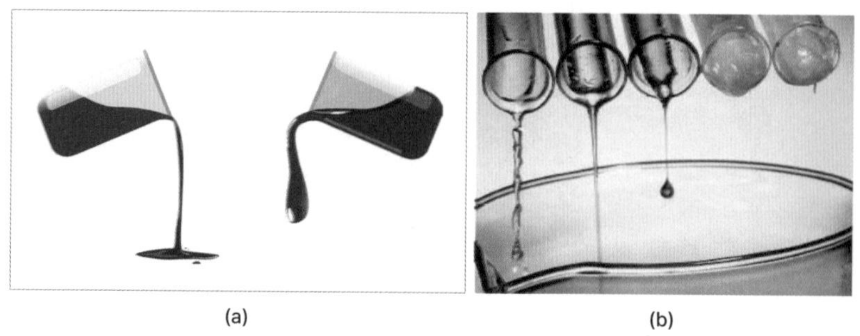

(a) (b)

그림 19. (a) 종류가 다른 액체들의 점성 차이 (b) 온도 차이에 따른 물의 점성 차이

더욱 잘 흐른다는 것을 나타낸다.

소금쟁이와 같은 작은 벌레들은 물의 표면에 떠 있을 수 있는데 이는 물의 표면이 갖는 표면장력을 이용하기 때문이다. 〈그림 20〉과 같이 물 표면에 클립을 띄우면 클립은 떠 있게 되는데, 이는 물을 이루는 분자들이 표면에서는 안쪽과 옆쪽으로 인력을 받기 때문에 표면에 있는 분자들의 결합력보다 작은 힘에는 견딜 수 있기 때문이다. 그러나 그보다 더 큰 힘을 가하는, 즉 무거운 물체를 물의 표면에 띄우면 분자들의 결합이 끊어지면서 물체는 가라앉게 된다.

〈그림 20(b)〉와 같이 액체를 구성하는 분자들이 상호작용할 때 A위치

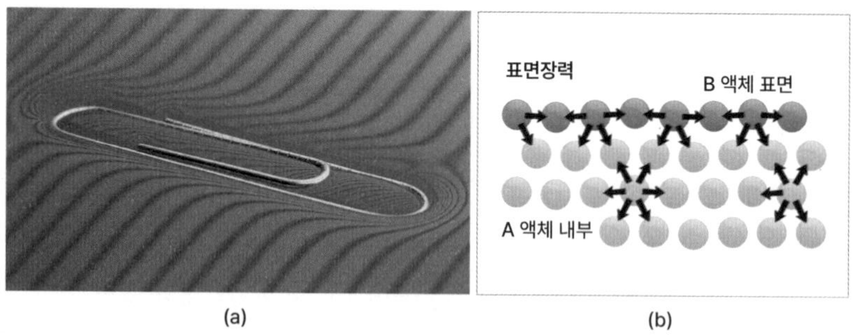

(a) (b)

그림 20. (a) 물의 표면에 떠 있는 클립 (b) 액체를 이루는 분자들의 상호작용

에 있는 물 분자는 주변의 물 분자들과 인력과 척력을 주고받으며 대칭에 의한 힘의 평형을 이루고 있다. 이에 비해 B위치에 있는 물 분자들은 내부 또는 옆으로 향하는 방향에 대한 인력과 척력을 주고받기 때문에 내부에 비해 안정성이 떨어진다. 이는 물 분자들이 표면을 작게 형성하는 것이 에너지의 관점에서 더 편하다는 것을 보여준다.

유리 표면에 맺힌 물방울은 반구 모양과 유사한 돔 형태를 띤다. 물 분자들은 같은 부피에 최소의 크기가 되는 표면을 형성하기 위해서 구형에 가까운 모양을 형성한다. 이와 같은 물방울 모양에 대한 이해를 위해서 자유에너지에 대해 간단히 알아보자. 표면자유에너지는 표면이 형성될 때 얼마나 불안정한지를 나타내며, 표면자유에너지계수와 면적을 곱하여 구할 수 있다. 표면자유에너지를 최소로 만들려면 표면의 넓이가 최소이면 된다. 물방울의 경우 물방울의 크기가 작아지면 표면적도 줄어들게 되므로, 물방울이 일정 크기 이상이 되면 둘 이상으로 쪼개지면서 표면자유에너지를 줄이게 된다. 물방울이 맺힌 표면과 물방울이 형성하는 경계면에 대한 경계자유에너지가 존재하며, 이는 경계자유에너지계수와 경계면 넓이의 곱

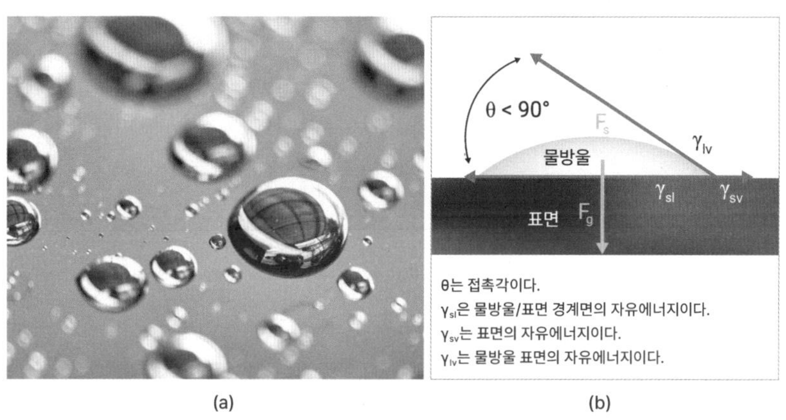

그림 21. (a) 유리 표면에 맺힌 물방울들 (b) 고체의 표면에 맺힌 물방울의 접촉각

으로 얻을 수 있다. 경계면의 넓이가 증가하면 경계자유에너지도 증가하므로 경계면의 넓이는 일정 크기를 넘어가지 않는다. 물방울이 표면과 이루는 각도를 접촉각(contact angle)이라고 하며, 경계면이 넓어지면 접촉각은 작아진다.

나뭇잎 표면에 맺힌 물방울은 경계면이 작으며 구형에 가깝다. 경계면의 면적이 작아서 쉽게 굴러다니며, 나뭇잎 표면은 빗물로 쉽게 깨끗해진다. 또한 물방울이 맺히지 않아서 나뭇잎 표면에 있는 기공들이 늘 열려있게 한다. 나뭇잎의 표면은 물에 대해 높은 경계자유에너지를 가지기 때문에 물방울과 나뭇잎의 경계면 면적은 최소가 된다.

이와 같이 물방울이 잘 맺히지 않는 표면을 소수성(hydrophobic) 표면이라고 한다. 소수성 표면은 경계면의 면적이 작기 때문에 접촉각의 크기는 경계면이 큰 경우보다 더 작아진다. 소수성 표면에서 접촉각은 90°를 넘어간다. 나뭇잎과 유사하게 조개껍질의 표면에도 물방울이 잘 맺히지 않는데, 최근 현미경으로 조개껍질의 표면을 관찰한 결과 표면에 수백에서 수십 nm의 층상 돌기들이 형성되어 있었다. 나노과학기술의 발전은 표면에 나노 크기의 돌기들이 자기조립(self-assembly)과정에 의해서 형성될 수 있게 하였다. 〈그림 22〉와 같이 다양한 크기의 마이크로 돌기들이 주기적으로 표면에 형성되면 표면은 소수성이 되며, nm 크기의 멤브레인(membrane)들을 표면에 형성하면 물방울은 완벽한 구형이 된다. 이는 물방울이 표면과 만드는 경계면의 면적이 0에 가깝다는 것을 나타내며, 이와 같은 표면을 초소수성(superhydrophobic) 표면이라고 한다. 초소수성 표면의 접촉각은 소수성 표면에 비해서 더욱 큰 각도를 가지며, 보통 135°를 초과한다. 초소수성 표면이 형성된 스마트폰은 표면에 물이 묻었을 때 툭 하고 털면 흔적도 없이 제거된다.

경계자유에너지가 큰 소수성 표면은 물과의 경계면적이 작게 형성되지

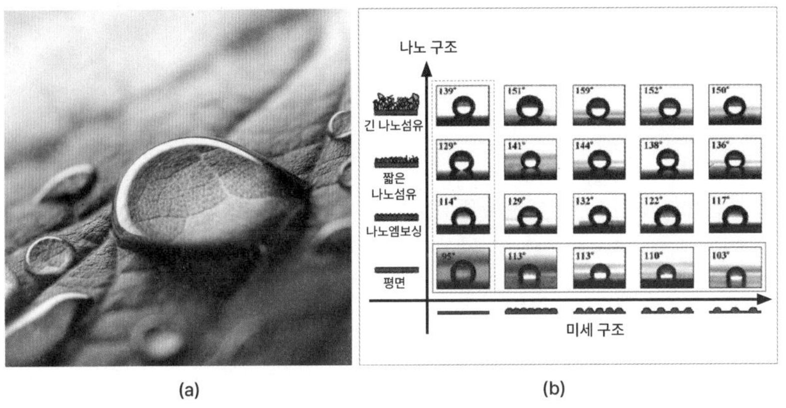

그림 22. (a) 나뭇잎 표면에 맺힌 물방울 (b) 다양한 나노 구조의 표면 위에 맺힌 물방울들

만, 경계자유에너지가 작은 친수성(hydrophilic) 표면은 물과의 넓은 경계면을 형성한다. 〈그림 23(a)〉와 같이 다양한 친수성 표면에 물방울을 떨어뜨리면 다양한 크기의 경계면이 나타낸다. 소수성 표면에 형성된 물방울은 넓은 경계면에 의해서 접촉각이 90°보다 작으며, 접촉각이 0에 가까울수록 친수성이 더욱 크다. 광촉매로 사용되는 TiO_2의 표면에 물방울을 떨어뜨리고 자외선에 노출시키면 물방울을 형성하는 H_2O분자에서 수소 원자가 하나 떨어지면서 물방울과 표면 사이에 OH 라디칼이 형성된다. OH 라디칼은 물방울의 경계자유에너지를 0에 가깝게 만들어서 경계면의 면적을 최대로 만든다. 그 결과 〈그림 23(b)〉와 같이 물방울이 완벽히 표면을 덮게

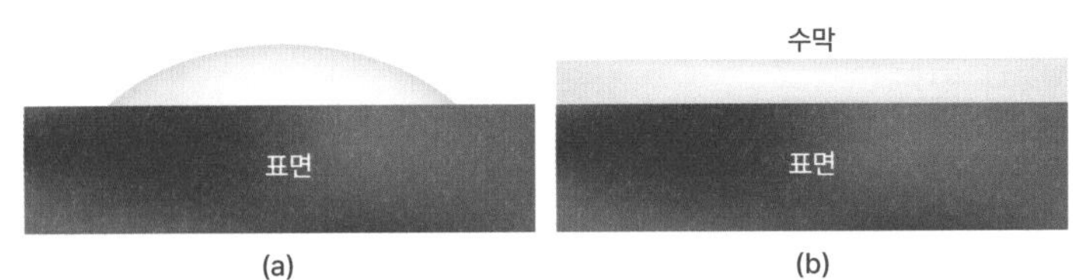

그림 23. (a) 친수성 표면에 맺힌 물방울 (b) 초친수성 표면에 형성된 물 필름

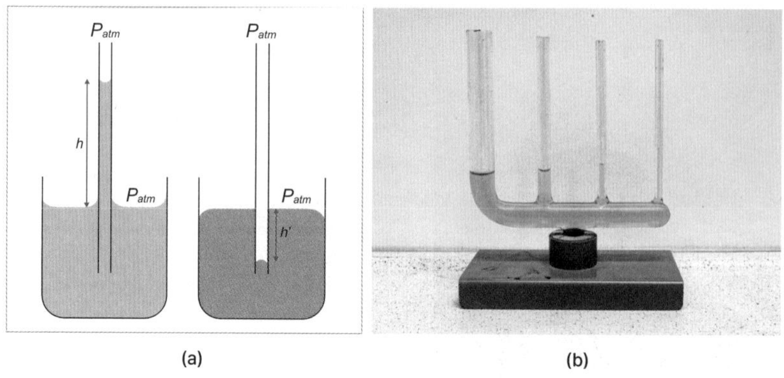

그림 24. (a) 친수성과 소수성 표면을 가진 용기들에 대한 모세관 현상 (b) 다양한 굵기의 관에서 일어나는 모세관 현상

된다. 이와 같이 물이 완전히 퍼지는 표면을 초친수성(superhydrophilic) 표면이라고 한다.

물 컵에 물을 담은 후 빨대를 꽂으면 〈그림 24(a)〉와 같이 물이 빨대로 빨려 들어가서 위로 올라가는 것을 관찰할 수 있다. 이와 같이 물이 좁은 관을 따라 빨려 올라가는 현상을 모세관(capillary) 현상이라고 한다. 모세관 현상에 의해서 물이 빨려 올라가려면 관의 표면이 친수성이어야 하며, 접촉각이 0에 가까운 초친수성 표면일 때 모세관 현상이 가장 크게 일어나게 된다. 반대로 소수성 표면을 가지는 빨대를 컵에 든 물에 담그면 어떤 일이 일어날까? 물은 위로 올라가지 않고 오히려 아래로 내려가는 현상이 일어난다. 이는 빨대의 표면이 물을 싫어하는 소수성 표면이기 때문이다. 작은 표면을 가진 관들이라고 해도 관의 굵기가 작아지면 모세관 현상에 의해서 물은 더 높은 곳까지 도달하게 된다.

모세관 현상은 10% 이상의 습도를 갖는 공기 중에서 수십 nm 정도로 좁은 틈에 nm 크기의 물방울이 맺히는 현상이다. 특히, 식물들이 모세관 현상을 잘 활용하며, 식물들의 물관 굵기는 수백 μm 정도로 아주 높은 곳까지도 물을 모세관 현상을 통해 이동시킬 수 있다. 캘리포니아 북부에는 레드우드(red-wood) 숲이 있으며, 레드우드는 135m까지도 자라는 거대한 나무이다. 이 나무는 하루에 1ton에 가까운 물을 흡수하는데, 50%는 뿌리에서 물관을 통해 흡수하고, 나머지 50% 는 안개로부터 흡수한다.

우리가 생활하는 공간은 산소, 질소 등의 가스로 구성된 공기로 가득 차 있다. 〈그림 25〉와 같이 물이 들어 있는 용기에 종이배를 띄운 후 종이배가 있는 부분을 통해 빈 컵을 거꾸로 하여 물 안으로 넣는다. 그러면 빈 컵에 있는 공기에 의해서 물은 밀려나고 배는 빈 컵 안에 떠 있게 된다. 이는 빈 컵 안에 공기가 들어 있다는 것을 보여준다. 빈 컵을 물 안에 넣으면 빈 컵은 컵의 부피에 해당하는 부력을 받게 된다.

고체와 액체에 비해서 가스, 즉 공기는 눈에 보이지 않고 매우 가볍기 때문에 무게가 없다고 생각할 수 있다. 〈그림 26(a)〉와 같이 동량의 공기로 가득 차 있는 풍선들의 양팔저울 실험을 통해 공기의 무게 차이를 알아볼 수 있다. 공기로 가득 찬 풍선들은 같은 무게를 가지므로 양팔저울은 평형을 이루게 된다. 이때 한쪽 풍선을 터뜨리면 한쪽 풍선에는 공기가 없어지므로 공기가 없어진 만큼의 차이가 양팔저울에 나타나게 된다. 공기가 없

그림 25. 컵을 물속에 넣어 컵 안에 공기가 차지하는 공간을 확인하는 실험

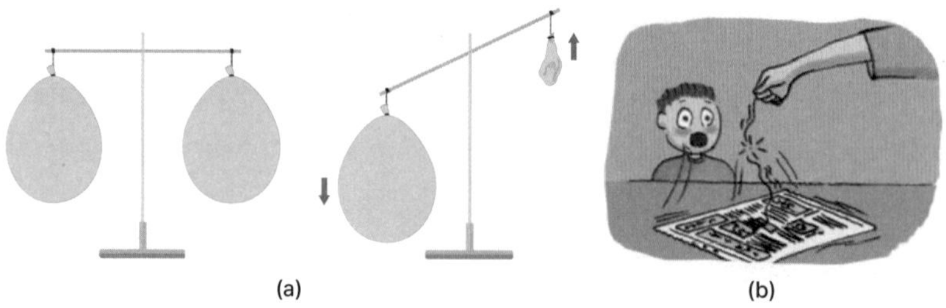

그림 26. (a) 공기가 든 풍선들의 무게 비교 (b) 실을 신문지에 붙여서 당기는 실험

는 풍선보다는 공기가 든 풍선이 더 무겁기 때문에 양팔저울은 공기가 든 풍선 쪽으로 기울어진다. 이 실험은 공기의 무게 차이를 측정할 수 있다는 것을 보여준다. 풍선 안에 수소와 같은 주변의 공기보다 더 가벼운 가스를 채우면 반대의 결과가 나올 수 있을 것이다. 〈그림 26(b)〉와 같이 신문지의 가운데 부분에 실을 연결한 후 실을 갑자기 당기면 실이 끊어지는 현상을 일으킬 수 있다. 이 현상은 공기가 신문지의 표면을 누르기 때문이라 볼 수도 있다. 이 실험의 모순점은 무엇일까? 실험에서 고려하지 않은 것은 신문지의 관성이다. 신문지는 정지한 상태로 있기 때문에 갑자기 신문지를 들면 신문지가 갖는 관성 때문에 실이 끊어질 수도 있다. 신문지 실험을 정확히 확인하려면 진공에서 일정한 힘을 주어 실이 끊어지지 않는 힘을 찾고,

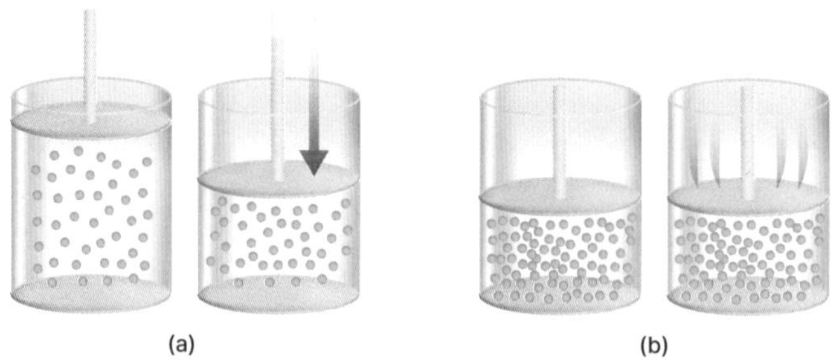

그림 27. (a) 외부 힘에 의한 가스의 압축 (b) 외부 힘에 의한 액체의 압축

이 힘으로 공기 중에서 실이 끊어진다면 이는 공기에 의한 힘이 어느 정도 작용한 것이라고 볼 수 있다.

액체와 고체는 외부 힘에 의해서 압축이 크게 일어나지 않지만, 가스는 외부 힘에 의한 부피 변화가 크다. 일정한 부피를 가지는 공간에 몇 개의 가스 분자를 넣어 아주 낮은 압력이 작용하는 공간을 만들 수도 있다. 반대로 같은 공간에 엄청나게 많은 수의 가스 분자를 넣어서 1기압의 수백 배 이상의 압력을 가지는 공간을 만들 수도 있다. 그러므로 공기의 압축성을 이용하는 컴프레서는 작은 용기에 높은 압력의 공기를 보관한 후 필요할 때 사용할 수 있게 하므로, 이 압축공기는 트럭 등의 브레이크에 사용되기도 한다.

공기와 같은 기체는 압축성이 우수하여 작은 공간에 많은 양의 공기를 보관할 수 있다. 그래서 〈그림 28(a)〉와 같이 공기를 압축시켜서 에어 탱크에 보관한 후 원할 때 이를 방출할 수 있다. 방출되는 압축공기에 의해서 피스톤의 왕복운동을 원운동으로 변환시켜서 동력을 얻을 수 있다. 〈그림 28(a)〉와 같은 구조의 압축공기엔진을 활용한 자동차가 출시되었는데, 이 자동차는 압축공기에 의한 구동력과 모터에 의한 구동력이 하이브리드된 구조로 설계되어 최대의 효율을 낼 수 있다. 압축공기에 의해서

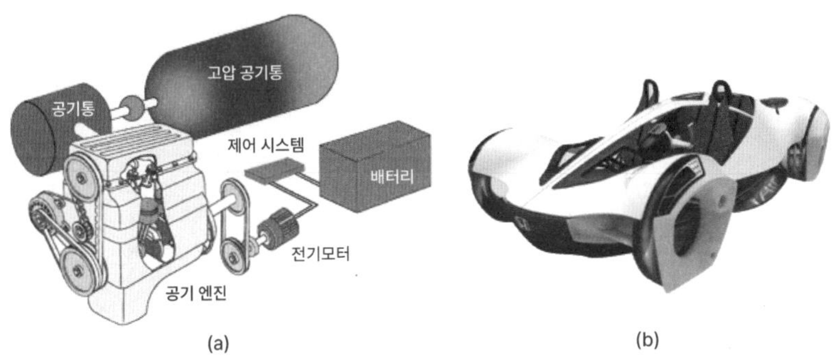

그림 28. (a) 압축공기를 이용하는 엔진 (b) 압축공기 엔진을 이용하는 자동차

달려가는 자동차가 감속할 때 모터를 통해 전기를 충전하고 충전된 전기는 출발할 때 사용하는 구조를 가진다. 〈그림28(b)〉와 같은 압축공기 자동차는 압축공기를 한 번 충전하여 최대속도 320km/h로 최대이동거리 800km를 이동할 수 있을 정도로 우수한 성능을 발휘한다. 압축공기를 저장한 후 방출하는 과정에서 동력을 얻을 뿐만 아니라 전기를 발생시키는 발전시설을 만드는 것이 가능하다. 중국 과학원에서 만든 중국 북부의 세계 최대 규모인 압축공기 에너지저장시스템(compressed air energy storage, CAES)은 400MWh급의 성능을 가진다.

면적 A에 F의 힘이 작용할 때 압력 P는 F/A로 정의되므로 〈그림 29(b)〉와 같은 용기 내에 가스 분자들은 용기의 벽에 힘을 작용하므로 이에 의해서 압력이 형성된다. 이 압력은 용기 내 어디서나 일정하게 형성되며, 용기 크기가 줄어들면 압력의 크기는 증가한다. 용기 바닥에는 전체 가스 분자들의 무게에 해당하는 정도의 압력이 형성되지만 크기가 작아서 무시할 수 있다. 만일 용기의 높이가 높으면 어떤 상황이 일어날까?

우리가 생활하는 환경에서 공기의 압력은 약 1기압 정도된다. 〈그림 30(a)〉와 같이 높이가 낮은 곳에서는 1기압의 압력이 형성되며, 높이가 높

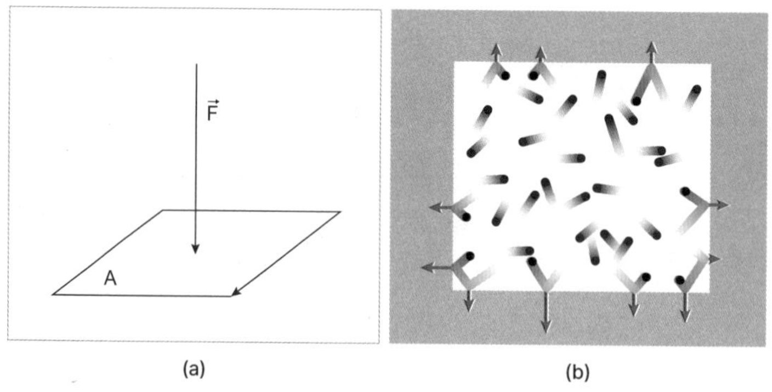

그림 29. (a) 면적 A에 작용하는 힘 F (b) 용기 내 가스 분자들의 움직임

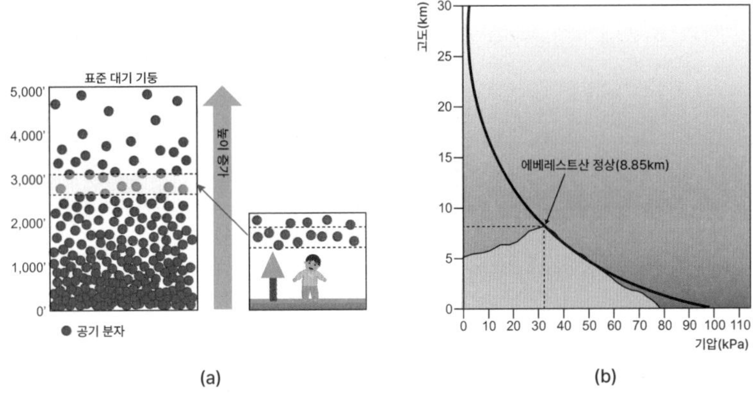

그림 30. (a) 공기를 이루는 분자들의 높이에 따른 밀도 차이 (b) 높이에 대한 압력의 변화 그래프

아질수록 공기의 밀도와 기압은 낮아진다. 〈그림 30(b)〉와 같이 높이가 올라갈수록 공기의 압력은 급격하게 떨어진다. 높이가 5km 정도가 되면 공기의 밀도가 급격히 떨어지면서 0.5기압 정도의 낮은 압력이 형성된다. 세계에서 가장 높은 산인 에베레스트산은 높이가 약 8,848m 정도로 0.3기압의 낮은 기압에 의해서 호흡기가 없이는 숨쉬기가 힘든 높이이다. 항공기는 보통 8~11km의 높이에서 운행하므로 항공기 내 산소공급에 의해서 1기압 정도의 압력이 형성되며, 사고로 창문이 망가지면 비행기 내 압력은 0.3기압 정도로 떨어지면서 호흡이 힘들어진다. 용기 내 공기의 경우에도 용기의 높이가 높아지면 압력의 차이를 보일 수 있지만 높이가 100m 정도의 수준이 아니라면 무시할 수 있다. 만약 높이가 5km인 용기의 바닥에 1기압이 형성되면 가장 높은 곳에는 0.5기압이 형성될 것이라 예상할 수 있다.

바다의 표면 압력은 공기압에 의해서 1기압이 형성되며, 바다의 깊이가 증가할수록 수압은 증가한다. 10m의 깊이에서는 1기압의 수압이 형성되므로 공기압과 수압을 합해서 10m의 깊이에서 받는 압력은 2기압이 된

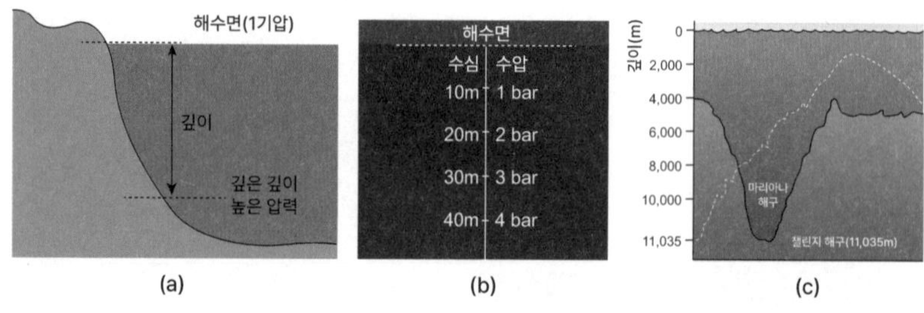

그림 31. (a) 바다의 깊이와 수압 (b) 바다의 깊이 변화에 따른 수압 변화 (c) 세계에서 가장 깊은 마리아나 해구

다. 50m의 깊이에서는 수압에 의한 5기압과 1기압이 합해진 6기압의 압력이 형성된다. 이때 이 깊이에 잠수한 사람은 6기압의 높은 압력에 폐의 부피가 1/5로 줄어들므로 호흡이 어려워진다. 태평양의 평균 수심은 4,300m 정도이고, 세계에서 가장 깊은 마리아나(Mariana) 해구의 바닥은 수심 11,035m 정도로 매우 깊으며, 압력은 1,100기압 정도가 된다. 그러므로 마리아나 해구를 탐사하는 잠수함은 $1cm^2$의 면적에 1,100kg의 힘을 견딜 수 있도록 튼튼하게 설계해야 한다.

면적이 다른 관을 따라 흐르는 유체가 흐르는 속도는 면적과 속도의 곱이 일정하게 유지되며, 이는 $A_1V_1=A_2V_2$로 표현될 수 있다. 면적과 속도

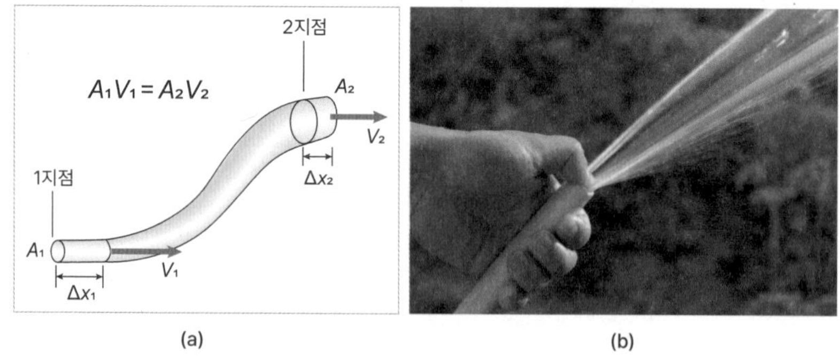

그림 32. (a) 면적이 다른 관을 따라 흐르는 유체의 흐름 (b) 호스에서 분출되는 물

의 곱이 일정하려면 관의 면적이 넓어지면 속도는 줄어들고, 관의 면적이 줄어들면 속도는 늘어나야 한다. 〈그림 32(b)〉와 같이 호스의 입구 면적을 줄이면 호스를 통해서 방출되는 물의 속도는 빨라진다. 이와 같은 유사한 현상은 강의 폭이 줄어들 때 강물의 유속이 빨라지고 반대로 강의 폭이 넓어지는 곳에서 유속이 느려지면서 퇴적물이 쌓여 삼각주와 같은 섬이 형성되는 것에서 관찰될 수 있다. 한옥은 바람이 들어오는 넓은 입구와 바람이 나가는 좁은 출구의 구조를 만들어서 좁은 부분에서 바람의 유속을 크게 하여 시원함을 느낄 수 있게 하였다.

기체와 같은 유체의 속도가 증가하면 압력이 감소한다는 것은 베르누이(Bernoulli)의 법칙으로, 이를 활용하여 분무기와 비행기 등의 원리를 설명할 수 있다. 〈그림 33(a)〉와 같은 분무기에서 붉은색 화살표의 방향으로 공기가 흘러 나가면 물에 담긴 관과 공기가 흘러 나가는 부분의 압력은 줄어든다. 이처럼 압력이 줄어들면서 비커 안에 든 물은 위로 빨려 올라가 공기와 합해지면서 분출하게 된다. 분수의 물줄기 위에 놓은 공은 잘 떨어지지 않고 일정한 위치를 유지하는 것을 관찰할 수 있다. 〈그림 33(c)〉와 같이 공이 왼쪽으로 치우칠 때 오른쪽에 유체의 흐름은 빨라지며 동시에 압력이 내려가면서 공을 끌어당긴다. 이 공은 오른쪽으로 이동하게 되며, 반

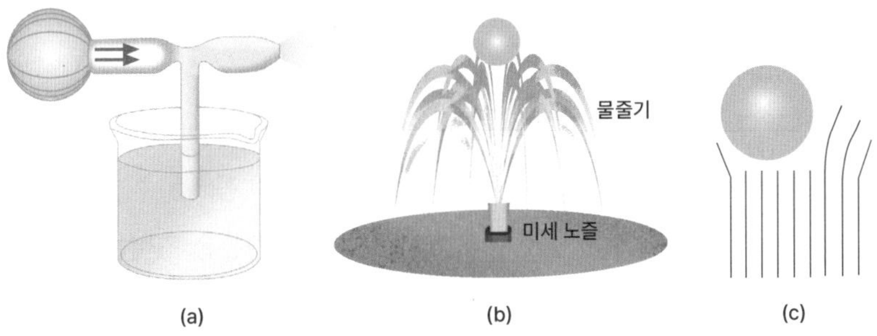

그림 33. (a) 분무기 (b) 분수의 물줄기 위에 놓인 공 (c) 물의 흐름과 공의 위치

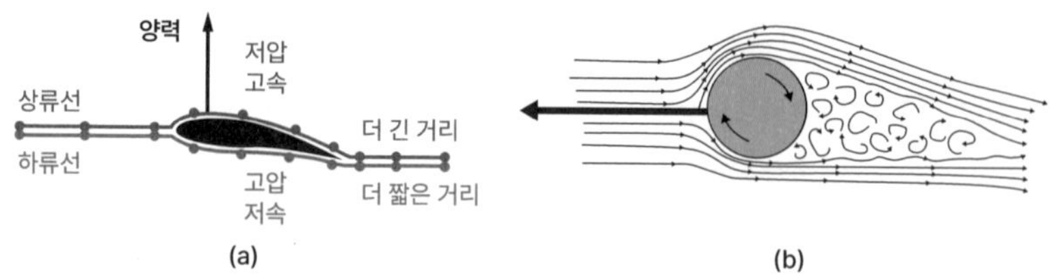

그림 34. (a) 비행기 날개 주변의 공기 흐름에 의한 양력 (b) 회전하는 골프공의 진행

대로 이동할 경우에는 왼쪽의 유체 흐름에 의해서 공은 반대로 힘을 받게 된다.

비행기 날개는 위쪽 면적이 아래쪽 면적보다 넓게 설계되며, 주변에 공기가 〈그림 34(a)〉와 같이 흐를 때 날개의 위쪽에서 흐르는 공기의 흐름이 빨라서 낮은 압력을 형성한다. 아래에 비해 낮은 압력이 형성되면서 날개는 위로 작용하는 힘인 양력을 받게 된다. 이 양력의 크기는 공기의 밀도, 공기의 속도 그리고 날개 모양에 영향을 받는다. 공기의 밀도가 낮으면 양력이 작아지므로 비행기는 일정한 높이 이상이 되면 더 이상 높이 올라갈 수 없게 된다. 공기의 속도는 비행기의 속도로 생각할 수 있으며 속도가 빠를수록 더 높이 올라갈 수 있다. 마하의 속도로 날 수 있는 전투기의 경우에는 20km 정도의 고도까지 올라가는 것이 가능하다. 회전하는 골프공의 경우에는 공이 〈그림 34(b)〉와 같은 방향으로 회전할 때 위쪽에 공기의 흐름이 빨라지면서 공은 위로 상승하는 힘을 받아서 멀리까지 도달할 수 있다. 〈그림 34(b)〉는 골프공의 진행 방향을 옆에서 본 것이다. 만일 이 상황이 위에서 본 것이라면 골프공은 진행 방향에 대해 오른쪽으로 휘는 운동을 하게 된다. 이는 축구의 프리킥에서 공이 휘는 것과 동일한 현상이다.

기체 상태의 가스들은 수소와 산소 가스가 화학반응을 하여 물분자를 생성하는 과정과 같은 화학반응을 일으킬 수 있다. 수소 가스와 산소 가스가 화학반응을 하기 위해서는 활성화 에너지가 필요하며, 물 분자가 만들

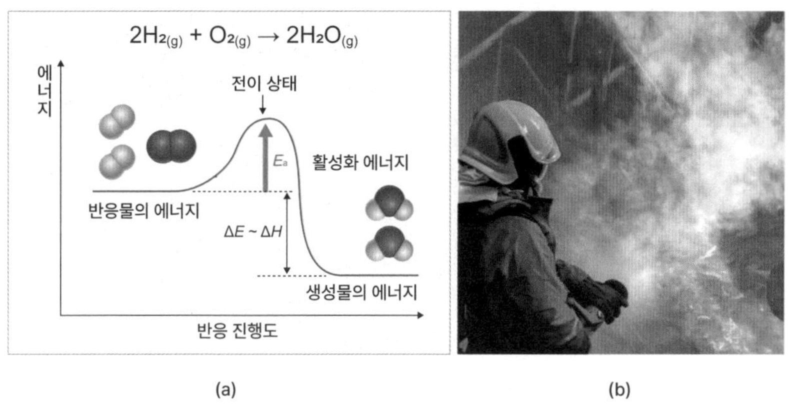

그림 35. (a) 수소 가스와 산소 가스의 화학 반응에 의한 물분자의 합성 (b) 수소 가스의 폭발

어지면서 〈그림 35(b)〉와 같이 에너지를 방출한다. 반도체 공정에서는 이와 같은 기체들의 화학반응을 활용하여 금속, 유전체, 반도체 등의 소재들을 합성하는 데 활용한다. 기체는 고체, 액체와는 다르게 압력을 조절하여 밀도를 간단히 조절할 수 있으므로 기체들의 화학반응으로 만들어지는 소재들의 양을 미세하게 조절하는 것이 가능하다.

기체는 고체와 액체에 비해 밀도가 매우 낮다는 특징이 있다. 물을 끓여서 수증기로 만들면 액체 상태의 물은 기체 상태의 수증기가 되면서 부피가 크게 증가하는데, 물이 수증기로 될 때 부피는 1,700배 정도 증가한다. 이와 같이 물을 수증기로 만들 때 일어나는 수증기의 부피 팽창력은 외부에 큰 힘을 작용하므로 이를 활용하여 증기기관차를 이동시킬 수 있는 동력으로 사용할 수 있다. 또한 물을 끓일 때 발생하는 수증기의 흐름은 증기 터빈과 연결된 발전기를

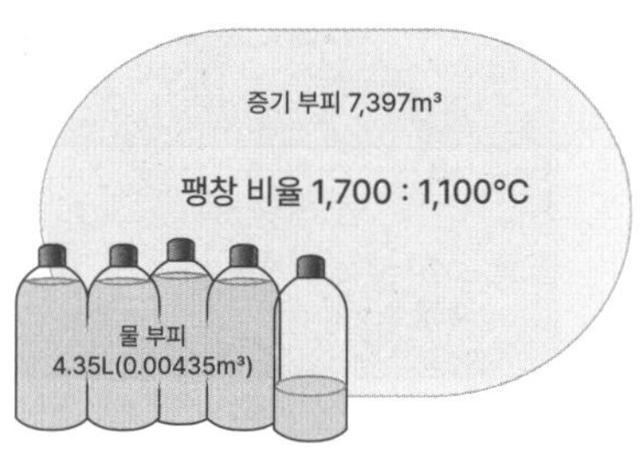

그림 36. 물의 부피에 대응되는 수증기의 부피 비율

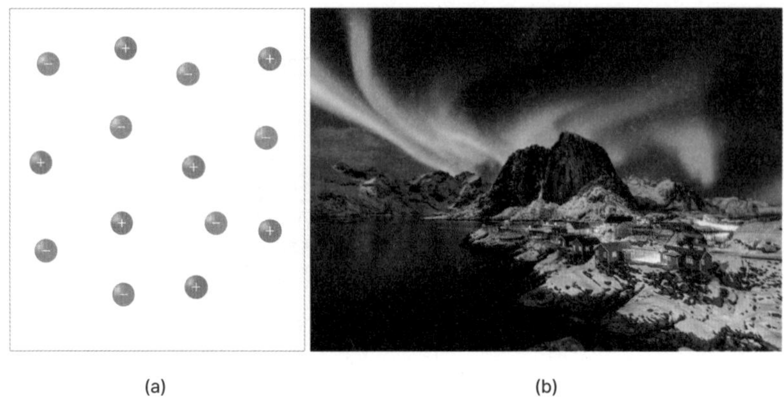
(a) (b)

그림 37. (a) 플라스마 상태 (b) 극지방에서 관찰되는 오로라

돌릴 수 있는 화력발전소에 활용될 수 있다.

가스를 이루는 분자들이 낮은 에너지 상태에서는 중성인 상태로 존재한다. 이때 외부에서 에너지를 받아 높은 에너지 상태가 되면 분자 내 전자들이 외부로 빠져나가면서 분자들은 이온 상태가 된다. 이와 같이 전자와 이온이 분리된 상태로 존재하는 물질을 플라스마(plasma)라고 한다. 플라스마 상태는 높은 에너지 상태로 태양 내부의 플라스마는 6,000℃ 이상의 높은 온도를 보이기도 하며, 더 높은 온도까지도 도달할 수 있다. 극지방에서 관찰되는 오로라(aurora)는 플라스마에 의한 거대한 빛 무리를 방

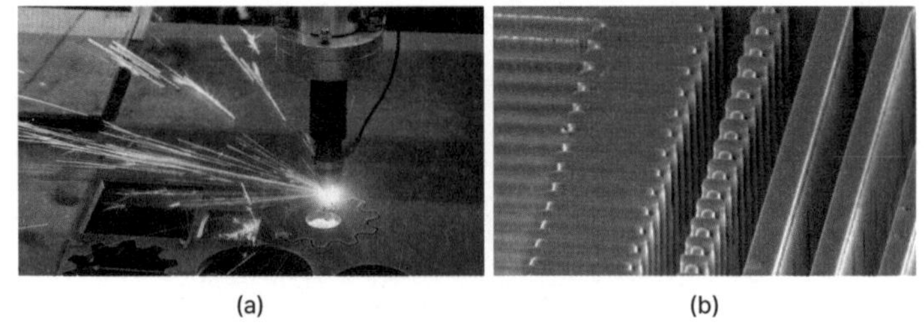
(a) (b)

그림 38. (a) 플라스마 강판 가공 (b) 플라스마 에칭에 의한 반도체 패터닝 공정

출하는 현상이다. 태양에서는 대전입자들을 방출하며 이 대전입자들은 지구에 도달하는데 지구 자기장에 의해서 지구의 극지방을 통과하고 나머지는 자기장에 막히게 된다. 이 대전입자들은 극지방 100~200km 높이에 존재하는 공기분자들과 반응하면서 다양한 색의 빛을 방출한다.

플라스마는 높은 에너지 상태를 갖는다. 이러한 특성은 플라스마 강판 가공에 사용된다. 플라스마는 가스와 같이 낮은 밀도를 형성할 수 있으며, 10mTorr 정도의 낮은 압력의 플라스마를 형성할 수 있으므로, 플라스마 에칭 장비를 이용하여 수 nm의 미세구조들을 가지는 반도체 패터닝(patterning) 공정이 가능하다.

물질의 상태는 온도와 압력으로 결정될 수 있으며, 물질의 상태를 온도와 압력에 따라 표시한 것을 상평형 그림(phase diagram)이라고 한다. 먼저 물의 상평형을 보자〈그림 39(a)〉. 왼쪽에 있는 압력축에서 1기압에 해당하는 점선에 대한 온도와 상태의 변화를 살펴보자. 낮은 온도에서는 고체 상태인 얼음으로 존재하며, 0℃를 넘어가면서 액체 상태인 물로 된다. 100℃에서 기체 상태의 수증기로 되며, 온도를 내리면 다시 물, 얼음으로 상태

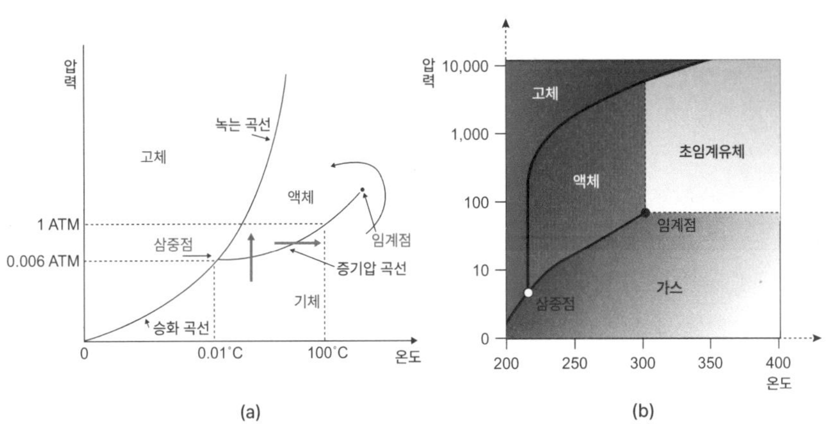

그림 39. (a) 물의 상평형 그림 (b) CO_2의 상평형 그림

변화를 일으킨다. 고체와 액체의 경계를 이루는 녹는점에 대응되는 경계선을 보면 압력이 낮아지면 물이 0℃보다 더 낮은 온도에서 언다는 것을 알 수 있다. 고체와 액체의 경계선과 액체와 기체의 경계선이 만나는 부분을 삼중점(triple point)이라고 부르며, 이 삼중점에는 얼음, 물, 수증기, 즉 고체, 액체, 기체가 함께 존재한다. 물에서 압력을 내리면 수증기가 되기도 하고, 낮은 압력의 얼음에서 온도를 올리면 물을 거치지 않고 바로 수증기가 되기도 한다.

드라이아이스는 CO_2로 구성된 고체로 1기압일 때 고체 상태에서 기체 상태로 승화한다. 물의 상평형 〈그림 39(b)〉와 유사하지만 비교적 높은 기압에서 온도의 변화에 따라 고체, 액체 그리고 기체 상태를 보인다. 액체와 가스의 경계선을 따라가면 임계점이 존재하고 임계점을 지나면 초임계유체(supercritical fluid) 상태가 된다. 이는 물의 경우도 유사하게 임계점을 지나면 초임계유체 상태를 이룬다. 초임계유체 상태가 되면 밀도는 액체에 가깝지만 점도는 기체와 가까워 액체와 기체가 혼재된 특징을 보인다. 초임계유체는 밀도가 높아 용해력이 뛰어나며 액체에 비해 월등히 확산 속도가 빠르다.

예제

5-1. 수소 원자들은 1억 °C 이상의 높은 온도에서 헬륨 원자들로 핵융합 반응을 일으킨다. 수소보다 질량이 큰 원자들이 핵융합을 일으키기 위해서는 얼마나 많은 에너지가 필요한지 논의해보자.

5-2. 입자의 운동량과 위치 측정 시 입자의 위치에 대한 Δx의 값이 무한대가 될 때 위치의 불확정성이 무한대가 된다. 이때 이 입자의 운동량에 대해 하이젠베르크(Heisenberg)의 불확정성 원리를 활용해서 논의해보자.

5-3. 물은 영상 4°C에서 가장 높은 밀도를 가진다. 온도가 내려가면 물은 얼어서 얼음으로 변하며, 얼음인 상태에서 밀도가 낮아져 얼음은 물에 뜨게 된다. 물의 온도가 영상 90°C일 때와 영상 4°C일 때 얼음이 물에 어떻게 뜨게 되는지 논의해보자.

5-4. 물의 온도가 내려가면 물 분자들의 결합력이 높아지면서 점성은 증가하게 되며, 온도가 더 내려가면 물 분자들의 유동성이 작아지면서 얼음이 된다. 자동차의 엔진오일은 시동을 켜면 온도가 상온에서 서서히 증가한다. 온도가 증가할 때 엔진오일의 점성에 대해 논의해보자.

5-5. 물방울이 표면에 형성될 때 표면의 종류에 따라서 물방울이 맺히는 모양이 달라진다. 친수성 또는 친유성을 가진 다양한 소재들의 표면에 물방울을 올려서 볼록렌즈를 만들 때 어떤 볼록렌즈가 만들어질 수 있는지 논의해보자.

5-6. 음료수가 담긴 유리잔에 빨대를 담그면 모세관 현상이 작용해 빨대에 음료수가 빨려 올라가는 것을 관찰할 수 있다. 빨대에 액체가 빨려 올라가거나 반대로 밀려서 내려오는 현상을 일으키는 액체 종류와 빨대의 재질에 대해 논의해보자.

5-7. 공기가 우리 주변에 존재하고 있는 것을 확인하는 방법은 어렵지 않다. 손으로 공기를 휘저으면 손가락 사이에 공기의 흐름을 느낄 수 있다. 공기의 무게를 측정하려면 어떻게 해야 하는지 논의해보자.

5-8. 프리다이빙은 30m의 물속까지 들어가며, 이때 수심의 깊이가 깊어질수록 높은 수압을 받게 된다. 30m의 수심에서 다이버가 느끼는 수심은 얼마나 되고 이때 폐의 부피는 평소에 비해 얼마나 작아지는지 논의해보자.

5-9. 물은 상압의 0~100°C 사이에서 액체 상태를 형성한다. 이와는 다르게 CO_2는 상압에서 액체 상태는 형성되지 않아서 고체 상태의 드라이아이스에서 바로 CO_2 가스 상태로 승화한다. 얼음이 물을 거치지 않고 바로 수증기 상태가 되게 하기 위한 조건에 대해 논의해보자.

● 참고문헌

"과학철학의 이해", 제임스 래디언 저/박영태 역, 이학사, 2003년

"기초 전자현미경학", 이정용 저, 교문사(청문각), 2013년

"내 사랑 물리 2", 김달우 저, 전파과학사, 2022년

"반물질", 프랭크 클로우스 저/강석기 역, MID(엠아이디), 2013년

"블록으로 설명하는 입자물리학", 벤 스틸 저/하인해 역/이강영 감수, 바다출판사, 2019년

"양자역학", 송희성 저, 교학연구사, 2009년

"양자역학으로 이해하는 원자의 세계", 곽영직 저, Gbrain(지브레인), 2016년

"양자역학은 처음이지?", 곽영직 저, 북멘토, 2020년

"원자의 세계", 요네야마 마사노부 저/성지영 역, 이지북, 2002년

"주사전자현미경 분석과 X선 미세분석", 윤존도 · 양철웅 · 김종렬 · 이석훈 · 박용범 · 권희석 공저, 교문사, 2021년

"최신 열유체역학", 이원섭 등 저, 기전연구사, 1999년

"초임계 유체기술", 여상도 저, 교문사(청문각), 2013년

6
열역학

6-1. 열에너지

열역학은 물리 시스템에서 열에너지의 흐름에 의해서 일어나는 온도, 부피, 압력, 엔트로피 등의 열역학적 물리량을 분석한다. 역학에서 다룬 운동에너지와 위치에너지와 같이 열에너지는 에너지의 다른 형태이며, 열에너지는 위치에너지와 운동에너지로 변환될 수 있다. 장작에 불을 붙이면 장작은 타면서 열에너지를 방출하며, 주변의 온도를 높이게 된다. 이는 장작이나 기름이 타면서 화학에너지가 열에너지로 변화한 것이다.

위치에너지가 열에너지로 변화할 때 얼마나 많은 열에너지가 나오는지를 〈그림 1〉과 같은 실험으로 확인할 수 있다. 추가 낙하하면서 물 안에 든 임펠러가 회전하고 물 분자들과 충돌하며, 이 충돌에 의해서 물 안의 온도는 증가한다. 이는 위치에너지가 열에너지로 변환된다는 것을 보여주며, 이 실험에서 1cal의 열에너지를 얻기 위해서 4.2J의 위치에너지가 필요하다는 것이 확인된다.

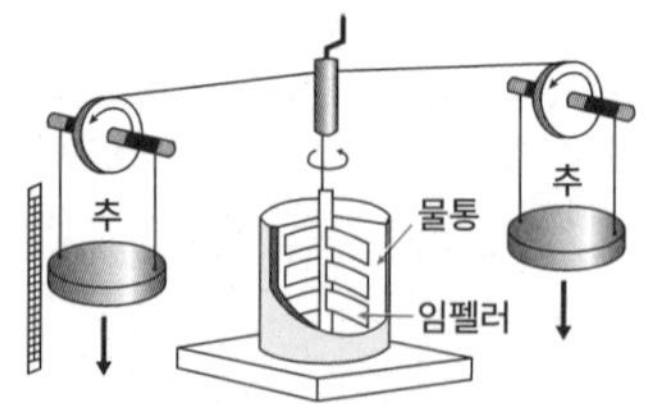

그림 1. 추가 낙하할 때 임펠러에 의한 물의 온도 변화 실험

회전하는 자동차를 정지시키기 위해서 브레이크 패드를 디스크에 마찰시키면 디스크의 표면 온도는 500~900℃의 높은 온도까지 도달한다. 디스크의 표면 온도가 높아지면 흑체복사에 의해서 디스크의 표면에서는 빛이 방출된다. 디스크 표면 온도가 낮을 때에는 적외선을 방출하며, 디스크 표면 온도가 500~900℃로 높을 때에는 가시광 영역의 빛을 방출하게 된다.

냄비와 같은 고체에서 열에너지의 전달은 전도에 의해서 일어난다. 고체의 원자들은 스프링과 같이 원자들끼리 서로서로 연결되어 있으며, 원자들은 포논이라는 진동모드로 진동하면서 열에너지를 전달한다. 부도체인 나무나 플라스틱은 전류를 흐를 수 있게 하는 전자나 홀 캐리어들이 없으며 포논을 통해 열전달을 일으킨다. 하지만 포논에 의한 열전달은 크게 일어나지 않아서 부도체인 나무나 플라스틱은 열전달이 크지 않다. 특이하게도 부도체인 다이아몬드는 포논에 의한 열전달이 금속과 유사한 정도로 다른 부도체들에 비해 월등히 높다. 금속 내에 존재하는 자유전자들은 금속이 전기적으로 도체가 될 수 있게 하며, 열에너지를 받아 빠르게 이동하면서 열전달을 한다.

물과 같은 유체에 열에너지를 주면 물 분자들이 〈그림 2(a)〉와 같이 대류현상에 의해 이동하면서 열에너지를 전달한다. 이와 같이 유동성을 가진 소재들이 이동하면서 열전달을 하는 것을 대류라고 한다. 금속 내의 자유전자들은 대류와 유사하게 이동하면서 열전달을 한다. 금속의 경우에는 자유전자들에 의한 열전달이 95% 정도로 매우 높으며 나머지 5%는 포논

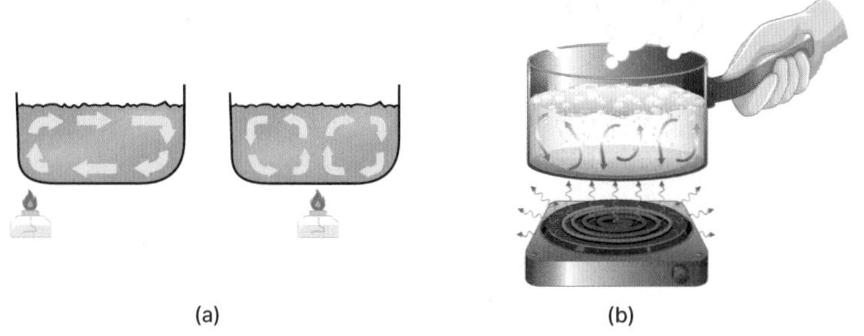

그림 2. (a) 물의 대류에 의한 열전달 (b) 냄비의 손잡이에서 일어나는 전도에 의한 열전달, 냄비 내부에 있는 물의 대류에 의한 열전달 및 핫플레이트에서 발생하는 복사에 의한 열전달

에 의해서 일어난다.

촛불은 접촉하지 않고 어느 정도 떨어진 거리에서도 열에너지가 전달된다는 것을 손을 가까이 대면 느낄 수 있다. 이와 같이 불꽃은 복사에 의해서 열전달을 하며, 이와 유사하게 태양에서 방출되는 열에너지가 지구까지 전달될 때에도 태양에서 만들어지는 다양한 파장의 광자들과 대전입자들에 의해서 전달된다. 열의 전달은 전도, 대류 그리고 복사의 3가지 과정에 의해서 일어날 수 있다. 〈그림 2(b)〉와 같이 핫플레이트 위에 냄비를 두고 물을 끓일 때 열전달은 어떻게 일어날까? 우선 핫플레이트 열선에서 복사를 통해 냄비의 바닥에 열에너지를 전달한다. 냄비 바닥에 전달된 열은 전도에 의해서 냄비 전체로 열에너지를 퍼지게 하여, 냄비의 온도가 상승한다. 냄비의 소재가 금속이므로 자유전자와 포논에 의해서 전도가 일어난다. 냄비의 온도 상승을 통해 열에너지는 물에 전달되며, 물의 유동성에 따른 대류에 의해서 물은 효과적으로 열에너지를 전달받아 온도가 잘 올라가게 된다.

물을 데워서 온도를 올린 후 열에너지를 차단하면 물은 천천히 온도가 떨어진다. 물의 온도가 상승한 것은 열에너지에 의해서 물 분자들이 높은 에너지 상태로 열에너지를 저장하고 있다는 것을 나타낸다. 온도가 상승한

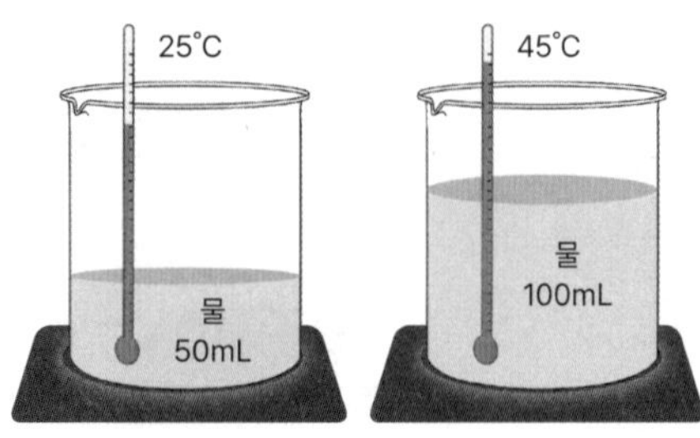

그림 3. 비커에 든 물을 데울 때의 온도 상승

물은 주변의 온도와 같아질 때까지 외부로 열에너지를 방출한다. 숯불에 굽는 꼬치구이는 3,000℃ 정도의 높은 온도의 숯불로 고기를 굽게 된다. 이때 고기의 온도는 200℃ 정도로 올라가지만 숯불 밖으로 나오면 온도는 아주 빠르게 내려간다.

〈그림 3〉과 같이 비커에 든 물을 데울 때 얼마나 온도가 올라갔는지 알아보기 위해서 온도계를 활용한다. 비커에 담긴 물의 온도를 측정하기 위해서 물에 온도계를 담그면 1분 정도가 되기 전에 온도계의 온도는 물의 온도와 같아진다. 물의 온도가 높으면 물에서 열에너지가 온도계로 전달되며, 물의 온도와 온도계의 온도가 같아지면 열에너지는 더 이상 전달되지 않는다. 이를 열평형 상태라고 한다. 두 비커의 온도를 따로 측정한 후 온도계로 측정된 두 비커의 온도가 같다면 두 비커에 든 물의 온도는 같다는 것을 알 수 있다. 이와 같이 온도계로 측정한 두 비커의 온도가 같다면 두 비커는 열평형 상태가 되며, 이를 열역학 제0법칙이라고 한다.

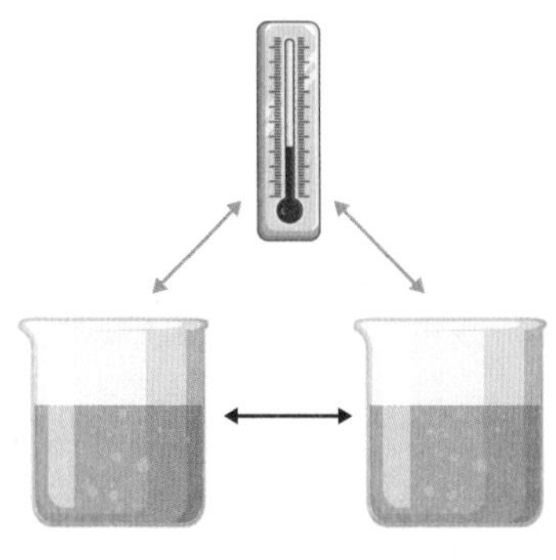
그림 4. 두 비커에 담긴 물의 온도 측정

수은 온도계는 가장 많이 사용되는 온도계로 수은이 담겨 있어서 열에너지에 의해서 수은의 온도가 올라가면 열팽창으로 수은의 부피가 증가하고 높이가 올라간다. 수은은 미나마타(minamata) 병을 일으키므로 최근에는 에탄올로 온도계를 만들고 있다. 측정하고자 하는 물체의 표면에서는 적외선이 방출되므로 이 적외선을 측정함으로써 물체의 온도를 측정하는 것이 가능하다. 일반적으로 적외선 온도계는 -50℃의 낮은 온도에서 1,200℃의 정도의 높은 온도까지 측정오차 0.1℃이다.

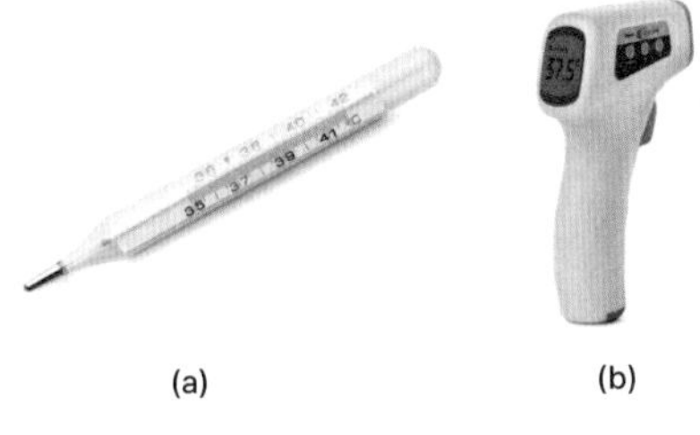
(a) (b)

그림 5. (a) 수은 온도계 (b) 적외선 온도계

6-2. 열전효과

금속 내에는 자유전자들이 있으며, 〈그림 6(a)〉와 같이 왼쪽부분의 온도를 높이면 전자들은 열에너지를 받아서 운동에너지가 높아지고 서로서로 충돌하면서 오른쪽으로 이동한다. 〈그림 6(b)〉와 같이 철과 구리로 지그재그 구조를 만들고 한쪽의 온도를 높이면 전자들이 고온에서 저온으로 이동하며 철과 구리가 가지는 자유전자밀도의 차이에 의해서 전압과 전류의 흐름이 형성된다. 이와 같이 두 금속을 접합하여 접합된 부분에 열에너지를 주면 자유전자밀도의 차이에 따라 고온에서 저온으로 이동하는 전자의 농도 차이에 의한 전압이 유도되며, 이를 제베크(Seebeck) 효과라고 한다. 제베크 효과로 형성된 전압에 의해서 원하는 부분의 온도를 측정할 때 사용하는 센서가 〈그림 6(c)〉와 같은 열전대(thermal couple)이며, -200℃에서 1,700℃의 넓은 범위의 온도를 0.1에서 1%의 오차로 측정 가능하다. 열전대에 의한 온도 측정은 〈그림 6(d)〉와 같이 열전대에 형성된 전압의 측정을 통해 가능하다. 다른 두 금속선의 한쪽 끝부분을 접합시키고 접합된 부분에서 온도를 측정한다. 온도 변화로 다른 두 금속선에는 자유전자들의

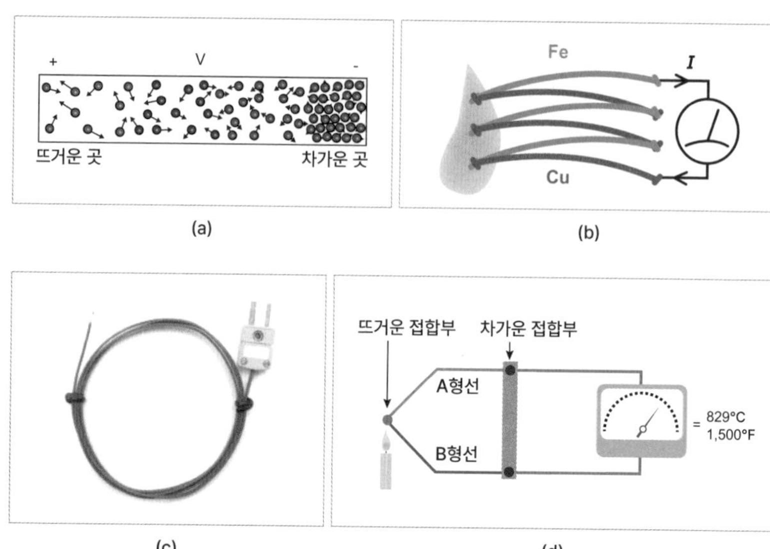

그림 6. (a) 온도 차이에 따른 금속 내 전자들의 분포 (b) 제베크 효과 (c) 열전대 (d) 열전대에 의한 온도 측정

밀도 차이에 의한 전압이 측정되며, 이 전압을 통해 온도가 확인된다.

펠티에(Peltier) 소자의 구조는 〈그림 7(a)〉와 같으며, 구리에는 비스무트(Bi)보다 더 많은 자유전자들이 존재한다. 오른쪽 접점부분에 열을 가하면 접점에서 떨어진 부분의 구리에서 더 많은 자유전자들이 모이며, 이에 따른 제베크 효과로 전압이 유도된다. 반대 부분의 경우에는 반대의 전압이 유도된다. 그래서 펠티에 소자에 전압을 인가하면 한쪽은 차갑게 또 다른 한쪽은 온도가 높게 형성된다. 이와 같이 펠티에 소자는 전자들이 지속적으로 흐르면서 열이 한쪽으로 흘러가게 한다. 열에 의해서 전압을 발생시키는 제베크 효과와 전류에 의해서 열의 흐름을 발생시키는 펠티에 효과를 열전효과라고 한다. 금속에 비해서 반도체 열전 소재들은 높은 제베크 효과를 보이므로 〈그림 7(b)〉와 같이 pn 접합을 이루면 전류의 방향이 한쪽으로 형성되어 효율이 높은 열전효과를 보인다. 〈그림 7(c)〉와 같이 여

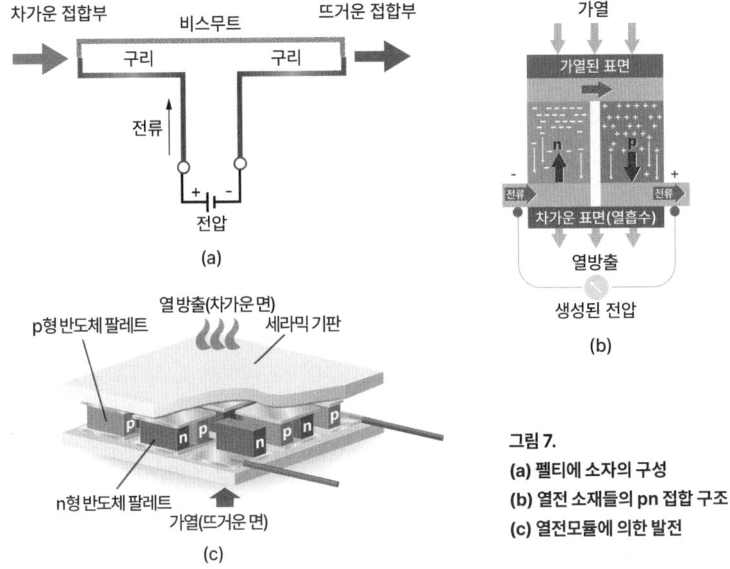

그림 7.
(a) 펠티에 소자의 구성
(b) 열전 소재들의 pn 접합 구조
(c) 열전모듈에 의한 발전

러 개의 pn 접합을 가지는 열전 소재들을 배열해 놓은 것을 열전모듈이라고 하며, 열전모듈을 열에 노출하면 10~100W 정도의 높은 발전 전력을 나타낸다. 열전모듈에 열을 가하지 않고 전류를 흘리면 열전모듈의 한쪽 면은 차가워지고 반대쪽 면은 뜨거워진다. 뜨거운 부분과 차가운 부분의 온도 차이는 대략 60℃ 정도가 되므로, 뜨거운 부분의 온도를 30℃ 정도로 내리면 차가운 부분의 온도는 −30℃ 정도로 매우 차갑게 내려간다. 최근 S사에서는 열전모듈을 이용한 냉장고를 판매하고 있으며, 기존의 냉매를 사용하는 냉장고에 비해서 소음, 진동 그리고 소비전력이 작다는 장점이 있다.

6-3. 열팽창

고체, 액체 그리고 기체로 이루어진 물질들은 열에너지를 받아서 온도가 상승하면 부피가 증가하며, 이를 열팽창(thermal expansion)이라고 한다. 〈그림 8(b)〉와 같이 초기 길이가 얼마나 길어지는지에 따라 열팽창 계수가 주어지며 열팽창 계수가 클수록 온도 변화에 따라 길이도 변화한다. 고체가 아닌 액체 그리고 기체에서도 온도가 올라감에 의한 열팽창을 보이며 기체의 경우에는 절대온도 0K에 도달하면 이상적으로 부피가 0이 되어야 한다. 대부분의 기체는 온도가 내려가면 기체 상태로 있지 않고 액체나 고체 상태가 되므로 절대온도 0K까지 기체 상태로 존재하는 기체는 없다. 이와 같이 가스의 온도에 따른 부피의 극적인 감소를 활용하여 크라이오펌프(cryopump)라고 불리는 진공펌프를 만들 수 있으며, 헬륨을 활용한 절대온도 0K에 가까운 낮은 온도를 형성하여 10^{-12}Torr 정도의 초고진공(ultra high vacuum)을 형성할 수 있다.

기차가 다니는 철길의 선로들은 일정한 길이마다 끊어져 있으며 끊어

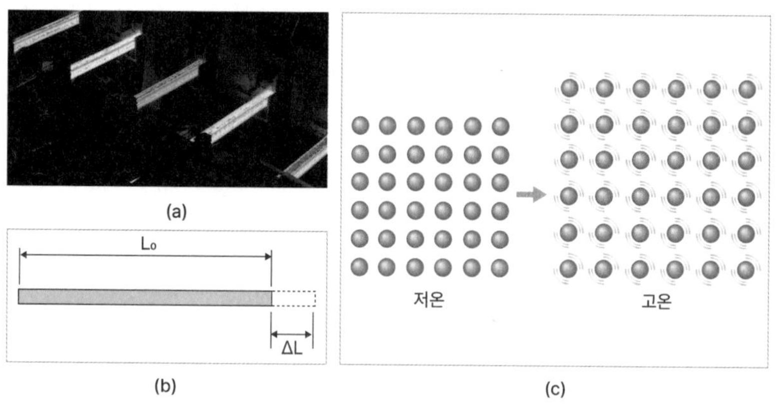

그림 8. (a) 가열된 철 막대들 (b) 열팽창에 의한 길이 변화 (c) 온도에 따른 고체 내 원자들의 간격 변화

진 사이가 일정한 간격으로 떨어져 있다. 선로는 철로 되어 있는데 그 길이가 일 년 중 겨울에 가장 짧고, 여름에 가장 길기 때문에 선로 사이 간격은 여름에 가장 좁고 겨울에 가장 넓다. 이상기온에 의해 기온이 높이 올라가면 철길의 선로들이 휘어져 기차가 다닐 수 없는 상황이 벌어지기도 한다. 이와 유사하게 전봇대 사이에 연결된 전선의 길이는 여름에 가장 길어져 늘어지는 것이 관찰되며, 겨울에는 가장 짧아지는 현상을 보인다. 자동차의 타이어는 공기를 채워서 일정한 압력이 되도록 조절하여 사용한다. 여름에는 기온이 높아서 타이어의 압력이 높아지지만 겨울이 되면 기온이 내려가서 타이어의 압력은 내려간다. 그래서 여름이 되면 타이어의 압력이 너무 높아지지 않게 공기를 조금 빼고, 겨울이 되면 타이어의 압력이 너무 내려가지 않게 공기를 조금 더 넣어주면 된다. 음료수 병을 보면 음료수를 가득 채우지 않고 조금 비워 둔 것을 관찰할 수 있다. 이는 온도가 상승했을 때 음료수가 팽창하는 효과를 고려한 것이다. 열팽창을 활용하는 것 중 대표적인 것은 바이메탈로 다리미나 전기밥솥 등에 많이 사용된다. 〈그림 9〉와 같이 두 금속의 결합으로 만들어진 바이메탈은 온도가 올라가면 열팽창 계수 차이에 의해서 아래의 금속이 더 많이 팽창하고 위의 금속이 더 작게 팽창하여 뒤로 휘게 된다. 다시 온도가 내려가면 원위치로 돌아가므로 이를 활용하여 온도 제어에 의한 열 조절이 가능하다.

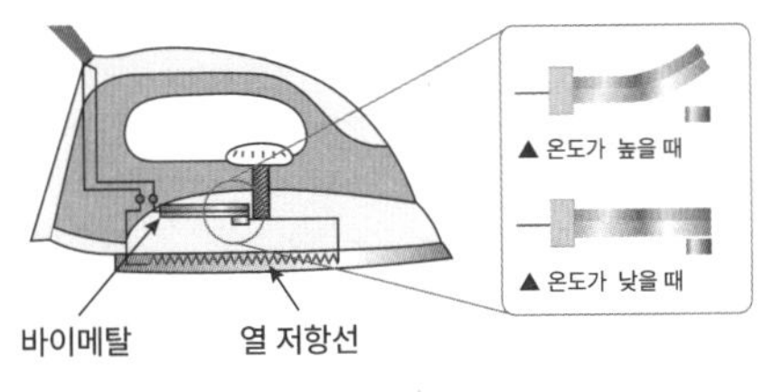

그림 9. 다리미 내 바이메탈

6-4. 열역학 법칙

열역학에서는 온도, 에너지, 엔트로피 등의 물리량에 관계된 네 가지 열역학 법칙을 정의한다. 열역학 제0법칙은 열평형에 있는 두 물체의 온도가 같다는 것이며, 온도계로 두 물체의 온도를 각각 측정하여 온도가 같으면 두 물체는 온도가 같다는 것을 정의한다.

열역학 제1법칙은 에너지 보존 법칙으로 열역학 시스템의 총에너지는 외부에서 에너지를 주거나 받지 않으면 항상 일정하게 유지된다는 것이다. 〈그림 10(a)〉와 같이 피스톤과 실린더에 의해 형성된 공간에 가스 분자들이 존재하고 있을 때 외부에서 힘을 주어 피스톤을 누르면 피스톤은 아래로 내려가면서 가스 분자들이 존재하는 공간의 부피는 줄어들게 된다. 이때 피스톤으로 가스의 부피를 줄이기 위해 사용된 에너지는 피스톤 내 가스 분자에 전달되어 가스 분자의 운동에너지로 변환된다. 가스 분자의 운동에너지가 증가한다는 것은 가스 분자의 압력 및 온도가 증가한다는 것을 나타낸다. 즉, 고온의 가스 분자들은 높은 운동에너지를 가지고 그 공간에서 운동하고 있는 상태이다. 〈그림 10(b)〉와 같이 고온의 가스가 저온의 가스와 혼합될 때, 즉 높은 에너지 상태의 가스와 낮은 에너지 상태의 가

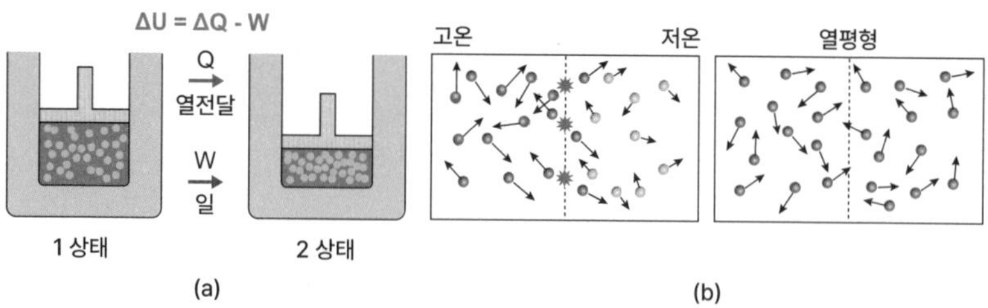

그림 10. (a) 외부 힘에 의한 부피 감소로 가스 분자들의 내부에너지 증가 (b) 에너지가 다른 두 공간 내 가스분자들의 혼합과 열평형 상태

스가 혼합될 때에 어떤 일이 일어날지 생각해보자. 두 가스는 바로 혼합되면서 높은 에너지의 가스 분자들이 자신의 에너지를 낮은 에너지의 가스 분자에게 주면서 열평형 상태를 이룬다. 혼합되기 전 두 가스들의 에너지 합과 혼합된 후 두 가스들의 에너지 합이 같아지는 상태로 된다.

에너지를 주지 않아도 멈추지 않고 영원히 돌아가는 기관을 영구기관이라고 하며, 열역학 제1법칙에 의해서 영구기관을 만드는 것은 불가능하다는 것은 쉽게 알 수 있다. 〈그림 11〉에는 다양한 구조로 설계된 영구기관들을 나타내었다. 〈그림 11(c)〉와 같이 회전축을 시계 방향으로 돌리면 막대들은 시계 방향으로 돌아가게 된다. 6시 방향에서 출발한 막대들은 접어졌다가 12시 방향에서 다시 1시 방향으로 펴지면서 회전력을 주게 된다. 이렇게 막대들이 순차적으로 돌아가면서 동력을 내고 지속적으로 회전시킬 수 있다는 것이 이 기관의 작동원리이다. 실제로 이 기관을 만들면 영원히 돌아가게 할 수 있을까? 아마도 공기저항과 회전축의 저항을 받아 꾸준히 회전력이 줄어들어 초기에만 회전하고 정지하게 될 것이다. 〈그림 11(b)〉의 영구기관을 제외하고 나머지는 〈그림 11(c)〉의 영구기관과 유사한 작동원리를 가진다. 〈그림 11(b)〉에서는 회전력을 주는 부분이 구슬과 자석에 의해서라는 점이 다르다. 공기저항과 회전축과 회전체 사이의 저항을 제거할 수 있다면 어떤 일이 일어날까?

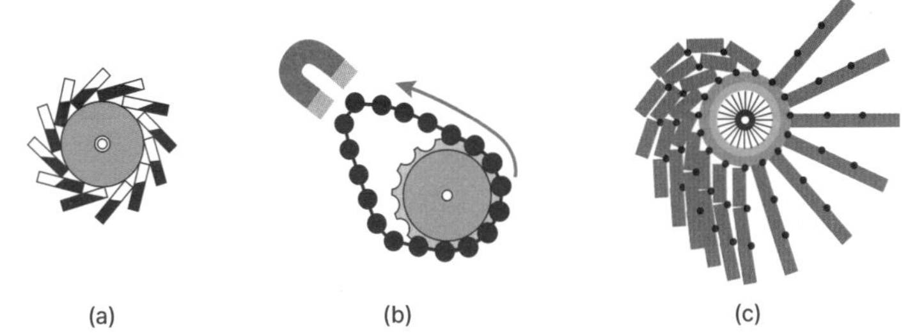

그림 11. 다양한 구조로 설계된 영구기관

스프링에 달린 추를 일정한 길이 당겼다 놓으면 추는 진동하다가 일정한 시간이 지나면 멈추게 된다. 진자의 경우에도 일정한 높이로 올렸다가 두면 왕복운동을 하다가 일정한 시간이 지나면 멈추게 된다. 공기저항에 의해서 무한 반복되는 운동을 하지 못하며, 공기저항을 없앨 수 있다면 처음 상태로 다시 돌아오는 왕복운동을 영원히 지속할 수 있을 것이다. 이와 같이 한 상태에서 다른 상태로 갔다가 외부의 에너지를 공급받지 않고 다시 원위치로 올 수 있는 변화를 가역변화(reversible charge)라고 한다.

〈그림 12(c)〉와 같이 무거운 추와 가벼운 추를 번갈아가면서 피스톤 위에 올리면 가스의 부피는 일정하게 가역적으로 유지될 수 있을까? 피스톤이 실린더와 마찰하면서 에너지 손실을 보이므로 가역적으로 변화하지 않는다. 자연계의 모든 과정은 한 방향으로만 진행되는 비가역변화(irreversible charge)이다. 열은 온도가 높은 곳에서 낮은 곳으로 이동하며 자연적으로 원래 상태인 높은 온도로는 돌아가지 않는다. 이는 자연계는 에너지를 받

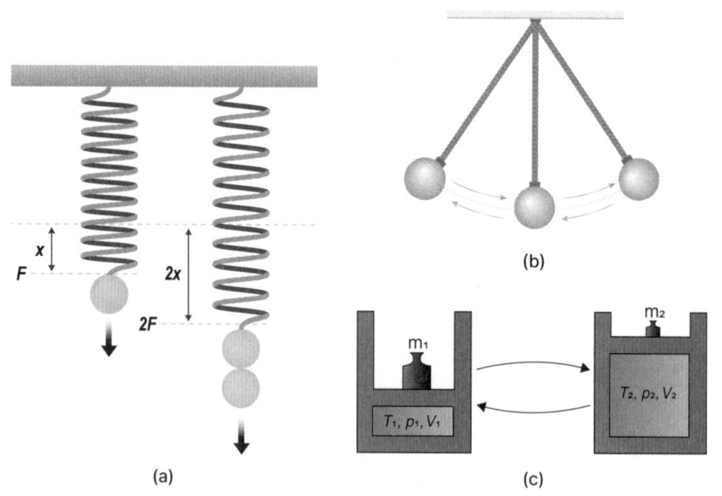

그림 12. (a) 스프링에 달린 추의 운동 (b) 진자의 운동 (c) 추의 질량 변화에 따른 실린더 부피의 변화

지 않고 스스로 엔트로피가 높아지는 변화를 따라가며, 엔트로피가 낮아지기 위해서는 외부에서 에너지를 주어야 한다. 엔트로피에 대해서는 뒤에 다루므로 추후에 이 부분을 다시 생각해보면 도움이 될 것이다.

기체, 즉 가스를 이루는 분자에 대한 압력, 온도, 부피의 관계에 대한 법칙들을 살펴보자. 〈그림 13〉과 같이 피스톤으로 눌려서 가스 분자가 존재하는 공간의 부피가 작아지면 가스 분자의 밀도는 올라가면서 기체의 압력은 증가하게 된다. 반대로 피스톤을 위로 올려서 부피를 증가시키면 가스 분자의 밀도가 낮아지면서 압력은 작아지게 된다. 이는 부피와 압력의 관계를 나타내는 보일(Boyle)의 법칙을 따르며, 부피는 압력에 반비례한다. 부피가 작아지면 가스 분자의 밀도가 커지면서 압력이 증가하고, 부피가 커지면 가스 분자의 밀도가 작아지면서 압력이 감소한다.

온도가 낮을 때 가스 분자는 낮은 운동에너지를 가지며, 외부에서 열에너지를 받아 가스 분자의 온도가 올라가면 운동에너지가 증가하면서 부피도 증가한다. 이는 온도와 부피의 관계를 나타내는 샤를(Charles)의 법칙을 따르며, 온도와 부피는 비례하게 된다. 가스 분자의 온도를 높이면 부피가 증가하고, 온도를 내리면 급격히 부피가 감소한다. 가스 분자의 온도가

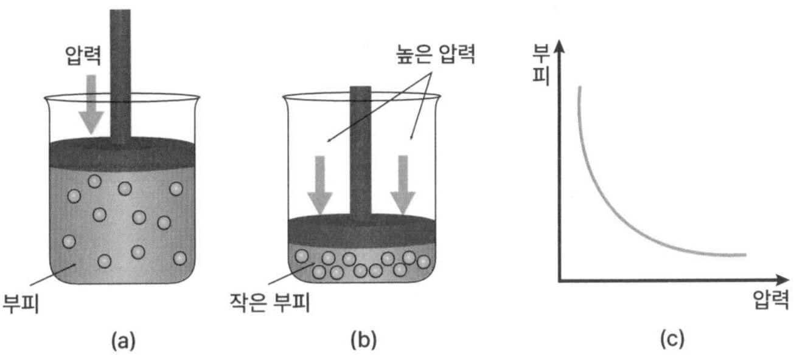

그림 13. (a) 피스톤에 가해진 압력이 낮을 때의 큰 부피 (b) 피스톤에 가해진 압력이 높을 때의 작은 부피 (c) 압력에 따른 부피 변화를 나타내는 보일의 법칙

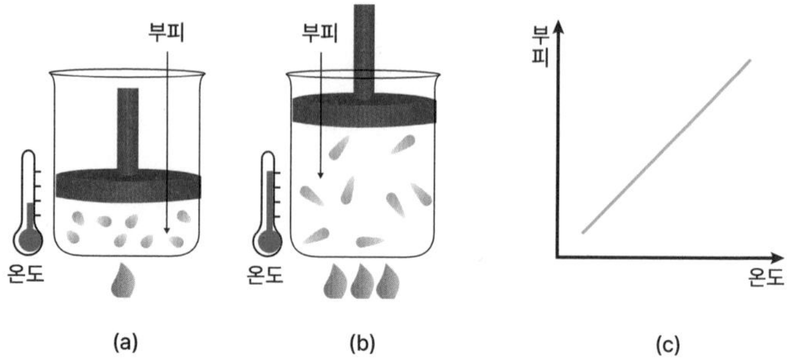

그림 14. (a) 온도가 낮을 때의 작은 부피 (b) 온도가 높을 때의 큰 부피 (c) 온도에 따른 부피 변화를 나타내는 샤를의 법칙

올라간다는 것은 운동에너지의 증가를 의미하므로 운동에너지의 증가는 압력의 상승을 가져온다. 그래서 샤를의 법칙은 V~T의 관계를 가진다. 보일의 법칙에서 압력과 부피의 관계는 V~1/P으로 표현되며, 부피는 압력에 반비례한다. 보일의 법칙과 샤를의 법칙을 조합하여 만든 보일-샤를의 법칙은 VP~T로 표현된다.

보일-샤를의 법칙은 〈그림 15(a)〉와 같이 압력, 부피, 온도의 3차원 공간으로 표현될 수 있다. 가운데 있는 평면이 보일-샤를의 법칙을 만족시키는 평면이 될 수 있다. 가운데 평면에 대한 온도축과 압력축의 단면은 P~T의 관계로 표현되며, 압력축과 부피축의 단면은 V~1/P의 관계를, 부피축과 온도축의 단면은 V~T의 관계를 보인다. 그러므로 보일-샤를의 법칙을 만족시키는 평면은 보일의 법칙과 샤를의 법칙을 동시에 만족시킨다. 보일-샤를의 법칙에 의해서 기체를 이루는 분자들의 온도, 압력, 부피의 관계를 알 수 있으며, 이때 보일-샤를의 법칙을 완벽하게 따르는 기체가 이상기체이다. 실제 기체들은 〈그림 15(b)〉와 같이 분자들끼리 상호작용하며, 일정한 부피를 가진다. 그래서 실제 기체들은 고온과 저압의 조건에서만 보일-샤를의 법칙을 따르며, 그 외의 조건에서는 완벽하게 따르지 못한다. 보일-샤

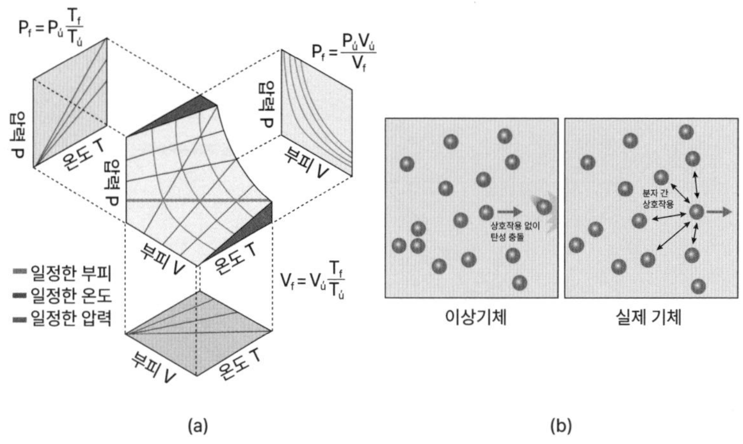

그림 15. (a) 보일-샤를의 법칙을 따르는 3차원 공간의 평면 (b) 이상기체와 실제 기체의 차이

를의 법칙을 완벽히 따르는 이상기체는 상호작용하지 않고 부피가 없는 상태를 가진다. 이상기체가 보이는 상태를 나타내는 VP~T의 관계를 이상기체 방정식이라고 부른다.

두 원자 또는 두 분자들이 전기적으로 중성인 상태에서 〈그림 16〉과 같이 r의 거리만큼 떨어진 상태에서 두 입자들의 위치에너지는 레나드-존스(Lennard-Jones) 위치에너지로 주어진다. 〈그림 16〉과 같이 두 입자들이 아주 멀리 떨어지면 위치에너지는 0이 되며, 두 입자들이 가까워지면 위치에너지는 줄어들다가 어느 지점에서 최소가 된다. 그후 더욱 가까워지면 위치에너지는 다시 증가해서 0을 지나 지속적으로 증가하게 된다. 이 위치에너지의 기울기는 두 입자 사이에 작용하는 힘을 나타내며, 기울기가 양인 경우에는 인력 그리고 기울기가 음인 경우에는 척력에 해당하는 힘이 작용한다는 것을 나타낸다. 두 입자 사이의 거리는 위치에너지가 최하가 될 때 위치에너지의 기울기가 0이 되어서 평형 상태를 이루며, 이때 두 입사 사이에는 힘이 작용하지 않는다. 두 입자의 거리가 평형 상태에서 멀

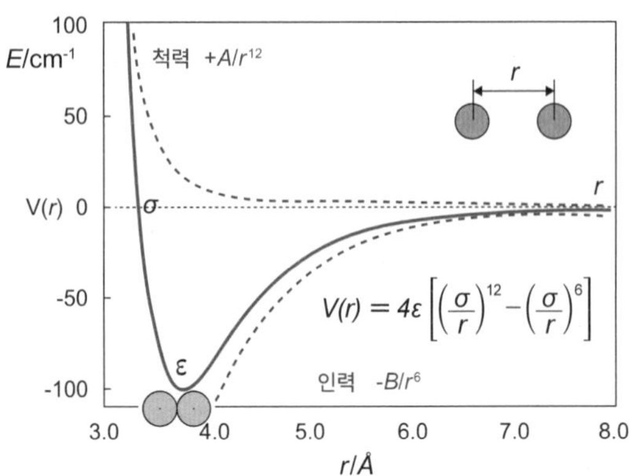

그림 16. 두 입자 사이의 거리에 따른 레나드-존스 위치에너지

어지면 두 입자 사이에는 인력이 작용하며, 이 인력을 '반데르발스(van der Waals) 힘'이라고 한다. 반대로 두 입자의 거리가 평형 상태에서 더 가까워지면 두 입자 사이에는 척력이 작용하며, 거리에 따른 기울기의 변화가 급격히 크다는 것은 척력이 아주 크게 일어난다는 것을 나타낸다. 이 척력이 의미하는 것은 두 입자가 같은 공간에 들어갈 수 없다는 것을 나타내며, 이는 양자역학에서 파울리의 배타원리(Pauli's exclusion principle)를 따른다. 기본 입자들의 표준 모델에서 논의되었던 원자, 전자, 양성자 그리고 중성자 등과 같은 페르미온들은 파울리의 배타원리를 따르며, 광자 그리고 힉스 입자들과 같은 보존들은 파울리의 배타원리를 따르지 않는다.

〈그림 17(a)〉와 같이 물질은 상태의 변화를 일으키며 그중 고체는 가장 낮은 에너지 상태와 가장 낮은 온도가 된다. 〈그림 17(b)〉와 같이 고체 상태에서 액체 상태로 가기 위해서는 필요한 에너지가 있는데, 이를 잠열(latent heat)이라고 한다. 고체 상태인 얼음 1g이 물이 되려면 80cal의 열에너지가 필요하며, 이를 얼음에서 물이 되기 위한 잠열이라고 한다. 0℃의 얼음 1g이 80cal의 열에너지를 받으면 0℃의 물이 만들어지는 것이다. 물의 온도

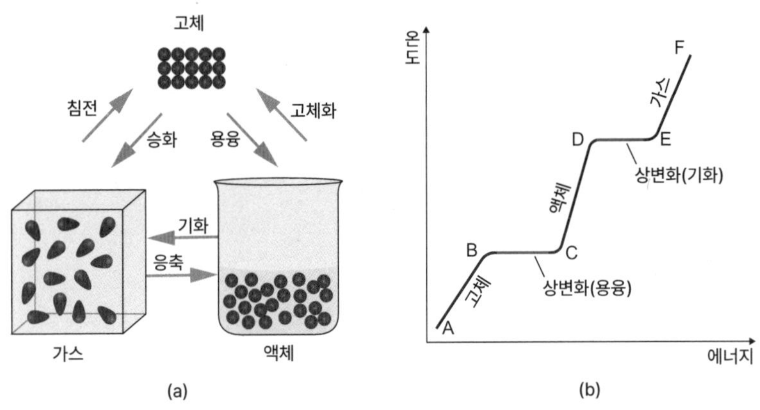

그림 17. (a) 물질의 상태 변화 (b) 물질의 상태가 보이는 에너지의 변화에 따른 온도 변화

를 높이기 위해서는 비열(specific heat)이 필요한데, 물 1g의 온도를 1℃ 높이기 위해서는 1cal의 열에너지가 필요하며, 100cal의 열에너지를 주면 물은 100℃의 온도에 도달하게 된다. 100℃의 물이 수증기가 되려면 상태 변화에 사용되는 잠열이 필요하며, 1g의 물이 수증기로 변화하기 위해서는 530cal의 잠열이 사용되어야 한다. 드라이아이스의 경우에는 1기압의 고체 상태에서 기체 상태로 승화를 일으키며 1g의 드라이아이스가 고체에서 기체 상태로 될 때 140cal의 잠열을 주변에서 흡수한다. 이는 1g의 드라이아이스가 승화할 때 60℃의 물 1g을 얼음 상태로 변화시킬 수 있다는 것을 나타내기도 한다.

열에너지에 의해서 수행되는 일은 주어진 압력에 대응되는 부피 변화의 곱으로 정의될 수 있다. 〈그림 18(a)〉에서 부피 변화에 따른 압력 변화가 만드는 면적에 해당하는 일이 열에너지에 의한 일이 된다. 〈그림 18(b)〉의 경우 i지점에서 f지점으로 갈 때 압력은 일정하고 부피 변화가 있으므로 노란색 면적에 해당하는 일을 열에너지가 한 것이 된다. 〈그림 18(c)〉의 경우에는 i지점에서 압력이 내려갈 때까지는 부피 변화가 없어서 열에너지

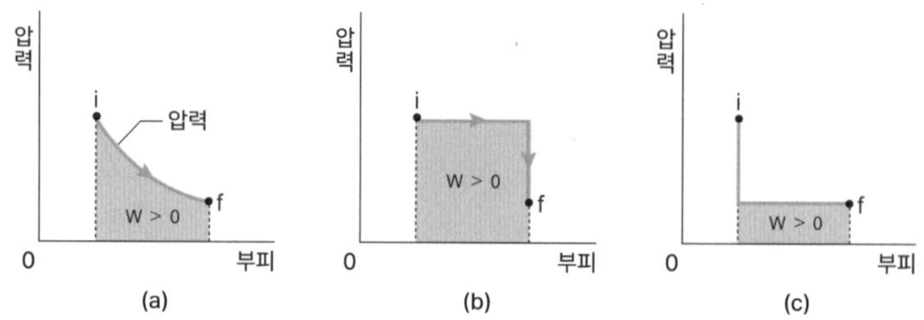

그림 18. 부피에 대응되는 압력의 변화

에 의한 일은 없지만 압력이 최하로 내려간 후에는 f지점까지는 부피 변화에 의한 일은 열에너지에 의해서 얻어진 일이 된다.

열에너지를 활용하는 대표적인 분야 중에 하나는 화력발전이며, 〈그림 19(a)〉와 같이 보일러, 터빈, 발전기 등으로 화력발전소는 구성된다. 이와 같이 열에너지를 흡수한 후 그중 일부를 역학적 에너지로 변환시키는 장치를 열기관이라고 부른다. 화력발전소는 역학적 에너지를 통해 발전기를 돌려서 전기를 생성한다. 증기기관차는 열기관을 사용하는 대표적인 이동수단이다. 〈그림 19(b)〉는 열기관의 개념도로, 높은 온도의 열원에서 열이 나와

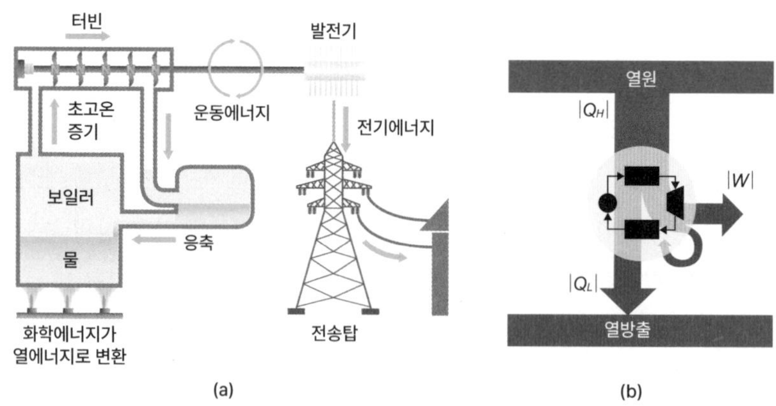

그림 19. (a) 화력발전소의 구성도 (b) 열기관 개념도

일로 변환되고 나머지는 저온열원으로 손실된다. 높은 온도와 낮은 온도의 차이가 일로 변화되므로 낮은 온도가 0이 될 수 있다면 효율은 100%가 될 수 있지만 현실적으로 불가능하기 때문에 효율이 100%인 열기관은 존재할 수 없다. 열기관에는 가솔린 엔진, 디젤 엔진, 제트 엔진 그리고 로켓 엔진 등이 있다. 증기기관차의 효율은 10% 이하로, 이는 가솔린 엔진이 보이는 25%의 효율과 디젤 엔진이 보이는 35%의 효율에 비해서 많이 낮은 편이다.

열기관은 증기기관과 같이 연료가 연소되는 곳이 엔진의 외부에 있는 외연기관과 가솔린, 디젤 엔진과 같이 엔진의 내부에서 연료가 연소되는 내연기관으로 나눌 수 있다. 가솔린 엔진은 〈그림 20(a)〉와 같이 간단한 작동원리를 가지는데, 3에서 연료와 공기의 혼합 가스가 들어오고, 4에서 이를 압축한 후 1에서 점화플러그로 스파크를 일으켜 폭발시킴으로써 구동

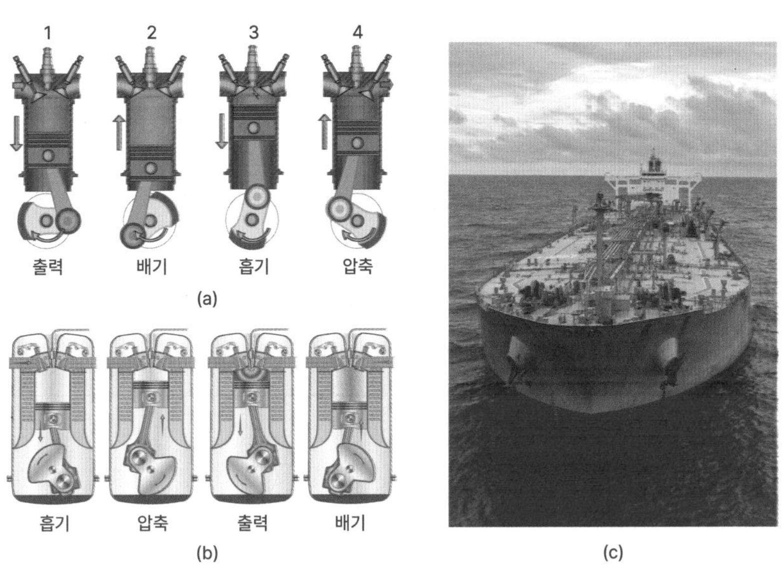

그림 20. (a) 가솔린 엔진의 작동원리 (b) 디젤 엔진의 작동원리 (c) 유조선 자르바이킹

력을 얻고, 2에서 연소된 가스를 배출한다. 이 과정을 지속적으로 반복하면서 엔진은 구동하게 된다. 디젤 엔진과 가솔린 엔진의 차이는 점화플러그가 없이 〈그림 20(b)〉의 세 번째 그림과 같이 연료가 들어온 후 압축될 때 압축착화를 통해 폭발을 일으키면서 동력을 얻게 된다. 이상기체 방정식에서 압력의 상승은 온도의 상승을 가져오며 500℃ 이상의 고온이 되면 연료와 공기의 혼합 가스가 폭발하면서 동력이 발생한다. 디젤의 경우에는 높은 압축공기를 사용하므로 연료와 공기의 비율이 20 : 1 정도로 높으며 효율이 35%로 가솔린 엔진에 비해 우수하다. 세계에서 가장 큰 배로 알려진 자르바이킹(Jahre viking)이라는 유조선은 560,000톤의 무게와 458m 길이를 가진다. 이 배의 엔진은 한 시간에 6,000L의 연료를 사용하는데, 이 배가 하루에 만들어내는 CO_2는 과연 얼마나 될지 상상해보자.

열역학 제2법칙은 열의 흐름에 대해 명확하게 정의하는 것으로 〈그림 21(a)〉와 같이 열은 높은 온도에서 낮은 온도로 흐르며, 낮은 온도에서 높은 온도로 흐를 수 없다는 것을 나타낸다. 열역학 제1법칙은 에너지가 보존되는 것을 의미하므로, 높은 온도와 낮은 온도 상태가 그대로 유지되어도 열역학 제1법칙은 성립된다. 그러나 열역학 제2법칙에서는 높은 온도에서 낮은 온도로 열이 흘러 두 상태가 열평형이 되는 방향을 제시한다. 이는 두 지점의 온도가 열평형 상태가 된 후 다시 높은 온도와 낮은 온도가

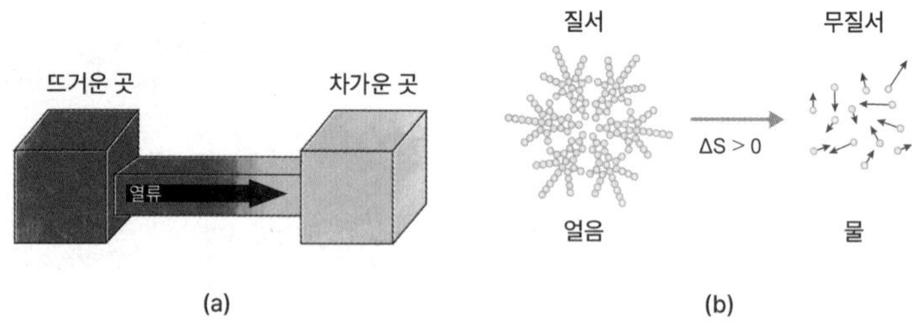

그림 21. (a) 높은 온도에서 낮은 온도로 열의 이동 (b) 얼음이 녹아서 물이 될 때 물 분자들의 흐트러짐

분리되는 가역 변화가 될 수 없다는 것을 나타내기도 한다. 그러므로 열역학 제2법칙에서는 비가역 변화를 이야기하며, 열기관의 효율이 100%가 될 수 없다는 것을 나타낸다.

〈그림 21(b)〉는 얼음이 녹아서 물이 되는 과정에서 정렬이 잘 된 상태에서 무질서한 상태로 가는 것을 보여주고 있다. 엔트로피라는 물리량은 정렬도가 높을 때 가장 낮은 값인 0이 되며, 정렬이 흐트러질수록 엔트로피는 증가한다. 얼음은 정렬이 잘 된 상태이므로 엔트로피가 낮고, 물은 무질서도가 높은, 즉 엔트로피가 높은 상태이다. 따라서 물은 얼음이 되기 위해서는 엔트로피를 낮춰야 한다. 물의 에너지를 빼앗으면 물의 엔트로피는 줄어들고 얼음이 된다. 즉, 엔트로피가 높은 상태에서 엔트로피를 낮추기 위해서는 에너지를 빼앗고, 반대로 엔트로피가 낮은 상태에서 높은 상태로 만들어주려면 에너지를 주면 된다. 자석 내 전자들의 스핀은 잘 정렬되면서 외부에 자기장을 발생시킨다. 이와 같이 스핀들이 잘 정렬된 상태는 스핀의 엔트로피가 낮은 상태다. 반대로 물질 내 전자들의 스핀이 무작위로 섞여 있을 때에는 자석과 같이 자기장을 발생하지 못하며, 이 경우 스핀의 엔트로피는 매우 크다고 할 수 있다.

〈그림 22〉와 같이 액체에 붉은 고체를 녹이면 고체의 성분은 액체에 녹아서 액체의 성분과 고르게 혼합된다. 섞이기 전 고체의 엔트로피는 낮고, 액체의 엔트로피는 비교적 높은 상태이며, 섞인 후에는 엔트로피가 상승한다. 이렇게 섞여서 엔트로피가 상승한 후에는 다시 엔트로피가 낮은 상태로 돌아가는 것은 불가능하다. 또한 두 액체가 섞이기 전보다 섞인 후에 엔트로피는 증가하게 된다. 열역학 제2법칙은 모든 물리계들은 엔트로피가 증가하는 방향으로 간다고 비가역 변화에 대한 그 방향을 제시한다.

예로 잘 정렬된 연필들은 엔트로피가 낮은 상태이며, 시간이 지나면 엔트로피가 높아지는 흐트러진 상태로 갈 가능성이 높다는 것을 열역학 제

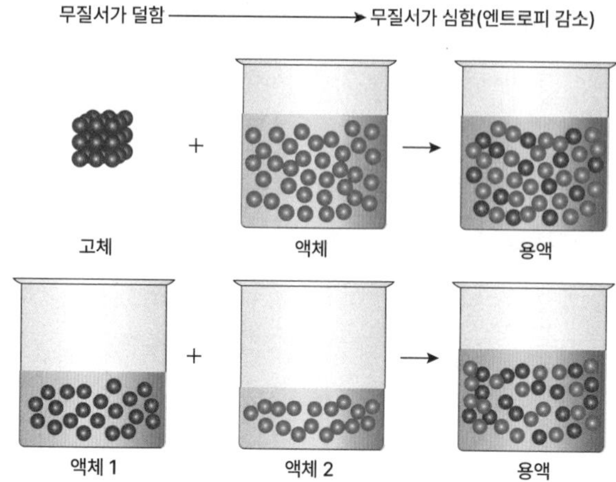

그림 22. 액체에 고체를 녹인 용액과 두 액체를 합한 용액

2법칙이 그 방향을 제시한다. 물에 잉크를 떨어뜨렸을 때에도 잉크 분자들은 물 분자들과 섞이면서 엔트로피가 증가하게 되며 반대로 잉크가 따로 분리되는 일은 절대 일어나지 않을 것이다.

열역학 제3법칙은 0K의 절대영도에서 물리계의 엔트로피는 최하가 된다는 것이다. 〈그림 23〉과 같이 병 안에 가스 분자들이 존재할 때 온도를

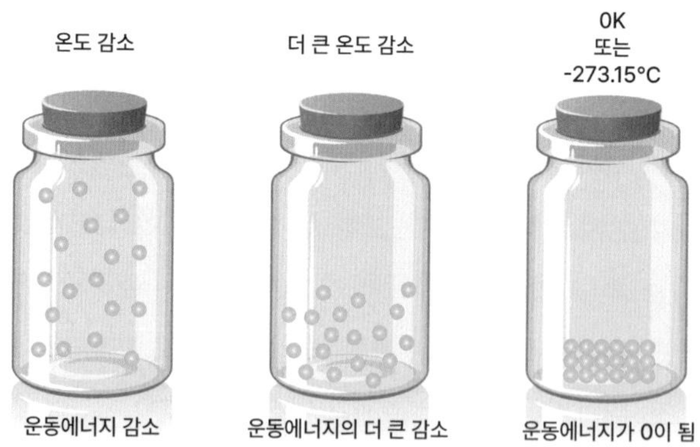

그림 23. 병 안에 든 가스 분자들의 온도 변화에 따른 상태 변화

내리면 가스 분자들은 운동에너지의 감소를 보이고 온도를 더욱 내려서 0K의 절대영도에 도달하면 운동에너지는 제로가 되어 가스 분자들은 그림과 같이 덩어리로 뭉치게 된다. 이때 가스 분자들은 단결정과 같이 일정한 배열을 가지는 상태가 되며, 이때 엔트로피는 0에 가깝다고 할 수 있다. 그러나 가스 분자들이 단결정이 아닌 다결정이나 비정질 상태로 되면 엔트로피는 더 이상 0이 아니고 온도가 높을 때에 비해서 낮은 엔트로피를 가지게 된다. 그러므로 열역학 제3법칙에서 정의하는 0K에서의 엔트로피는 그 물리계가 가장 낮은 엔트로피를 가지는 것을 의미한다.

6-5. 통계열역학

박스 안에서 운동하고 있는 가스 분자들은 박스 내 온도가 절대영도보다 높을 때에는 서로 다른 운동에너지를 가지고 운동하는 상태를 보인다. 열역학에서는 전체 가스분자들의 온도, 압력, 부피 그리고 엔트로피 등과 같은 물리량들을 열역학 법칙을 통해 분석한다. 열역학에서는 가스 분자들 하나하나가 보이는 거동에 대한 것보다는 물리계의 전체적인 평균 물리량에 대해 분석하게 된다. 박스 안에 있는 가스 분자들이 가지는 운동에너지 그리고 스핀 등과 같은 물리량들을 하나하나 모두 더해서 박스 안에 있는 가스 분자들의 총에너지로부터 온도, 압력, 엔트로피에 대한 정보를 얻을 수도 있다. 실제 박스 내에 존재하는 가스 분자들의 개수는 아보가드로 수인 10^{23}개 정도로 매우 많기 때문에 컴퓨터를 활용하여도 정확히 분석하는 데에는 많은 시간이 소요되거나 불가능할 수 있다. 이와 같이 무수히 많은 개체들이 가지는 물리량을 통계적으로 분석하는 것이 가능하다.

사회현상에서 관찰되는 사람들의 키, 몸무게 등의 수치는 〈그림 24(b)〉와 같은 통계학의 정규분포를 잘 따르며, 원하는 수치에 대한 평균과 표준

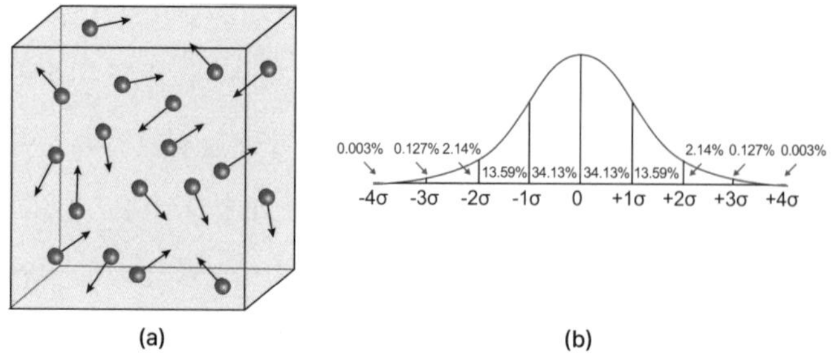

그림 24. (a) 박스 안에서 운동하고 있는 가스 분자들 (b) 정규분포

편차가 주어지면 그 수치들이 어떤 분포로 있는지를 쉽게 알 수 있다. 열역학에서 다루는 물리량도 정규분포를 잘 따르며, 이는 박스 안 가스 분자들의 속도도 마찬가지다. 통계열역학에서는 물리계를 이루는 원자 또는 구성요소 개개의 에너지에 대한 정보들을 더해서 얻어지는 분배함수를 도입하여 물리계의 에너지, 엔트로피 등의 물리량에 대한 정보를 얻게 된다.

예제

6-1. 라면을 끓이는 방법 중 물이 끓지 않을 때 라면과 스프를 넣고 가열하는 방법과 물이 끓을 때 라면과 스프를 넣는 방법 중 어떤 방법이 더 라면을 빨리 끓일 수 있는지 논의해보자.

6-2. 펠티에 소자는 전류의 흐름에 의해서 열의 흐름을 만든다. 그 결과 펠티에 소자의 한쪽 부분은 따뜻해지고 반대쪽 부분은 차가워지므로, 찬 곳과 뜨거운 곳의 온도 차이는 50°C 정도가 된다. 그러나 이 온도 차이는 시간이 지나면 줄어들어서 효율을 감소시킨다. 그러면 펠티에 소자의 효율을 증가시키기 위해서 어떻게 하면 될지 논의해보자.

6-3. 타이어에 공기를 넣으면 타이어 내 압력은 증가하며, 원하는 압력이 되도록 공기를 주입하여 사용한다. 타이어의 공기압은 주변 온도가 높아지면 높아지고, 반대로 온도가 내려가면 압력이 내려가는 특성을 가진다. 온도에 관계없이 일정한 압력을 가지는 타이어를 만들기 위해서 어떤 가스를 넣어주면 될지 논의해보자.

6-4. 물 1L의 온도를 1°C 올리기 위해서는 1kcal의 열에너지가 필요하며, 같은 양의 얼음을 1°C 내리기 위해서는 0.8kcal의 열에너지가 필요하다. 물을 과냉각하면 -30°C에서도 얼음이 되지 않고 물의 상태가 유지된다. 그러면 과냉각된 물의 온도를 천천히 올려서 30°C의 온도가 되게 하려면 얼마나 많은 열에너지가 요구되는지 논의해보자.

6-5. 항상 자기장을 방출하는 자석은 내부에 전자들의 스핀이 일정한 방향으로 잘 정렬된 상태가 된다. 이 상태에서는 전자들의 스핀 엔트로피는 0에 가까운 작은 값을 갖는다. 이와 같은 자석에 외부에서 큰 자기장을 가하면 내부에 정렬된 스핀들은 요동치게 되며, 이에 스핀 엔트로피도 작은 값에서 높은 값으로 변화하게 된다. 이때 자석은 열에너지의 변화를 일으키게 되는데, 자석의 온도는 어떻게 변화할지 논의해보자.

● 참고문헌

"기초통계 열역학", 김준학 등 저, 동화기술, 1995년

"쉽게 배우는 기본 열역학", 유주식 저, 홍릉과학출판사, 2016년

"신소재 열역학", 김선효 저, 홍릉과학출판사, 2020년

"알기 쉬운 열역학", 허원회 · 박만재 · 신현길 공저, 성안당, 2021년

"열역학", 스티븐 베리 저/신석민 역, 김영사, 2021년

"열전 에너지 변환 재료", 이동주 · 문태호 · 윤종원 공저, 단국대학교출판부, 2015년

"열전달", Arpaci 공저/김태국 등 역, 인터비젼, 2000년

"재료열역학", 민동준 저, 홍릉과학출판사, 2018년

"정설 열역학", 문성수 저, 기전연구사, 2000년

"통계열역학", 이재우 저, 교문사, 2021년

"표준 열역학", 장태익 저, 성안당, 2021년

7
광학

7-1. 반사와 거울

광학은 빛의 특성을 연구하는 물리학의 한 분야로 빛의 생성, 관찰, 활용에 관련된 다양한 연구를 한다. 빛의 산란에서 빛의 파장보다 큰 물체에 대해서 빛은 광학 산란이 일어난다는 것을 논의하고, 빛의 파장보다 큰 매질에서 일어나는 굴절과 반사에 의해서 일어나는 현상을 다루며, 이를 기학광학(geometrical optics)이라고 한다. 여기서는 주로 기학광학을 다루려고 한다.

〈그림 1(a)〉는 거울에 반사되는 빛의 경로를 나타내고 있으며, 거울의 표면에서 반사된 빛의 경로는 입사된 각도 i와 반사된 각도 r이 같다. 대부분의 금속들은 가시광 영역의 빛을 반사할 수 있다. 그러나 자외선 영역의 가시광보다 짧은 파장의 높은 에너지를 가지는 빛들은 금속 표면에서 반사

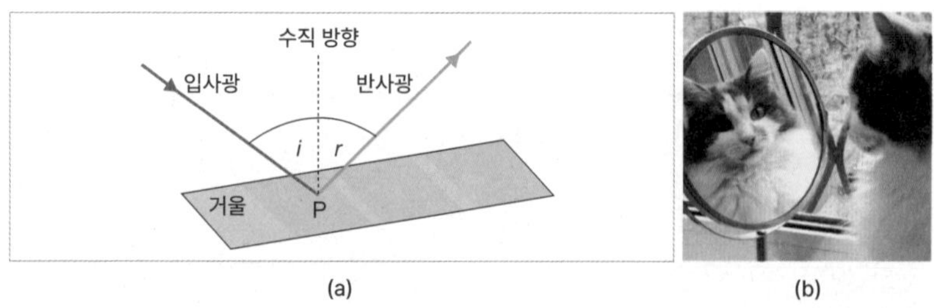

그림 1. (a) 거울에 반사된 빛의 경로 (b) 거울을 보고 있는 고양이

되지 않고 모두 투과된다. 반대로 유리와 같은 투명한 소재들은 가시광을 투과하지만 높은 에너지를 가지는 빛을 반사하기도 하므로, 자외선을 반사하는 거울로 쓸 수 있다. 그래서 원하는 파장을 반사할 수 있게 하기 위해서는 다양한 소재들의 전자 구조에 대한 정보를 활용하여야 한다. 〈그림 1(b)〉와 같이 거울은 빛을 모두 반사하므로 거울 앞에 있는 물체를 그대로 반사해서 보여준다.

자동차의 사이드 미러는 거울과는 다르게 더 넓은 영역의 물체들을 보여주는데, 이는 사이드 미러에 볼록거울을 사용하기 때문이다. 〈그림 2(b)〉는 볼록거울의 원리를 나타내었으며, 관찰되는 물체는 거울의 반대편에 보이는 상이 형성되며 초점거리가 볼록거울에 가까울수록 상의 크기는 실제

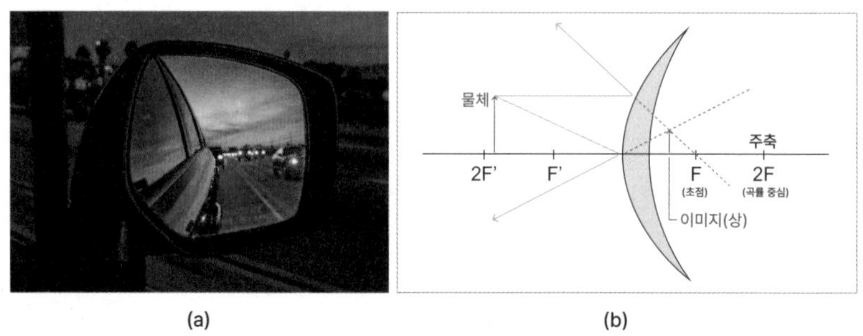

그림 2. (a) 자동차의 사이드 미러 (b) 볼록거울의 원리

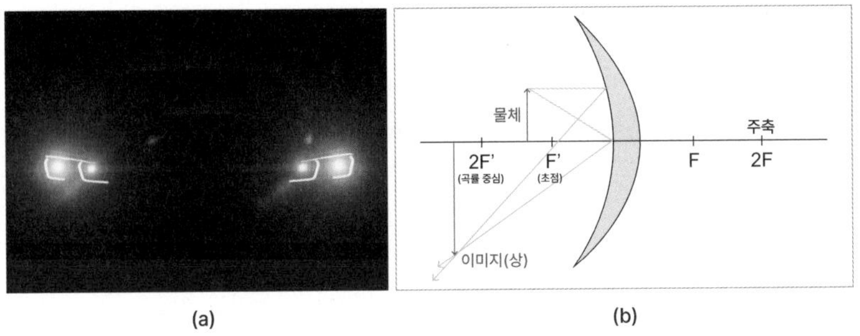

그림 3. (a) 자동차의 헤드라이트 (b) 오목거울의 원리

물체의 크기보다 더 작아진다. 초점거리가 짧아지려면 볼록거울의 굴곡이 더 작아지면 되며, 자동차의 사이드 미러의 초점거리를 줄이면 더 넓은 시야를 확보하는 것이 가능하다.

자동차의 헤드라이트는 전구를 오목거울이 감싸고 있으며, 빛을 모아서 멀리까지 전달할 수 있게 한다. 전구를 오목거울의 초점에 두면 빛은 오목거울의 모든 표면에서 앞쪽 방향으로 무한히 직선으로 뻗어 나간다. 〈그림 3(b)〉와 같이 물체가 초점과 초점의 두 배가 되는 위치 사이에 있을 때 관찰되는 상은 거꾸로 뒤집힌 확대된 상이다. 볼록거울과 비슷하게 초점거리를 줄이면 상의 크기도 더 크게 확대된다. 오목거울은 물체의 위치에 따라 다양한 상의 변화가 나타나는데, 물체가 초점의 위치에 있으면 상이 형성되지 않고 물체가 초점의 두 배보다 멀어지면 상의 크기는 작아진다. 그리고 물체가 초점 이내에 들어오면 상은 확대되며 뒤집히지 않고 바로 형성된다.

7-2. 굴절과 렌즈

오목거울의 초점에 전구를 두면 전구에서 나오는 모든 빛은 정면으로 무한히 뻗어 나가게 되며, 〈그림 4(a)〉와 같이 오목거울의 초점에 냄비와 같은 조리기구를 두면 오목거울의 정면에서 오는 빛들은 초점으로 모이게 되면서 조리기구를 가열하게 된다. 태양열만으로 1L의 물을 끓이는 데 6분 정도의 시간이 걸리므로 전기나 가스를 쓰지 않고도 조리를 가능하게 해준다. 앞서 파동부분에서 빛은 매질이 바뀌면 이동속도의 변화에 의해서 진행 방향이 꺾이는 굴절을 일으킨다는 것에 대해 논의하였다.

빛의 굴절은 〈그림 4(b)〉와 같이 매질의 변화에 따라 입사각과 굴절각 사이의 관계를 나타내는 스넬의 법칙으로 굴절이 어떻게 일어날지를 알 수 있다. 이와 같은 빛의 굴절을 활용하여 볼록렌즈와 오목렌즈와 같은 광학렌즈들을 제작하는 것이 가능하다. 여기서 광학렌즈라고 한 것은 빛이 아닌 전자나 입자들에 대한 전자기식 렌즈들과 구분하기 위해서이다. 빛의 분산에서 빛의 파장이 광학렌즈의 크기보다 작을 때에만 광학 산란이 일어나므로, 광학렌즈들은 빛의 파장에 비해 크게 설계된다.

빛의 굴절을 이용하여 빛을 집광 또는 발산시킬 수 있는 볼록렌즈와 오목렌즈에 의해서 광학적 상을 원하는 상태로 만드는 것이 가능하므로, 렌즈들은 망원경, 현미경 그리고 반도체 소재의 포토리소그래피 공정에 사

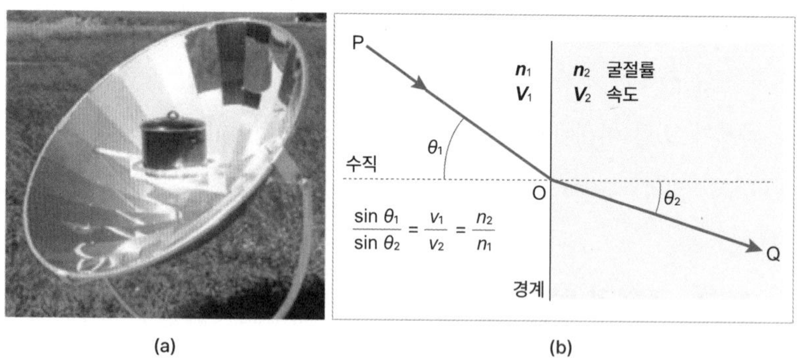

그림 4. (a) 오목거울을 이용한 조리기구 (b) 매질의 변화에 따른 빛의 굴절

용되는 자외선 노광기 등의 광학장비에 활용될 수 있다. 볼록렌즈는 〈그림 5(a)〉와 같이 빛이 볼록렌즈를 지난 후 굴절에 의해서 초점이 있는 곳에서 한 점으로 집광되게 한다. 초점에 있는 곳에 전구를 두면 빛은 볼록렌즈를 지나서 멀리까지 진행하게 되며, 이는 오목거울 내 전구와 유사하다. 볼록렌즈의 집광에 의해서 〈그림 5(b)〉와 같이 햇빛을 모아 종이를 태우는 것이 가능하다. 볼록렌즈를 통해 물체를 크게 확대해서 보는 것과 작게 줄여서 보는 것이 모두 가능하다. 〈그림 5(c)〉의 왼쪽 그림과 같이 물체가 초점 밖에 있을 때 상은 볼록렌즈의 반대편에 거꾸로 형성되며, 이때 상은 크기가 줄어든 모습이다. 반대로 〈그림 5(c)〉의 오른쪽 그림과 같이 물체가 초점 안에 있을 때 상은 물체와 같은 편에 크기가 확대된 상으로 형성된다. 볼록

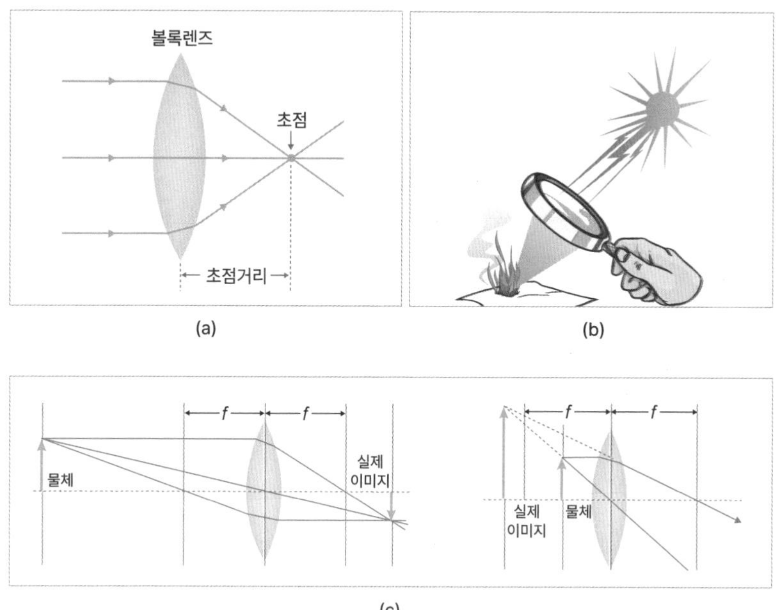

그림 5. (a) 볼록렌즈에 의한 빛의 경로와 초점에서의 집광 (b) 돋보기로 종이 태우기 (c) 볼록렌즈의 초점거리 밖(좌)과 초점거리 안(우)에 있는 물체에 대한 상의 형성

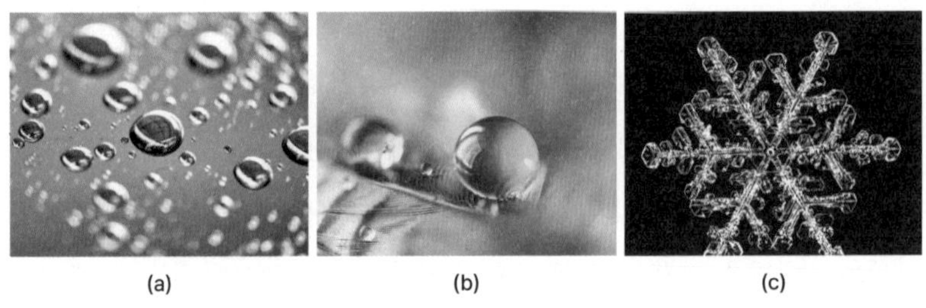

그림 6. (a) 유리에 맺힌 물방울 (b) 동그랗게 맺힌 물방울 (c) 물방울 현미경으로 관찰한 눈 결정

렌즈의 곡률반지름을 작게 하면 초점거리는 줄어들며 동시에 초점거리 안에 있는 물체가 확대되는 비율 또한 증가한다.

물방울이 표면에 맺힐 때 경계면의 상태에 따라 다양한 모양을 보이며, 표면이 소수성에 가까우면 물방울은 구형에 가까워진다. 〈그림 6(a)〉와 같이 유리에 맺힌 물방울들은 볼록렌즈와 같이 주변 물체들의 상을 보여주며, 초점거리가 매우 짧아 외부 물체들이 뒤집혀서 작게 보이는 것을 관찰할 수 있다. 〈그림 6(b)〉와 같이 소수성 표면에 물방울을 맺히게 하면 물방울은 구형에 가까운 볼록렌즈의 모양을 가지게 된다. 이와 같은 물방울을 스마트폰 렌즈 앞에 맺히게 하면 수십 배 정도의 배율을 가지는 현미경을 만드는 것이 가능하며, 〈그림 6(c)〉와 같이 눈 결정의 모양을 확대해서 사진으로 찍을 수 있다.

오목렌즈를 통과한 빛은 〈그림 7(a)〉와 같이 초점에서 렌즈 반대편으로 빛들이 퍼져서 발산되는 경로를 가지며, 이는 볼록렌즈의 빛을 집광하는 것과 반대의 역할을 하므로 오목렌즈를 지난 후 볼록렌즈를 지나면 발산된 빛을 다시 직선 경로로 형성할 수 있다. 반대로 볼록렌즈를 지나서 집광된 빛을 발산시키므로 초점거리를 더 멀게 하는 등의 초점거리 조정이 가능하다. 〈그림 7(b)〉와 같이 오목렌즈가 빛을 발산시켜서 볼록렌즈의 역할을 하는 수정체를 지난 후 초점거리를 조금 길어지게 하여 상이 망막에

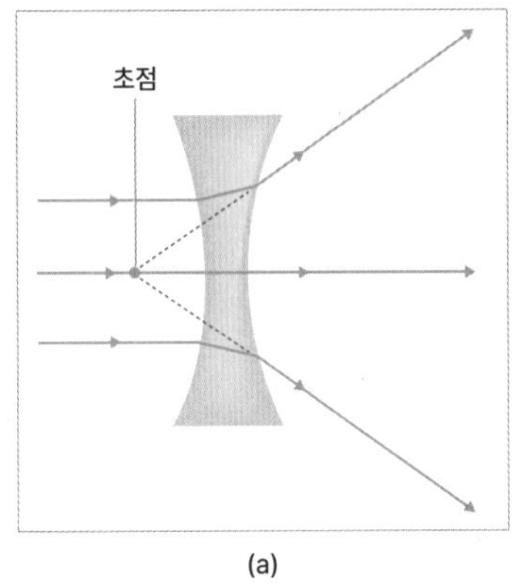

(a)

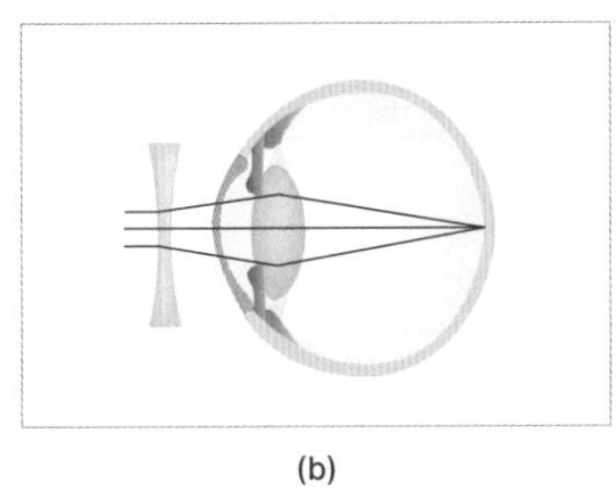

(b)

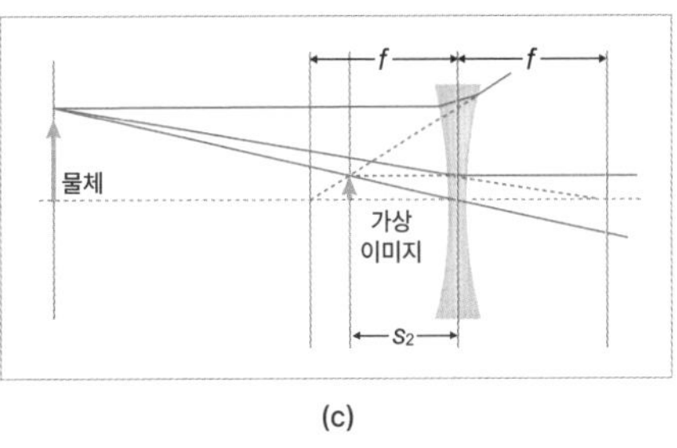

(c)

그림 7.
(a) 오목렌즈에 의한 빛의 발산
(b) 오목렌즈에 의한 근시교정
(c) 오목렌즈를 통한 물체가 보이는 상의 형성

맺힐 수 있게 할 수 있으며, 오목렌즈가 없으면 상은 망막보다 수정체에 더 가까워져서 가까운 물체가 잘 보이는 근시가 된다. 반대로 멀리 있는 물체가 잘 보이는 원시의 경우에는 상이 망막을 지나서 형성되므로 초점거리를 더욱 가깝게 당기기 위한 볼록렌즈를 사용하면 된다. 오목렌즈로 물체를 관찰하면 〈그림 7(c)〉와 같이 물체와 같은 편에 상이 형성되는데, 이때 상은 물체의 크기보다 작게 나타난다.

멀리 있는 물체를 확대해서 볼 수 있게 하는 굴절망원경과 눈에 보이지 않는 작은 물체를 크게 확대해서 보여주는 광학현미경은 원리가 유사하며, 둘 다 광학렌즈로 만들어진다. 〈그림 8(a)〉와 같이 두 개의 볼록렌즈로 만들어지는 굴절망원경은 물체가 첫 번째 렌즈를 지나서 만들어진 상과 두

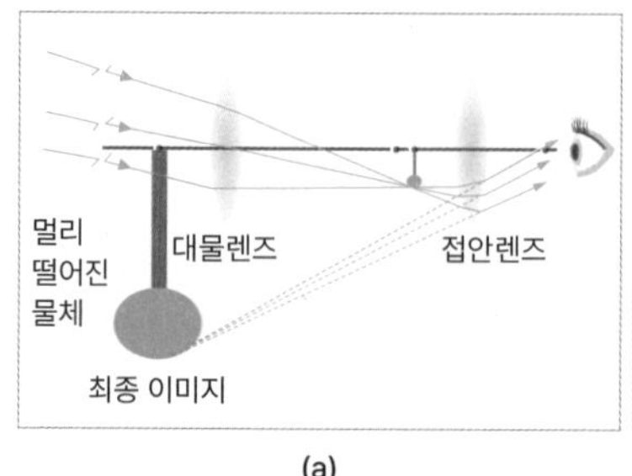

(a)

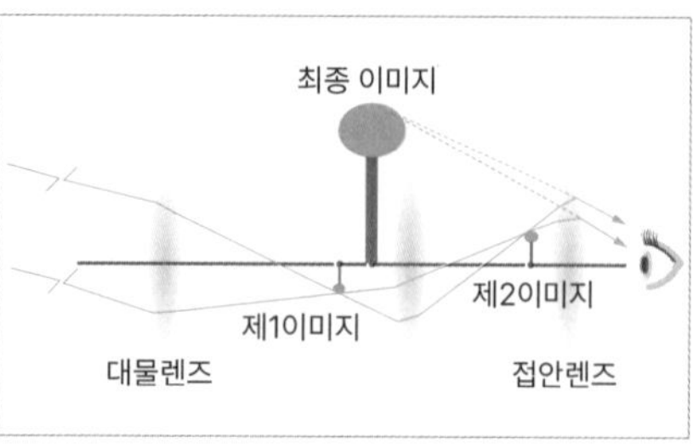

(b)

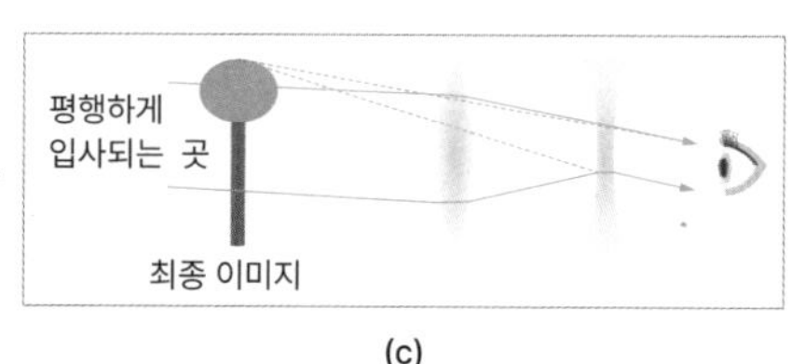

(c)

그림 8. (a) 두 개의 볼록렌즈로 만들어진 굴절망원경 (b) 세 개의 볼록렌즈로 만들어진 굴절망원경 (c) 하나의 볼록렌즈와 하나의 오목렌즈로 만들어진 굴절망원경

번째 렌즈의 초점에서 이어진 선분이 만나는 점에서 거꾸로 뒤집힌 상이 형성된다. 이 상은 원래보다 확대된 크기로 관찰된다. 〈그림 8(b)〉와 같이 하나의 렌즈를 더 추가하면 물체는 뒤집혀 보이지 않고 바로 보이게 된다. 여기서 두 개의 렌즈를 통하여 뒤집힌 상이 형성되고 이 뒤집힌 상은 추가된 렌즈에 의해서 다시 바로 된 상으로 관찰되도록 렌즈의 간격을 잡는다. 〈그림 8(c)〉와 같이 하나의 볼록렌즈와 하나의 오목렌즈로 만들어진 굴절망원경은 가장 일반적인 이중 렌즈 망원경이다. 물체가 볼록렌즈를 통과한 뒤에 오목렌즈의 초점에 의해서 발산되는 빛의 경로들이 만나는 점에 상이 형성되며, 원래 크기보다 확대된 상이 관찰된다. 볼록렌즈의 넓이가 넓을수록 집광되는 빛의 양이 많아지므로 더 멀리 떨어져 있는 물체들의 관찰이 가능해지며, 렌즈의 크기가 큰 대형 망원경의 경우 더욱 좋은 해상도로 멀리 떨어진 물체나 천체들을 관찰하기에 용이하다.

볼록렌즈는 빛을 모으는 초점에 집광시키는 기능이 있으며, 이와 유사한 기능을 가지는 것은 오목거울이다. 굴절망원경에서 사용되는 볼록렌즈

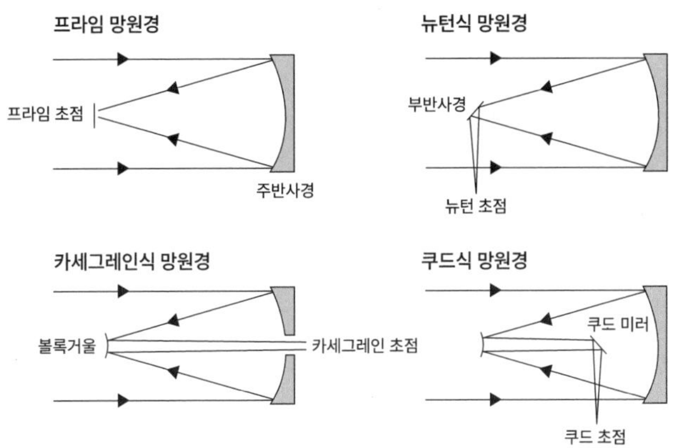

그림 9. 다양한 구조의 반사망원경

를 오목거울로 대체하여 만든 망원경이 반사망원경이다. 망원경은 크게 굴절망원경과 반사망원경으로 분류된다. 〈그림 9〉와 같이 오목거울은 볼록렌즈의 역할을 하게 되면 빛이 모아지는 부분에 오목렌즈를 접안렌즈로 사용하여 망원경을 작동시키게 된다. 오목렌즈에서 반사되어 집광된 빛은 접안렌즈로 향하도록 거울이 설치되며, 거울에 반사된 빛은 접안렌즈에 의해서 관찰된다. 대형 망원경의 경우에는 거울이 있는 곳에 CCD 또는 CMOS 카메라를 두어서 원격으로 화상이 전송되어 디스플레이에 관찰하려는 물체 이미지를 표시한다. 굴절망원경과 유사하게 오목거울의 면적이 넓을수록 집광되는 빛의 양이 많아서 더욱 높은 해상도로 천체를 관찰하는 것이 가능해진다.

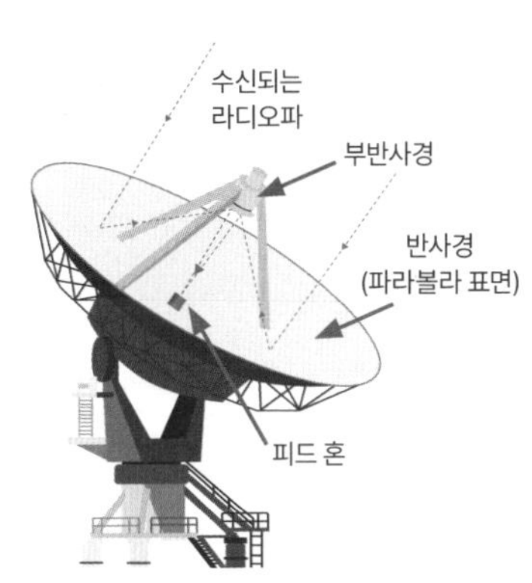

그림 10. 전파망원경의 구조

눈으로 관찰되는 가시광 영역에서 물체들을 관찰할 수 있는 광학망원경과는 다르게 〈그림 10〉과 같은 전파망원경으로는 가시광에서 벗어난 라디오파, 마이크로파, 적외선, 자외선, x선의 다양한 전파들에 의해서 멀리 떨어진 곳의 물체들을 관찰하는 것이 가능하다. 또한 안드로메다 은하계를 다양한 파장의 전파들로 관찰하는 것이 가능하며, 그 천체에서 발생하는 에너지들에 대해 분석할 수 있어 블랙홀이나 중성자별을 찾아낼 수도 있다. 전파망원경은 반사망원경의 오목렌즈와 유사한 구조의 파라볼라 안테나를 가지고 있다. 파라볼라 안테나는 멀리서 오는 다양한 파장의 전파들을 집광시키는 역할을 하며, 이는 반사망원경의 오목렌즈와 유사한 기능을 한다. 그래서 파라볼라 안테나의 표면에는 원하는 파장들을 모두 반사할 수 있는 물질을 코팅해서 사용한다. 파라볼라 안테나의 면적이 넓을수록 해상도가 높아지기 때문에 지름이 수백 m인 전파망원경을 사용하거나, 대기권 내 공기에 의한 간섭을 줄이기 위해서 우주공간에 전파망원경을 띄워서 사용하기도 한다.

7-3. 빛의 감지와 흥미로운 광학장비

빛을 만드는 다양한 방법이 있다. 가장 기본적으로 전자의 운동량이 변화할 때 원자 내 전자가 높은 에너지 준위에서 낮은 에너지 준위로 떨어지면서 빛, 즉 광자를 방출한다. 또한 물체가 높은 온도일 때 흑체복사에 의해서 물체는 빛을 발산하며, 태양은 6,000℃의 평균온도를 가지고 흑체복사에 의해서 지구까지 다양한 파장의 빛을 보낸다. 이 부분은 3장의 파동에서 논의했으므로, 여기서는 빛을 어떻게 감지할 수 있는지만 다루기로 한다.

빛을 감지할 수 있는 다양한 것 중에 눈은 400~700nm의 파장을 가지는 가시광을 가장 잘 관찰할 수 있는 기관이다. 눈의 구조는 〈그림 11(b)〉

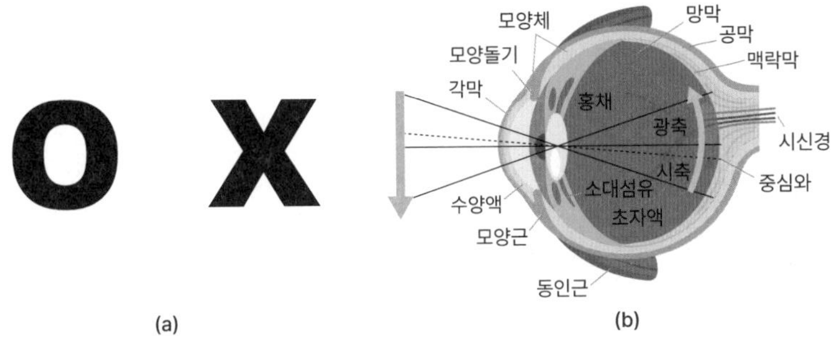

그림 11. (a) O, X 표시를 이용한 맹점 확인 (b) 눈의 구조

와 같다. 볼록렌즈와 같이 생긴 수정체에 의해서 화살표로 표시된 물체의 상이 눈 내부에 있는 망막에 맺히게 한다. 망막에 맺힌 상은 실제의 물체와 반대로 뒤집힌 상이며, 망막에 있는 1억 2,000만 개 정도의 간상세포와 700만 개 정도의 원추세포가 빛의 세기와 색깔을 감지하여 이를 시신경으로 전달함으로써 물체를 관찰하게 된다. 망막에 있는 원추세포와 간상세포에서는 비타민 A에 의해서 만들어지는 로돕신이 옵신과 레티넨으로 분해되면서 빛을 감지하게 된다. 시신경이 눈과 만나는 부분에 물체의 상이 맺히면 상이 보이지 않게 되는데, 이를 맹점이라고 부른다. 〈그림 11(a)〉에 있는 ○, × 표시를 이용해 맹점을 테스트할 수 있는데, 50cm 정도 떨어진 곳에서 왼쪽 눈을 감고 오른쪽 눈으로 ×를 보면서 × 가까이 가면 맹점에 ○ 표시가 형성되면서 순간 사라지는 것을 느낄 수 있다. 반대로 오른쪽 눈을 감고 ○를 보면서 가까이 가면 ×가 사라지는 지점을 관찰할 수 있다. 이와 같이 생물체들이 가지는 눈과 같은 시각기관들은 빛에 따라 변화하는 화학적인 변화에 의해서 전기신호들을 발생함으로써 빛을 감지하게 된다.

빛은 생물체들의 눈이 아닌 포토레지스터(photoresistor)와 포토다이오드(photodiode) 등의 다양한 소자들에 의해서 감지할 수 있다. 포토레지스터는 CdS와 같은 반도체 소재들이 빛을 받았을 때 저항이 줄어드는 현상을 활

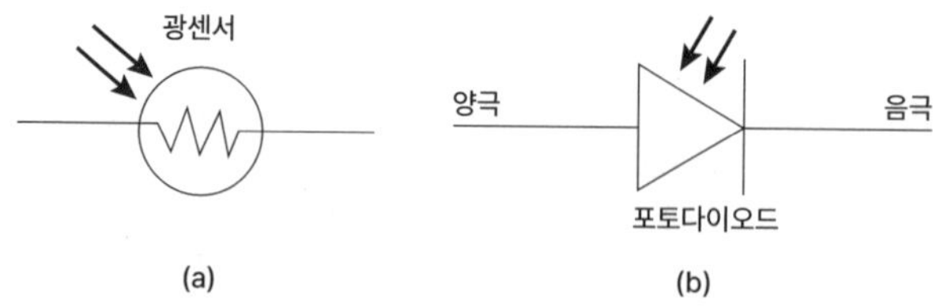

그림 12. (a) 포토레지스터의 기호 (b) 포토다이오드의 기호

용하여 빛을 감지하는 소자이다. 반도체 소재들이 빛에 노출되면 반도체 소재 내 전자나 홀과 같이 전류를 흐르게 하는 운반자(carrier)들이 증가하여 반도체 소재 내에는 광전류(photoelectric current)가 흐르게 된다. 광전류는 빛의 강도에 따라 증가하므로 이를 활용한 광센서의 제작이 가능해진다. 포토레지스터들이 반응하는 빛의 강도는 아주 크기 때문에 강도가 약한 빛에도 반응할 수 있는 광센서가 필요하며, 포토다이오드는 포토레지스터에 비해 월등히 높은 감도를 가진다.

우선 포토다이오드에 대해 이야기하기 전에 태양광 발전에 대해 간단히 설명하고자 한다. 빛을 받으면 전기를 만들 수 있는 장비는 태양광 발전 장비이며, 반도체 pn 접합 구조를 가지는 태양전지에 의해서 빛이 전기로 변화될 수 있다. 반도체 pn 접합 구조를 가지는 태양전지를 아주 작은 크기로 만들면 빛을 받아서 전기를 만들 수 있는 포토다이오드로 활용할 수 있다. 포토다이오드는 아주 작은 크기로 설계되며, 빛을 받아 전류가 흐르는 현상을 일으킨다. 이 전류의 흐름을 크게 하여 포토다이오드의 감도를 높이기 위해서 전류가 형성된 방향과 나란하게 전압을 조금 걸어준다.

디지털카메라와 비디오카메라에서 눈과 같이 원하는 장면들을 저장할 때 핵심이 되는 부품은 〈그림 13(a)〉와 같은 광센서이며, 광센서는 크게 CCD(charge-coupled device) 광센서와 CMOS(complementary metal-oxide semiconductor) 광센서로 나눌 수 있다. CCD는 〈그림 13(b)〉와 같이 빛의

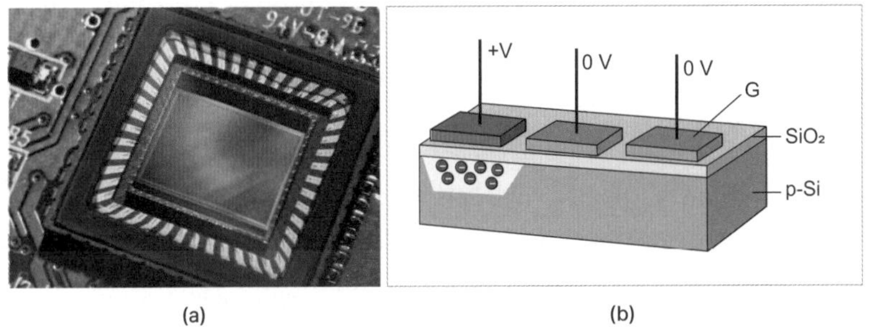

그림 13. (a) 디지털카메라에 들어가는 광센서 (b) CCD 광센서 단위 셀

양에 따라 전자들을 충전하는 양을 변화시켜서 빛의 밝기를 표시하는 방식을 사용하며, 비교적 높은 전류가 흘러서 전력소비가 많지만 아주 선명한 이미지를 얻을 수 있다는 장점이 있다. 전력소모가 많은 CCD에 비해서 휴대용 카메라나 스마트폰에는 CMOS 광센서가 사용된다. CMOS 광센서는 다이오드에서 빛을 받을 때 빛의 세기에 따라 트랜지스터에서 전압의 크기를 빛의 세기에 따라 스위칭하면서 전달하는 방식을 가진다. 전력소모가 작고 고집적화에 의한 소형화의 장점이 있지만 CCD에 비해서 품질이 떨어진다.

수십 nm의 크기를 가지는 바이러스나 수 μm를 가지는 세포, 눈에 보이지 않는 작은 물체들은 광학현미경이나 전자현미경으로 관찰할 수 있을

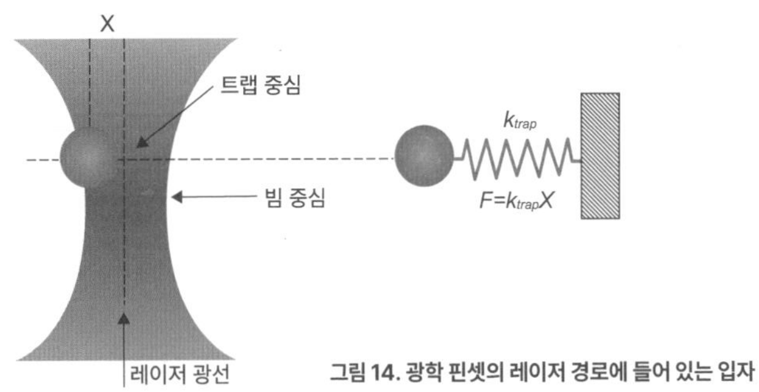

그림 14. 광학 핀셋의 레이저 경로에 들어 있는 입자

까? 그러면 이와 같이 작은 물체들은 어떻게 집어서 옮길 수 있을까? 생명과학에서는 다수의 작은 물체들을 용액 속에 분산시킨 후 표면에 뿌려서 원하는 물체가 특정한 장소에 들어가도록 여러 번의 실험을 거치게 된다. 2018년 노벨상을 받은 아스킨(Ashkin)은 작은 입자들의 광학 산란에서 일어나는 힘에 대해 연구하였으며, 이를 이용한 광학 핀셋을 발명한다. 10nm에서 20μm에 이르는 다양한 크기의 입자들을 광학 핀셋으로 집어서 옮기는 것을 가능하게 하였으며, 최근에 상용화되어 다양한 실험실에서 사용되고 있다. 〈그림 14〉와 같이 레이저가 입자의 옆으로 지나가면 입자는 레이저의 중심으로 인력을 받게 되며, 레이저에 의해서 일반적으로 가해지는 힘은 pN 정도로 매우 작다. 레이저의 중심으로 입자를 이동시키고, 다시 레이저를 옆으로 조금 이동시키면 입자는 다시 중심으로 돌아온다. 광학 핀셋은 이와 같은 원리로 작은 물체를 집어서 옮길 수 있다.

예제

7-1. 자동차의 헤드라이트는 오목거울을 사용하여 빛을 한곳으로 모아 멀리까지 도달하게 한다. 헤드라이트의 빛이 더욱 멀리 가게 하기 위해서 어떻게 설계하면 좋을지 논의해보자.

7-2. 태양에서 오는 빛을 오목거울로 모아서 조리기구를 만들 수 있으며, 1L의 물을 3분 정도의 시간에 끓이기 위해서 얼마나 큰 오목거울이 필요한지 논의해보자.

7-3. 오목렌즈와 볼록렌즈와 같은 광학렌즈의 크기는 빛의 파장보다 크게 설계되며, 나노기술에 의해서 최근 마이크로미터보다 작은 크기를 가지는 렌즈들도 만들어지고 있다. 렌즈의 크기가 클 때와 작을 때 어떤 장점과 단점이 있는지 논의해보자.

7-4. 볼록렌즈 두 개로 망원경을 만들면 거꾸로 뒤집힌 물체가 관찰되며, 볼록렌즈 세 개로 망원경을 만들면 뒤집힌 물체가 다시 바로 보이게 된다. 볼록렌즈 네 개와 다섯 개로 망원경을 만들 때 물체의 이미지에 대해 논의해보자.

참고문헌

"기하광학 입문", 장경애 저, 상학당, 2013년

"다빈치에서 허블 망원경까지", 데이비드 엘리아드 저/조성호 역, 고려대학교출판부, 2010년

"비선형광학", 이범구 저, 아르케, 2000년

"안경기하광학", 안경광학 교재편찬위원회 저, 북스힐, 2005년

"현대광공학", Warren J. Smith 저/임천석 등 역, 북스힐, 2000년

8
전기

8-1. 정전기와 기본전하량

현대인들이 사용하는 에너지는 자동차를 움직이게 하는 휘발유, 천연가스와 같은 화석연료, 일상생활에서 사용하는 스마트폰과 텔레비전 등의 전자제품에 사용되는 전기가 대부분을 차지하고 있다. 최근 전기자동차가 등장하면서 전기에너지가 더욱 폭넓게 자리를 잡아가고 있다. 이와 같은 전기는 원자력이나 화력발전소에서 생산되어 주로 구리로 만들어진 전선을 통해서 원하는 곳까지 동적으로 전달된다. 전선을 통해 이동하는 것은 원자의 핵을 공전하고 있는 전자들이며, 일반적으로 전선을 통해서 전기가 흐른다고 말한다. 전자는 음전하를 띠고, 양성자는 양전하를 띤다. 수소에서 전자 하나가 빠져 나오면 수소 원자는 양전하를 띠며, 빠져나온 전자는 음전하를 띤다. 음전하를 띠는 전자들이 움직이지 않고 특정한 위치에 정지하고 있을 때를 정전기(static electricity)라고 한다. 이와 유사하게 양전하를 띠거나 음전하를 띤 원자들이 이동하지 않고 모여 있는 상태도 정전기 상태에 해당된다. 그러므로 정전기 상태는 음전하 또는 양전하를 띠는 전하들이 움직이지 않고 모여 있는 것이라고 할 수 있다.

기원전 600년 고대 그리스 철학자 탈레스는 호박(琥珀)을 마찰하면 정전기가 생긴다는 것을 처음으로 발견하였다. 우리 주변에 있는 빗과 종이를 이용해서도 정전기 확인 실험을 할 수 있다. 빗을 마찰시켜 빗의 표면에 정전기가 형성되면 종이들은 정전기에 의한 인력을 받아서 빗에 달라붙는 현상을 일으킨다. 빗의 표면에 정전기가 형성되었다는 것은 전자들이 빗의 표면에 모여 있다는 것을 의미한다. 〈그림 1〉과 같이 다양한 소재들을 서로서로 마찰시키면 전자들이 모여서 음전하로 정전기를 형성하는 소재와 전자들을 마찰하는 소재에 주어서 양전하들로 정전기를 형성하는 소재로 분류할 수 있다.

두 물체가 마찰하여 마찰전기, 즉 정전기가 형성될 때 어떻게 전자들이 이동하는지를 〈그림 2〉에서 설명할 수 있다. 물질 A는 전자들을 가두고 있는 에너지가 낮아서, 즉 전자들이 깊이 들어 있지 않아서 전자들을 뺄 때 에너지가 적게 들며, 물질 B에는 전자들이 깊이 들어 있어서 전자들을 뺄 때 에너지가 물질 A에 비해 더 많이 든다. 이때 두 물체를 마찰시

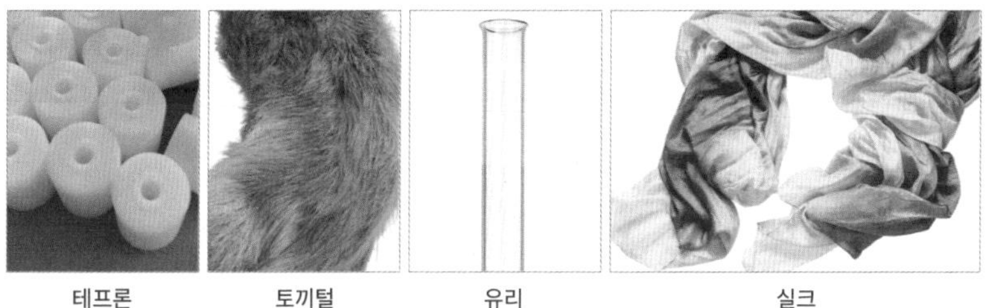
테프론 토끼털 유리 실크

그림 1. 마찰전기 실험을 위한 다양한 소재

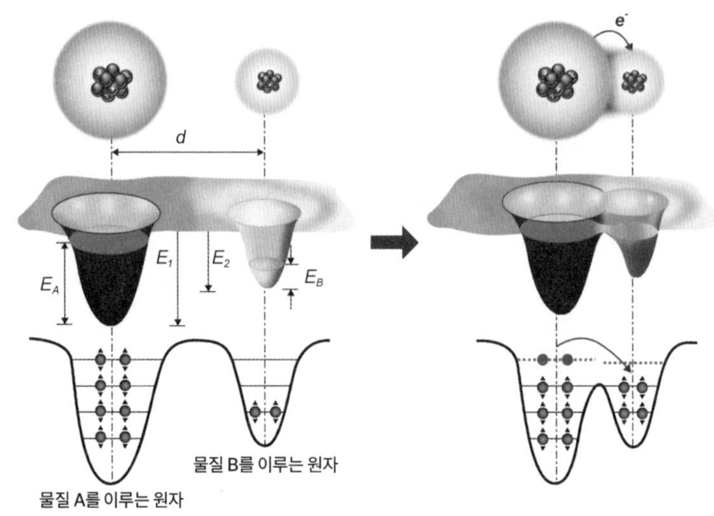

그림 2. 두 물체를 이루는 원자들의 마찰전기에 의한 전자의 이동에 대한 개략도

키면 두 물체의 전자들은 마찰에 의한 열에너지를 받아 그 상태에서 벗어나서 다른 위치로 이동하려고 한다. 물질 A는 에너지를 조금만 받으면 물질 B로 넘어갈 수 있지만, 물질 B는 전자들이 깊이 있어서 물질 A로 넘어가기가 쉽지 않다. 그 결과 물질 A는 전자를 잃어서 양전하들이 정전기로 형성되며, 물질 B는 전자를 받아서 음전하들이 정전기로 형성된다. 물질 A는 양의 정전기로, 물질 B는 음의 정전기로 되면서 두 물체 사이에는 인력이 작용하게 된다. 마찰전기를 설명할 때 물체들이 전자를 좋아하는지 아니면 싫어하는지로 물체들의 정전기 특성을 설명할 수 있다. 물질 내에 전자들을 잘 가두지 않는 물질은 전자를 싫어하는 물질이며, 전자를 쉽게 잃는다. 반대로 물질 내에 전자들을 잘 가두고 있는 물질은 전자를 좋아하며 주변에서 들어오는 전자들을 충분히 가둘 수 있는 공간을 잘 확보하고 있게 된다.

마찰전기는 두 물체가 마찰할 때 부분적으로 발생하는 열에 의해서 전

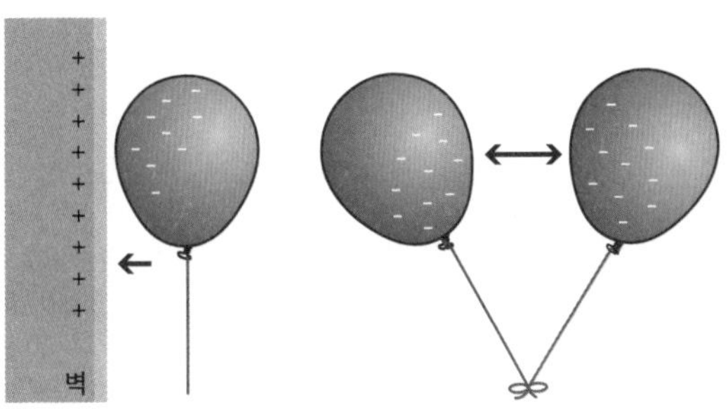

그림 3. 풍선의 정전기에 의한 거동

자들이 방출되어 이동하는 현상으로 형성된다. 열의 발생에 의해서 전자들이 방출되는 것을 리처드슨(Richardson) 효과라고 한다. 마찰전기에 의해서 정전기를 가지는 두 물체 사이에는 인력과 척력이 발생하는데, 〈그림 3〉과 같이 음의 정전기와 양의 정전기 사이에는 인력이 그리고 음의 정전기와 음의 정전기 사이에는 척력이 작용한다. 물론 양의 정전기와 양의 정전기 사이에도 척력이 작용한다. 전자들이나 양전하들은 서로서로 밀어내기 때문에 한곳에 모여 있으면 불안정하므로 마찰전기에 의해서 물체에 형성된 정전기들은 오랫동안 유지되지 않는다.

겨울철과 같이 건조할 때 문 손잡이에서 정전기가 발생하는 것을 종종 볼 수 있다. 이 현상은 정전기, 즉 모여 있는 전하들이 한쪽으로 이동하면

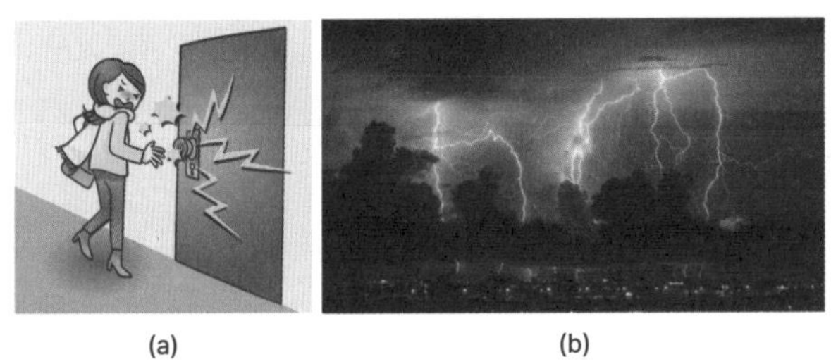
(a) (b)

그림 4. (a) 문 손잡이에서 발생하는 정전기 (b) 번개가 치는 장면

서 동적으로 흐르는 전기를 느끼는 것이다. 정전기라고 말하지만 이 상태는 정전기가 아닌 전기가 흐르는 것이라고 할 수 있다. 구름은 수증기 덩어리로 높은 곳에서 얼음결정들과 작은 물방울 등이 수증기들과 무수하게 충돌하면서 마찰전기에 의해서 음전하와 양전하가 분리되는 현상을 일으킨다. 일반적으로 양전하는 구름 위로, 음전하는 구름 아래로 모이게 되며, 이렇게 모인 전자들은 10억 V 정도의 높은 전압을 갖는 불안정한 상태의 정전기가 된다. 이렇게 유지되던 정전기 상태가 깨어지면서 전자들이 방출되는 현상이 〈그림 4(b)〉와 같은 번개이며, 전자들이 방출되면서 순간 공기를 구성하는 가스들은 플라스마 상태로 되면서 불빛을 방출한다. 번개가 흐르는 속도는 약 100,000km/s 정도이며, 광속의 1/3 정도로 매우 빠르므로 번개를 피하기는 쉽지 않다. 〈표 1〉은 정전기에 의해서 몸에 전류가 흐를 때 나타나는 증상이다. 5mA 정도면 경미한 경련과 함께 아주 놀라게 되며, 15mA가 되면 몸에 강한 경련 증세가 발생한다. 그리고 50mA 이상의 전류가 흐르면 사망에 이를 수 있으니 주의해야 한다.

전하와 전하 사이에는 정전기력이 작용한다. 〈그림 5(a)〉와 같이 양전하와 음전하 사이에는 인력이 작용하며, 양전하와 양전하 그리고 음전하와 음전하 사이에는 척력이 작용한다. 프랑스 물리학자 쿨롱(C. Coulomb)은 1784년 전하와 전하 사이에 작용하는 힘을 정의하는 쿨롱의 법칙을 발표하였다. 〈그림 5(b)〉와 같이 두 전하 사이에는 전하량들의 곱에 비례하고 거리의 제곱에 반비례하는 힘이 작용한다. 여기서, k는 $1/4\pi\varepsilon_0$,이며, ε_0

표 1. 정전기에 의한 몸에 흐르는 전류와 증상

(단위 : mA)

통과 전류의 크기	1	5	10	15	50~100
증상	약간 느낌	경련 발생	불안해짐	강한 경련 발생	사망

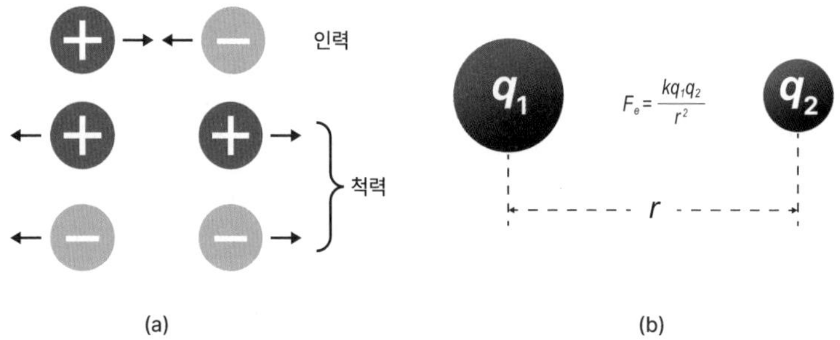

그림 5. (a) 전하 사이에 작용하는 힘 (b) 두 전하 사이에 작용하는 쿨롱 힘

은 $8.854 \times 10^{-12}\ C^2N^{-1}m^{-2}$이다. 이후 많은 시간이 흐른 후 1833년 패러데이(Faraday)는 전기분해에서 이온들이 기본 단위 전하량의 정수배로 주어질 수 있다는 결과를 얻었다. 1881년 스토니(G. J. Stoney)는 전자라는 명칭을 사용하였으며, 1897년에 톰슨(J. J. Thompson)이 전자의 전하량이 $1.6 \times 10^{-19}C$이라는 것을 확인하였다.

전자가 가지는 전하량을 측정하는 방법 중 하나는 〈그림 6〉과 같은 밀리컨(Millikan)의 기름방울실험이다. 그림과 같이 기름방울을 분무기에서 분출할 때 기름방울은 노즐과 마찰하면서 음전하, 즉 전자로 대전된다. 기름방울은 중력을 받아서 아래로 떨어지는데, 아랫부분에 있는 두 전극 사

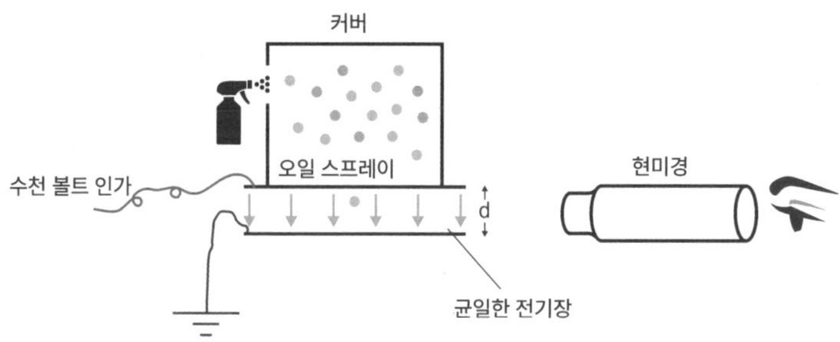

그림 6. 기본 전하량 측정을 위한 밀리컨의 기름방울실험

이로 떨어지게 된다. 이 전극 사이에 전압을 인가하여 중력에 의한 힘과 전극 사이에 인가된 전압에 의해서 형성된 전기력 $F=qE$에 의한 힘이 같아지게 전압을 조절할 수 있다. 이 전압에 의해서 전자의 전하량을 확인하는 것이 가능하다. 1909년 밀리컨은 전자의 기본 전하량이 1.6×10^{-19}C이라는 것과 전자의 질량이 9.1×10^{-31}kg이라는 것을 확인하였으며, 1923년 노벨 물리학상을 수상한다.

8-2. 전기장과 전류

양전하는 양전하를 밀어내며 〈그림 7(a)〉의 양전하에 양의 전하량을 가지는 기본전하를 두면 이 기본전하는 양의 전하에서 멀어지는 쪽으로 힘을 받는다. 이와 같이 기본전하가 받는 힘의 방향을 선으로 표시하여 나타내는 것을 전기장이라고 한다. 음전하의 경우에 기본전하는 음전하의 방향으로 전기장이 형성된다. 그래서 〈그림 7(a)〉와 같이 음전하와 양전하가 마주보

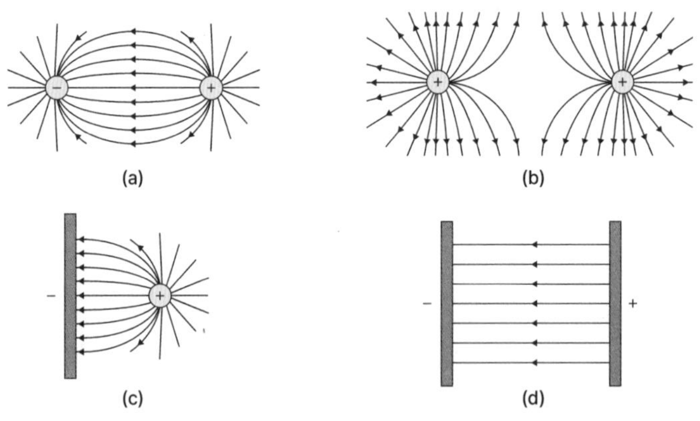

그림 7. (a) 음전하와 양전하 사이에 형성된 전기장 (b) 양전하와 양전하 사이에 형성된 전기장 (c) 음전압이 인가된 전극과 양전하 사이에 형성된 전기장 (d) 음전압이 인가된 전극과 양전압이 인가된 전극 사이에 형성된 전기장

게 되면 전기장은 양전하에서 음전하로 들어가는 모양으로 형성된다. 〈그림 7(b)〉와 같이 두 양전하들이 나란히 있을 때에는 양전하에서 전기장이 뻗어 나오는 방향으로 형성되므로 마주보는 부분에서는 전기장들이 충돌하면서 밀려나는 모양을 보인다. 음전하와 음전하 사이에는 양전하 사이에 형성되는 전기장의 모양과 유사하지만 방향만 반대인 전기장이 형성된다.

〈그림 7(c)〉와 같이 양전하가 음전압이 인가된 전극 옆에 있을 때에는 음전압이 인가된 전극에 전자들이 모이므로 양의 전하에서 전극 방향으로 들어가는 전기장이 형성된다. 마지막으로 〈그림 7(d)〉와 같이 양전압이 인가된 전극과 음전압이 인가된 전극에는 각각 전자들과 양전하들이 형성되면서 +에서 -로 전기장이 형성된다. 전기장으로 표시된 화살표들은 양전하를 띠는 기본전하가 받는 힘의 방향에 해당한다. 따라서 전기장이 주어질 때 양전하를 띠는 양이온은 전기장의 방향으로 힘을 받아서 가속될 수 있다. 반대로 음전하를 띠는 음이온은 전기장이 반대 방향으로 힘을 받게 된다. 전하량이 q인 전하는 전기장 E 내에서 전기력 $F=qE$의 힘을 받게 된다. 밀리컨의 기름방울실험에서 기름방울이 받는 중력은 mg에 해당하며 이 중력에 의한 힘과 전기장에 의한 힘이 같아지도록 전압을 설정하여 기본 전하량, 즉 전자의 전하량을 얻는 것이 가능하다.

톰슨은 음극선실험에서 음극에서 튀어나오는 전자들은 오른쪽에 있는 두 전극에 인가된 전압에 의해서 휘어지게 된다고 밝혔다. 〈그림 8〉과 같이 전압이 인가되면 위의 전극에는 양전압이 인가되고 아래 전극에는 음전압이 인가되므로 전자들은 위로 힘을 받게 된다. 이 실험에서 중요한 점은 음전압을 인가한 전극에서 전자들이 모여서 방출된다는 것이며, 반대로 양전압을 인가한 전극에서는 전자들이 음극으로 이동하면서 양전하들이 모이게 된다는 것이다. 이는 두 전극을 마주보게 한 상태에서 각각의 전극에 음전압과 양전압을 인가할 때 음전압이 인가된 쪽에는 전자들이 모이고

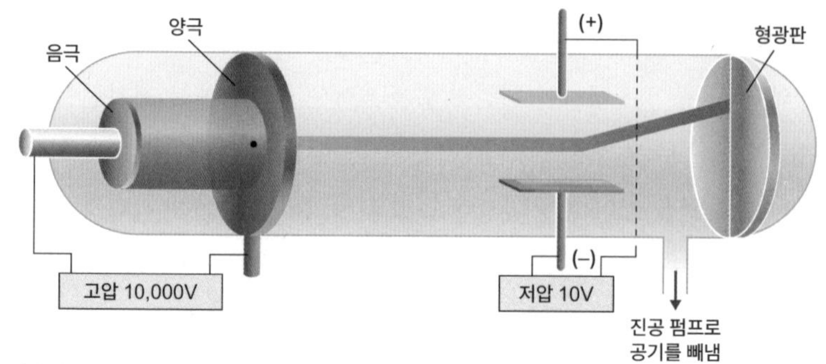

그림 8. 톰슨의 음극선실험

양전압을 인가한 쪽에는 전자들이 빠져나가서 양전하들이 모인다는 것을 이해할 수 있게 한다.

〈그림 9(a)〉와 같은 통로를 따라 전하들이 흘러갈 때 단위시간당 얼마나 많은 전하가 지나갔는지를 나타내는 것은 전류로 정의된다. 전류가 흐르는 통로가 될 수 있는 것은 금이나 구리와 같은 금속류의 도체이며, 도체 내부에는 다수의 자유전자가 흐르면서 전류를 형성할 수 있다. 특히, 중성인 원자에서 전자를 하나 또는 두 개를 받아서 음이온이 될 수 있으며, 음이온은 음의 전하량을 가지므로 음이온의 흐름도 전류를 형성할 수

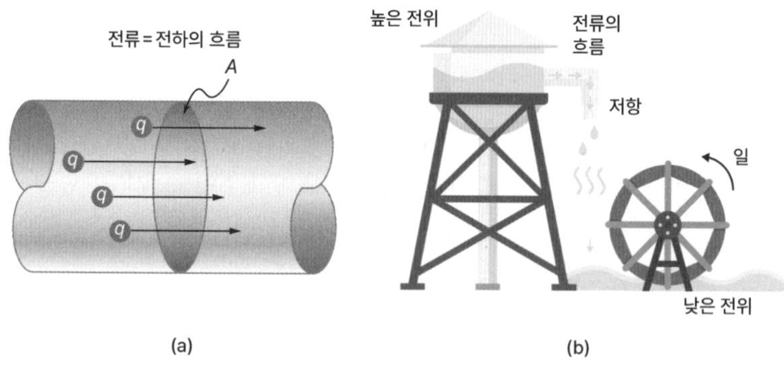

그림 9. (a) 면적이 A인 통로를 따라 흐르는 전하들 (b) 전류의 흐름과 전류에 의한 일

있다. 중성인 원자에서 전자가 빠져나가면 양이온이 되며, 양이온은 양전하로 양이온이 움직이면 양전하가 움직이는 것이 된다. 전류의 방향은 전자의 이동 방향에 기준을 두지 않으며, 양전하가 움직이는 방향을 전류의 방향으로 정의한다. 배터리의 음극에서 전자가 양극으로 이동하는 것에 대해 명확히 알지 못할 때 배터리의 양극에서 양전하들이 음극으로 이동한다고 생각하였다. 그러므로 전류의 방향은 양극에서 음극으로 흐른다고 표시하였으며, 지금도 전류의 방향은 전자들이 흐르는 반대 방향으로 쓰고 있다. 〈그림 9(b)〉와 같이 물을 높은 곳에 있는 물통에 담아두고 이 물을 흐르게 하면 물은 아래로 흐르게 되며 그 위치에너지에 의해서 물레방아를 돌리는 것과 같이 일을 할 수 있게 된다. 배터리에 의한 전류에서 물의 높이는 전압의 높이와 상응하며 물의 양은 전류의 크기에 상응한다. 전류가 크다는 것은 물의 질량이 크다는 것을, 전압이 높다는 것은 물의 높이가 높다는 것이므로 위치에너지는 물 높이와 양의 크기에 따라 증가한다. 즉, 전압이 높고 전류가 크면 더 많은 일을 할 수 있게 된다.

8-3. 밴드이론과 물질들의 전기전도도

금속과 같은 도체에는 전류가 잘 흐르며 다이아몬드와 같은 부도체에는 전류가 잘 흐르지 않는다. 최근 많은 관심을 받고 있는 실리콘과 같은 반도체들은 부도체에 비해서는 전류가 잘 흐르지만 도체에 비해서는 전류가 잘 흐르지 않는다. 전류가 잘 흐르는 소재들은 전기전도도가 높다고 할 수 있으며, 다양한 소재들의 전기전도도에 대한 이해를 위해서 밴드이론(band theory)이 가장 많이 사용된다.

원자를 이루는 전자들은 원자들이 일정한 거리 이상으로 가스 상태와 같이 떨어져서 상호작용이 없을 때에는 〈그림 10〉과 같이 띄엄띄엄 떨어져 있는 에너지 레벨을 형성한다. 고체와 같이 여러 개의 원자들이 일정한 거리를 이루면서 근접해 있는 경우에는 전자들의 궤도들은 서로 밀어내려는 파울리의 배타원리에 의해서 같은 에너지 레벨에 있지 않으려고 한다. 그 결과 다수의 전자들은 서로 다른 에너지로 분리되면서 레벨이 아닌 넓은 폭의 에너지 밴드를 형성한다. 〈그림 10〉에서 평형 원자 간 거리로 표시된 것이 고체를 이루는 원자들이 가장 안정된 위치들에 놓이는 것이며, 금의 경우에는 원자와 원자 사이의 거리가 약 2.9Å 정도이다. 즉, 금을 이루는 원자와 원자 사이의 거리가 2.9Å으로 일정하게 유지되며, 이때 전자들의 에너지는 그림과 같은 밴드를 이루게 된다는 것이다. 가장 위에 있는 전자들의 밴드와 아래에 있는 전자들의 밴드에 대해서 각각 전도대(conduction band)와 가전도도(valence band)라고 정의한다. 철(Fe), 구리(Cu)와 같은 금속을 이루는 원자들은 전자와 친하지 않아서 고체를 이루는 금속결합에서

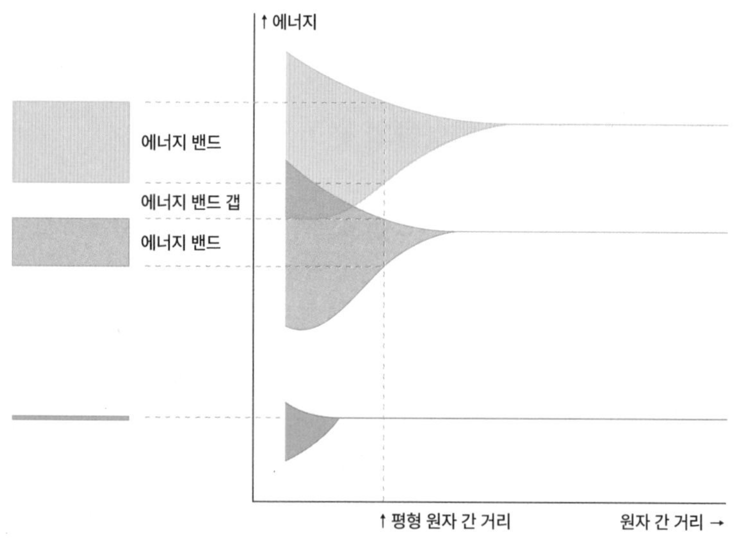

그림 10. 원자들의 거리 변화에 따른 전자들의 에너지 밴드 형성

전자를 하나 또는 두 개를 버리면서 결합한다. 그 결과 버려진 전자들은 고체를 이루는 원자들에게 영향을 받지 않고 자유롭게 움직이면서 전류가 흐르게 하므로, 이 전자들을 자유전자(free electron)라고 부른다. 〈그림 10〉에서 가장 높은 에너지에 있는 밴드, 즉 전도대에 있는 밴드가 자유전자의 에너지 밴드이다.

금속의 경우에는 〈그림 11(c)〉와 같이 자유전자들이 전도대에 있으며, 전도대에서 자유롭게 전류의 흐름에 참여하게 된다. 밴드이론에서는 전도대에 자유전자가 있을 때에만 전류가 흐를 수 있다고 본다. 반대로 〈그림 11(a), (b)〉와 같이 전도대가 비어 있는 경우에는 전도대에 자유전자가 없으므로 전류가 흐르지 않아야 한다. 금속결합과 다르게 소금(NaCl)은 이온결합(ionic bonding)을 한다. Na이 전자 하나를 Cl에 주고 Na^{+}, Cl^{-}가 되면서 결합하여 고체를 형성한다. 전자를 주고받아서 남는 전자가 없으므로 금속결합과 같이 자유전자가 형성되지 않는다. 소금의 경우에는 전도대가 비

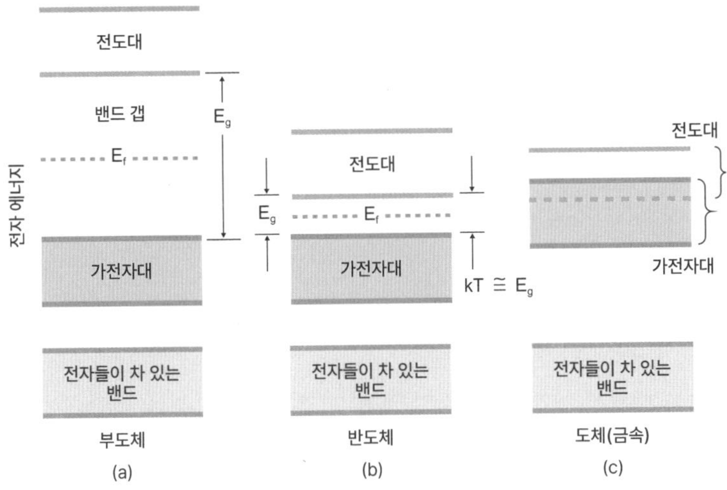

그림 11. 물질의 종류별 에너지 밴드 다이어그램 : (a) 부도체, (b) 반도체, (c) 도체

있다고 생각할 수 있으며, 그래서 전류는 흐르지 않게 된다. 〈그림 11(a)〉에서 전도대는 비어 있지만 그 아래에 있는 가전자대에는 전자들이 가득 차 있다. 가전자대에 있는 전자들이 큰 에너지를 받는다면 전도대로 이동하는 것도 가능해지고 이에 의해서 전류를 흐르게 할 수도 있다. 그래서 전도대와 가전자대 사이의 차이를 밴드 갭(band gap, E_g)이라고 정의하며, 대부분의 부도체들은 밴드 갭이 3eV보다 크다. 밴드이론에서는 밴드 갭이 큰 물질을 부도체로 분류한다. 부도체는 반도체와 다르게 밴드 갭이 작은 물질이라고 볼 수 있다. 실리콘(Si)과 같은 반도체 물질은 고체를 형성할 때 실리콘 원자들이 전자들을 서로 공유하는 공유결합(covalent bonding)을 하며, 1.1eV 정도의 작은 밴드 갭을 보인다. 밴드 갭이 작다는 것은 반도체 내 전자들이 열을 받거나 외부에서 빛을 받을 때 가전가대에서 전도대로 올라가기가 어렵지 않다는 것을 의미하며, 실제로 열에너지에 의해서 전도대로 올라간 전자들은 전류의 흐름에 큰 영향을 준다.

〈그림 12〉와 같이 도체, 반도체 그리고 절연체는 넓은 영역의 전기저항과 전기전도도를 가진다. 도체는 작은 전기저항과 높은 전기전도도를 보이며, 부도체는 높은 전기저항과 낮은 전기전도도를 보인다. 반도체는 도체와 부도체 사이의 영역에 있는 전기저항과 전기전도도를 가진다. 밴드이론에서는 전도대에 전자들이 있을 때 여기 전자들이 자유전자들이 되어서 전류를 흐르게 한다는 것을 이야기한다. 그러나 자유전자들이 전도대가 가득 차면 어떤 일이 일어날까? 전도대에 전자들이 가득 차면 전자들은 흐를 수 있는 공간이 없어지면서 전류를 흐르게 하지 못하며, 이를 모트절연체(Mott insulator)라고 부른다.

도체 내에서 자유전자들은 도체를 이루는 양이온들과 수없이 충돌하면서 이동하며, 이 충돌이 많이 생기면 전기전도도는 줄어들게 된다. 정확하게는 도체를 이루는 양이온들의 진동에 의한 포논과 전자들이 충돌하여

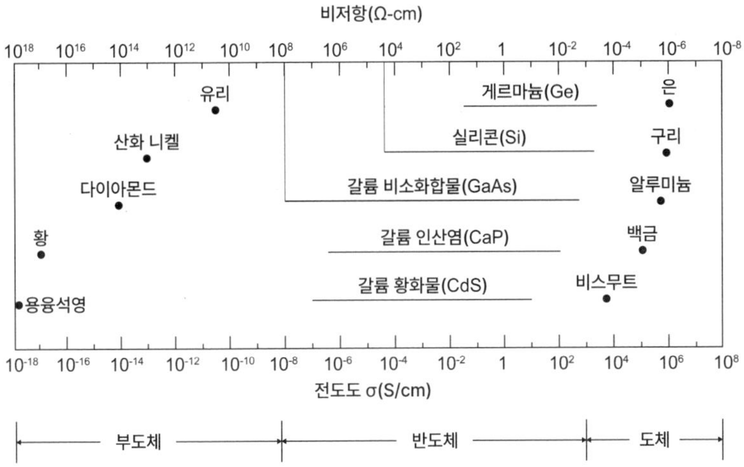

그림 12. 도체, 반도체 그리고 절연체의 전기저항과 전기전도도의 비교

서 전기전도도를 떨어뜨리게 하는 것이다. 도체의 온도를 높이는 양이온들의 진동, 즉 포논에너지가 증가하며 이는 전자들이 양이온에 충돌할 확률을 크게 증가시키게 된다. 그래서 도체는 온도가 높아지면 전기전도도가 줄어드는 효과를 보이는 것이다. 반대로 도체의 온도를 내려서 절대영도가 되면 양이온들의 진동, 즉 포논이 없어지게 되어서 초전도(superconductivity) 현상이 나타나게 된다. 1911년 네덜란드의 오네스(Onnes)가 세계 최초로 발견한 수은의 초전도 현상은 절대온도 4.2K에서 전기저항이 0이 된다.

고체 내부에서 전자들의 질량은 주변과의 상호작용에 의해서 크게 변화할 수 있으며, 이를 유효질량(effective mass)이라고 부른다. GaAs, InAs와 같은 반도체 내 전자들의 유효질량은 자유전자의 0.063, 0.022배로 아주 가벼우며, 전자들은 아주 빠른 속도로 움직일 수 있다. 이는 무게가 10kg인 물체가 물속에 들어가면 수압에 의해서 더 가벼워지는 것과 유사하다. 〈그림 13(b)〉와 같이 탄소들이 2차원 육각형 벌집 모양의 결정 상태를 이루는

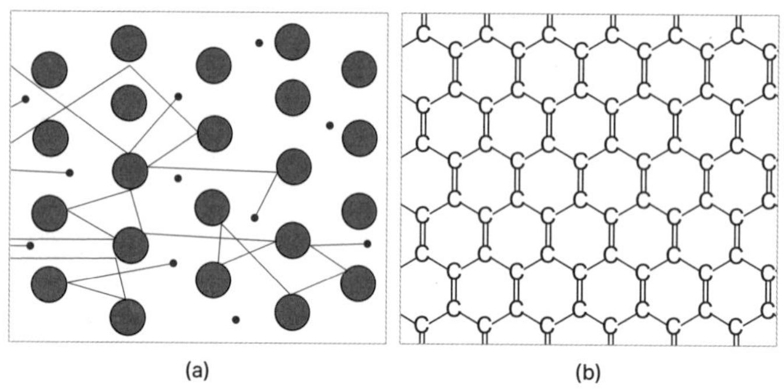

그림 13. (a) 파란색으로 표시된 전자들이 붉은색으로 표시된 원자핵과 충돌하면서 이루는 흐름 (b) 탄소들의 2차원 배열로 만들어진 그래핀 구조

그래핀(graphene) 내에서 전자들의 유효질량은 거의 0에 가깝기 때문에, 실리콘 반도체에 비해 100배 이상 빠르게 전자들이 이동한다. 이와 같은 그래핀 기반의 반도체 소자들이 현실화된다면 지금보다 더 빠른 컴퓨터를 만드는 것도 가능해진다. 반대로 전자의 유효질량은 $CeRu_2Si_2$와 같은 소재 내에서는 자유전자의 200배 정도로 아주 무거워지기도 한다.

산화바나듐(VO_2)과 같은 모트절연체는 높은 온도에서는 전자들이 자유롭게 이동하는 금속과 같은 전도성을 보인다. 그러나 온도가 내려가면 전자들은 바나듐 원자 하나당 하나의 전자들이 정렬되는 전하 정렬 상태(charge ordered state)를 형성하며, 전자들은 완벽하게 정렬되면서 이동할 수 있는 공간을 잃어버리게 된다. 그 결과 산화바나듐은 낮은 온도에서 절연체가 되며, 온도가 올라가면 다시 도체가 된다. 이와 같은 모트절연체를 〈그림 14(b)〉와 같이 유리의 표면에 코팅하면 낮에는 햇빛을 받아서 온도가 올라가므로 모트절연체 코팅막은 금속의 특성을 나타내어 불투명한 유리창을 형성하게 된다. 반대로 해가 지고 온도가 내려가면 모트절연체는 투명한 부도체가 되면서 투명한 유리창을 형성하게 된다. 모트절연체를 선글라스의 렌즈 표면에 코팅하여도 햇빛 아래서는 불투명하게, 햇빛이 없을

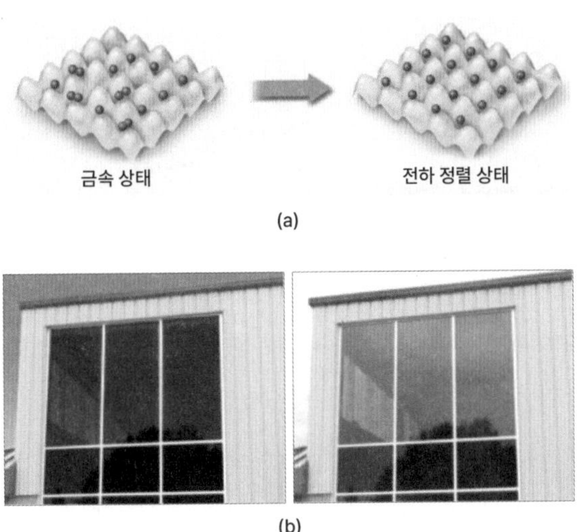

그림 14. (a) 모트절연체의 온도 감소에 따른 상태 변화 (b) 모트절연체를 코팅한 창문의 온도 감소에 따른 투명화

때는 투명하게 할 수 있다.

액정디스플레이(liquid crystal display, LCD)와 유기와 같은 평판 디스플레이는 브라운관을 대체하는 디스플레이로 가장 많이 사용되고 있다. 평판 디스플레이를 만들기 위해서 필요한 소재 중 핵심이 되는 소재는 투명전극이다. 투명한 디스플레이는 가시광을 투과시켜서 뒤가 보이는 투명한 디스플레이다. 가시광은 〈그림 15(a)〉와 같이 700nm의 긴 파장을 가지는 붉은색에서 400nm의 짧은 파장을 가지는 파란색까지의 파장 영역에 해당된다. 이 영역을 에너지로 변환시키면 1.7에서 3.1eV의 에너지 영역에 해당한다. 〈그림 15(b)〉는 자유전자들이 형성된 도체의 특성을 보이는 전극들의 전자에너지에 대응되는 전자밀도를 나타낸 것이다. 전도대에 전자들이 부분적으로 차 있으므로 두 경우는 밴드이론에 의해서 도체의 특성을 가진다는 것을 알 수 있다. 〈그림 15(b)〉 왼쪽 그림과 같은 경우에는 가시광 영역에 있는 빛들을 흡수할 수 있을 정도로 에너지 밴드 폭이 크므로 모든

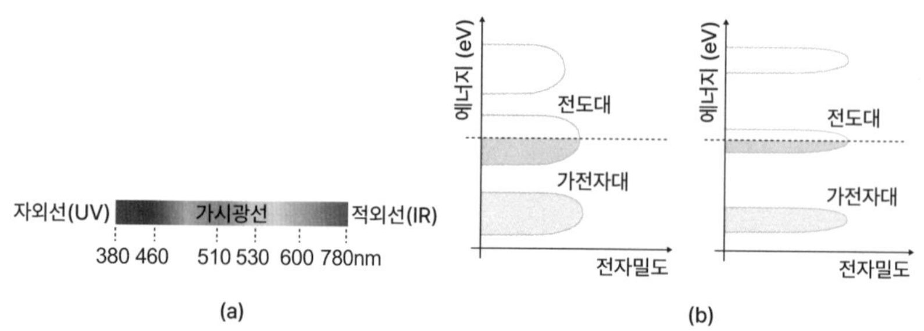

그림 15. (a) 가시광의 파장 (b) 불투명한 전극(좌)과 투명전극(우)의 전자에너지에 대응되는 전자밀도

가시광은 흡수되었다가 다시 방출된다. 이때 가시광은 전극을 투과하지 못하며, 반사되거나 흡수되어 불투명한 도체가 된다. 그래서 금속들은 빛을 잘 반사하는 특성을 나타낸다. 〈그림 15(b)〉 오른쪽 그림과 같이 전도대의 폭이 좁은 도체는 1.6eV보다 큰 에너지를 가지는 빛들은 모두 투과시키는 특성이 있다. 이는 빛이 흡수될 때 전도대에 있는 전자들이 갈 수 있는 에너지 밴드가 없기 때문이다. ITO(indium tin oxide)와 같은 투명전극은 가시광에 대한 투과율이 90% 수준의 우수한 투명전극으로 현재 가장 많이 사용되고 있다.

8-4. 금속과 다양한 응용분야

금속은 알칼리금속(alkali metal), 알칼리토금속(alkaline earth metal) 그리고 전이금속(transition metal), 전이후금속(post transition metal)으로 나눌 수 있다. 알칼리금속은 주기율표 1족에 속하는 원소 중 수소를 제외한 리튬, 나트륨, 칼륨, 루비듐, 세슘, 프랑슘의 6원소들이다. 알칼리금속은 공기나 물과 쉽게 반응하여 폭발성을 보이므로 기름 속에 보관하며, 물과 반응할 때 수소가 발생하여 수산화 이온이 생겨서 염기성을 형성하므로 알칼리 금속이라고 부른다. 알칼리 금속들의 최외각 전자 하나는 쉽게 제거될 수 있어서 양이온이 잘 형성되며, 이를 활용한 이차전지의 소재들로 활용된다.

리튬이온배터리는 니켈-카드뮴 배터리의 단점인 기억효과(완전 방전이 되지 않은 상태에서 충전을 하면 충전 용량이 작아지는 현상)를 보이지 않으므로 가장 많이 사용되는 이차전지이다. 〈그림 16〉과 같이 충전이 될 때 리튬이온들은 전자를 잃어버리면서 양이온의 상태로 음극 쪽으로 이동하며 충전 상태를 형성한다. 이 상태에서 방전하면 전자들은 음극에서 양극 쪽으로 이동하면서 전류를 형성하며, 동시에 리튬 양이온들은 분리막을 통해서 양극으로 이동하면서 중성인 상태가 된다. 일반적으로 리튬이온배터리는 500회 정도의 충전수명을 가지고 있는데, 최대 2,000회의 충전수명을 가진 제품도 있다. 리튬이온배터리가 가지는 높은 폭발성을 줄이기 위해서 리튬폴리머배터리 등이 개발되기도 하였다. 최근에는 리튬이온배터리의 폭발성을 완전히 제거할 수 있도록 전해질을 고체 상태로 만든 전고체배터리(solid

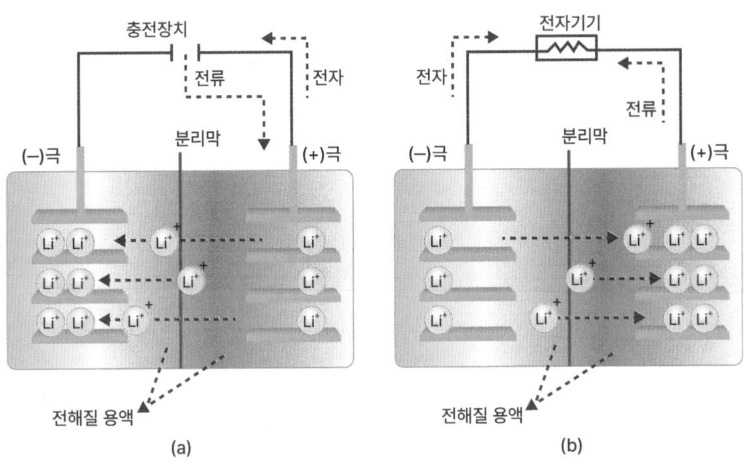

그림 16. 리튬이온배터리의 작동원리 : (a) 충전, (b) 방전

state battery)가 등장하고 있다.

〈그림 17(a)〉에는 이차전지들의 에너지저장밀도가 비교되어 있으며 리튬이온배터리가 가장 우수한 에너지저장밀도를 보인다. 자동차의 배터리로 많이 사용되는 납배터리는 이차전지기술 중 가장 낮은 에너지저장밀도를 가지지만 비교적 안정적인 배터리이다. 니켈-카드뮴(Ni-Cd) 배터리는 전자제품에 사용되는 소형 이차전지로 많이 개발되었으며, 기억효과에 의해서 이를 대체하기 위한 니켈 금속 하이브리드 배터리(Ni-HM)가 개발되었다. 니켈 하이브리드 배터리는 도요타의 하이브리드 자동차 초기 모델에 많이 사용되었으며, 최근에는 리튬이오배터리가 많이 사용되고 있다. 가솔린엔진이나 디젤엔진을 사용하는 자동차는 보통 1km 정도를 이동할 때 110g 정도의 이산화탄소를 배출하여 지구온난화와 환경오염의 원인이 되며, 이를 해결하기 위한 방법으로 전기자동차가 등장하였다.

대부분의 전기자동차들은 리튬이온 배터리를 사용하여 한 번 충전할 때 600km 이상을 이동할 수 있지만, 이를 충전하기 위한 전력의 공급에 대한 문제도 적지 않다. 엔진을 사용하는 자동차에 모터를 추가하여 효율

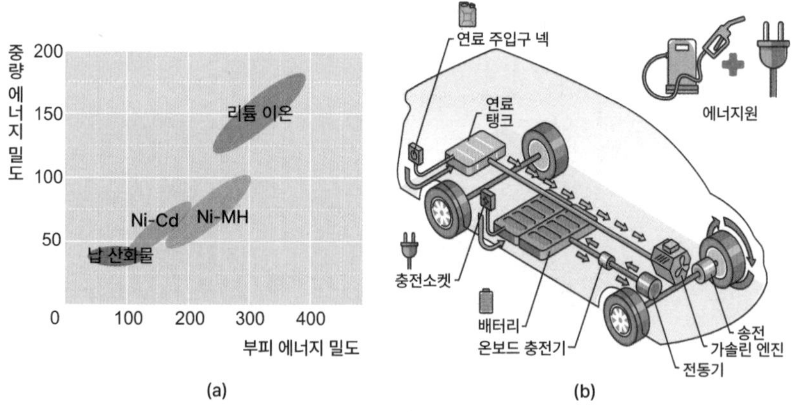

그림 17. (a) 이차전지들의 에너지저장밀도 비교 (b) 하이브리드 자동차의 원리

을 높이는 기술이 하이브리드 자동차 기술이며, 〈그림 17(b)〉와 같이 엔진과 모터를 같이 사용한다. 내리막길이나 속도를 감속할 때 모터에 의해서 전기를 충전하여 에너지 효율을 극대화시킬 수 있으며, 그 결과 50% 정도의 효율 상승을 보인다. 알칼리토금속은 주기율표에서 알칼리금속의 옆에 놓이는 원소들로 칼슘, 스트론튬, 바륨, 라듐 등이다.

전이금속은 주기율표의 3족에서 12족까지에 놓여 있는 원자들이며, 전이금속으로 이루어진 소재들은 초전도체(superconductor), 유전체(dielectrics), 강유전체(ferroelectrics), 다강체(multiferroics), 압전체(piezoelectric material), 자성체(magnetic materials) 등의 다양한 물리적 특성들을 나타낸다. 전이금속 중 하나인 고체 상태의 수은은 초전도 현상이 최초로 발견된 소재이며, 4.2K에서 전기저항이 0이 되는 초전도 현상을 일으킨다. 〈그림 18(b)〉와 같이 초전도체로 링 모양을 만든 후 그 내부에 전류를 흘리면 형성된 전류는 전기저항이 없기 때문에 영원히 흐르게 된다. 또한 이 전류에 의해서 형성된 자기장 또한 영원히 형성되게 된다.

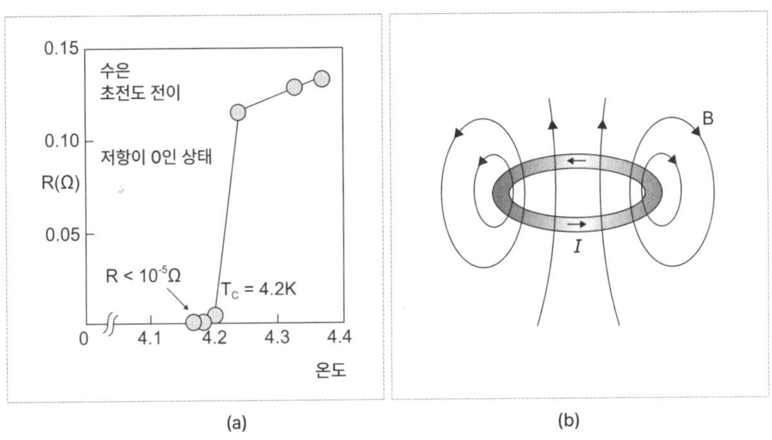

그림 18. (a) 수은의 4.2K 근처에서의 초전도 현상 (b) 링 모양의 초전도체에 흐르는 전류와 이에 의해서 유도되는 자기장

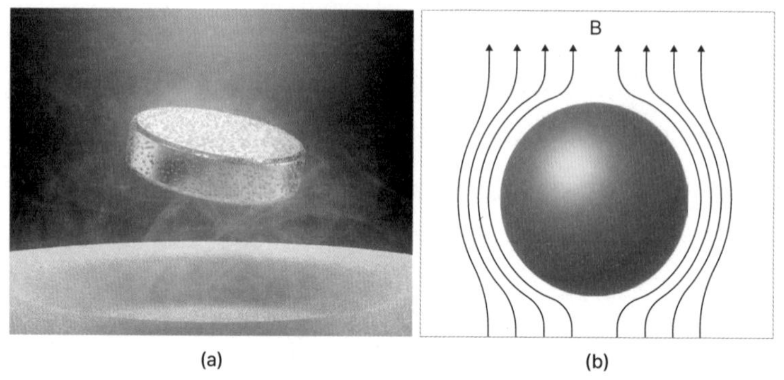

그림 19. (a) 마이스너 효과에 의한 초전도체의 공중 부양 (b) 초전도체 내부로 들어가지 못하는 자기장

초전도체를 자석 위에 두면 초전도체가 〈그림 19(a)〉와 같이 공중 부양하는 현상을 일으키며, 이 현상을 마이스너(M. Meissner) 효과라고 한다. 초전도체는 내부에 자기장이 들어오지 못하게 하는 특성인 반자성체의 특성을 보인다. 그래서 외부에서 자기장이 들어오면 그것을 밀어내는 자기장을 만들어 외부의 자기장이 초전도체 내에 들어오지 못하게 하는 전류를 형성한다. 그 결과 초전도체는 자석에 의해서 형성되는 자기장에 반대로 자기장을 형성하여, 공중 부양을 할 수 있게 된다. 이와 같은 마이스너 효과에 의한 초전도체의 공중 부양 효과는 자기부상열차에 활용될 수 있다.

초전도 현상이 발견되고 난 후 〈그림 20(a)〉와 같이 다양한 초전도체가 개발되었으며, 그중에 대표적인 것은 고온초전도체인 $YBa_2Cu_3O_7$(YBCO)이다. YBCO는 90K(-183℃)의 비교적 높은 온도에서 초전도 현상을 일으키며, 이는 액체 질소에 의해서 얻어지는 온도인 -196℃에 비해 높은 온도이므로 그 응용성이 매우 높다. 초전도체들에 대한 지속적인 이해와 개발로 초전도 현상을 일으키는 온도가 200K에 가깝게 증가되었지만, 아직 상온에 가까운 온도에서 초전도 현상을 일으키는 초전도체는 개발되지 못했다. 〈그림 20(b)〉와 같이 초전도체들은 자기부상열차, 전력케이블, NMR, MRI,

모터, 변전기, 핵융합 등의 다양한 분야에서 직접적으로 활용될 수 있다.

초전도체 내에서 이동하는 전자들은 쿠퍼쌍(Cooper pair)이라는 두 전자들이 쌍을 이루는 현상을 일으키며, 이 쿠퍼쌍에 의해서 초전도를 설명하는 이론이 존 바딘(John Bardeen), 레온 쿠퍼(Leon Cooper), 존 로버트 슈리퍼

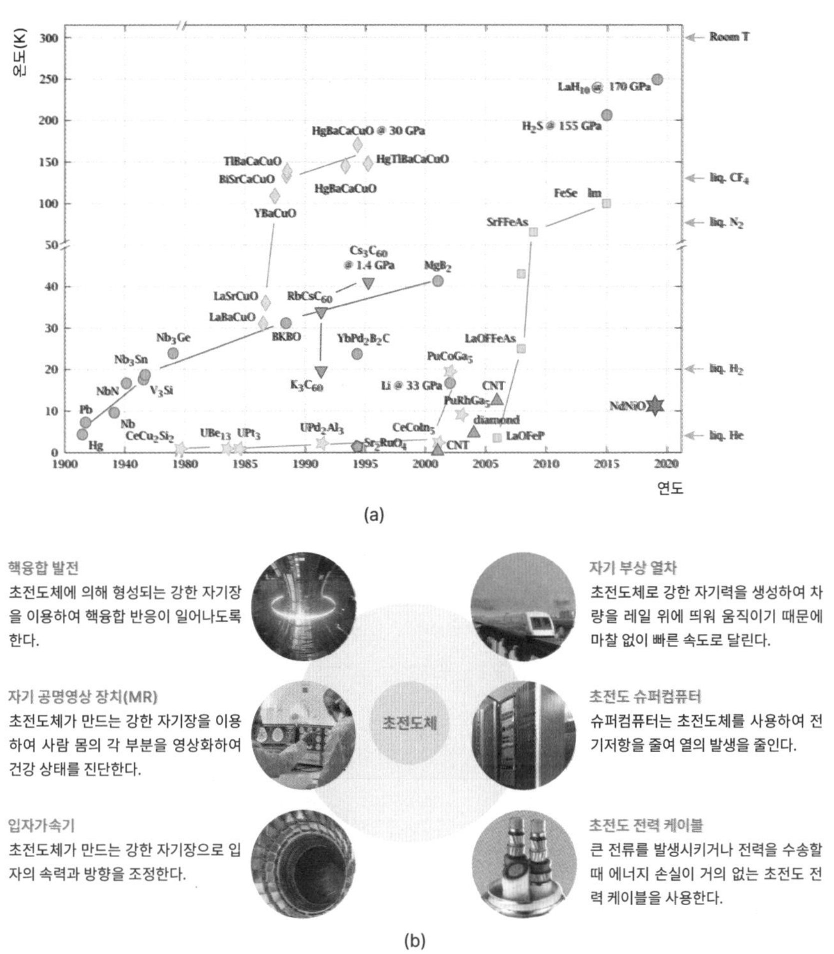

그림 20. (a) 다양한 초전도체 (b) 초전도체를 활용하는 다양한 분야

(John Robert Scherieffer)가 만든 BCS 이론이다. 1972년 세 사람은 이 업적으로 노벨 물리학상을 수상하였다.

〈그림 21(a)〉와 같이 노란색으로 표시된 양이온들은 앞에서 이동하는 전자에 의해서 안쪽으로 힘을 받게 되며, 이 힘을 받아 이동된 양이온들에 의해서 뒤의 전자가 같은 방향으로 인력을 받아서 두 전자들은 쌍을 이루게 된다. 이와 같이 양전하의 거동에 의해서 전자들이 힘을 받는 것을 전자-포논 상호작용이라고 한다. 아주 약한 자기장을 측정하기에 가장 적합한 소자는 〈그림 21(b)〉의 조셉슨(Jesephson) 소자이며, 이 소자를 개발한 조셉슨은 1973년 노벨 물리학상을 받았다. 조셉슨 소자는 초전도체들 사이에 조셉슨 접합이라는 구조를 만들어 둔다. 이 조셉슨 접합은 초전도체들 사이에 아주 얇은 부도체를 끼워 넣는 것이다. 이 부도체는 초전도체들 사이에 전류가 잘 흐르지 않게 하며, 외부에서 아주 작은 자기장을 줄 때 급격하게 전류를 흐르게 하는 특징을 가진다. 외부에서 아주 작은 자기장이 주어질 때 전류가 발생하므로, 전자 몇 개가 만들어내는 정도의 아주 작은 자기장도 측정이 가능하다. 이와 같은 자기장에 대한 높은 감도를 가지는 조셉슨 소자를 활용하여서 10^{-5}nT의 정도의 아주 작은 자기장을 측정하는 초전도자력계(superconducting quantum interference device, SQUID)를 제작할 수 있다.

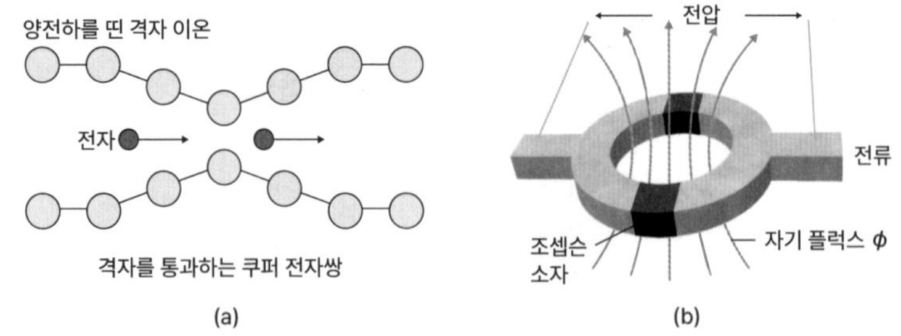

그림 21. (a) 초전도체 내 쿠퍼쌍의 형성 (b) 조셉슨 접합 소자

전이금속이 포함된 소재 중 유전체(dielectrics)는 전기전도도가 금속과 같은 도체에 비해 월등히 작아서 전류가 잘 흐르지 않는 소재이며, 상유전체(paraelectrics), 강유전체(ferroelectrics), 다강체(multiferroics) 그리고 압전체(piezoelectric material) 등으로 분류할 수 있다. 일반적으로 유전체라고 하면 산화규소(SiO_2)와 같은 상유전체를 뜻하며, 플라스틱과 같이 절연체로 전선의 피복이나 CPU와 같은 마이크로프로세서 내부의 절연소재로 주로 활용된다.

〈그림 22(a)〉의 왼쪽 그림과 같이 두 전극이 마주보는 상태로 일정한 거리를 유지하는 구조를 가지는 축전기는 전하를 충전하고 방전하는 용도로 사용된다. 두 전극 사이에 공기가 들어 있는 경우 외부에서 전압을 인가하면 양극에 연결된 전극에는 양전하들이 보이고 음극에 연결된 전극에는 전자들이 모인다. 이때 배터리를 제거하면 두 전극에 있는 전하들은 방전되지 않고 쿨롱 힘에 의한 인력에 의해서 서로서로가 유지되도록 잡아주는 역할을 한다. 이 상태는 전하들이 모여 있는 상태로 전기에너지가 저장된 상태에 해당하며, 배터리 자리에 전구를 두면 전자들이 이동하면서 형성한 전류에 의해서 전구는 불빛을 발산하게 된다. 두 전극이 모두 전하를 띠지 않을 때까지 전류가 흐르게 되며, 전극의 면적이 넓을수록, 전극 사이의 거리가 가까울수록 저장되는 용량은 증가한다. 특히 두 전극 사이에 공기층이 있을 때보다 전하를 포함하는 유전체 층을 두면 용량이 더 증가될 수 있으며, 용량은 유전체가 가지는 유전율에 비례해서 증가한다. 유전율이 높은 유전체들은 공기에 비해 십만 배 정도의 유전율을 보이기도 하며, 이는 십만 배 정도 작은 축전기를 만들 수 있다는 것을 나타낸다.

축전기의 용량을 높이고 크기를 줄일 수 있는 구조는 적층세라믹콘덴서(MLCC)이다. 〈그림 22(b)〉와 같이 세라믹으로 된 유전체 층 사이에 전극을 여러 층 형성하여 전극의 면적을 최대화할 수 있다. 〈그림 22(c)〉와 같이 1mm보다 작은 축전기들로 2cm의 큰 축전기들을 대체할 수 있게 하여서 스마트폰과 같은 전자기기들을 소형화시키는 것을 가능하게 하였다. 마이크로프로세서를 구성하는 소자들은 저항, 축전기, 다이오드 그리고 전계효과 트랜지스터(field effect transistor, FET) 등으로 구성된다. FET는 〈그림 22(d)〉와 같은 구조를 가지며, 게이트에 전압을 제어하여 소스와 드레인 사이에 전류를 ON과 OFF 상태로 조절한다. 게이트에 전압을 인가할 때 유전체로 만들어진 게이트 산화막이 높은 유전율을 가지면 더 작은 전압으로도 FET를 조절하는 것이 가능하다. 유전율 2 정도의 산화규소가 게이트 산화막으로 많이 사용되었으며, 최근 소자의 크기가 수 nm 정도로 작아지면서 산화하프늄(HfO_2)과 같이 산화규소보다 열 배 정도 더 큰 유전율을

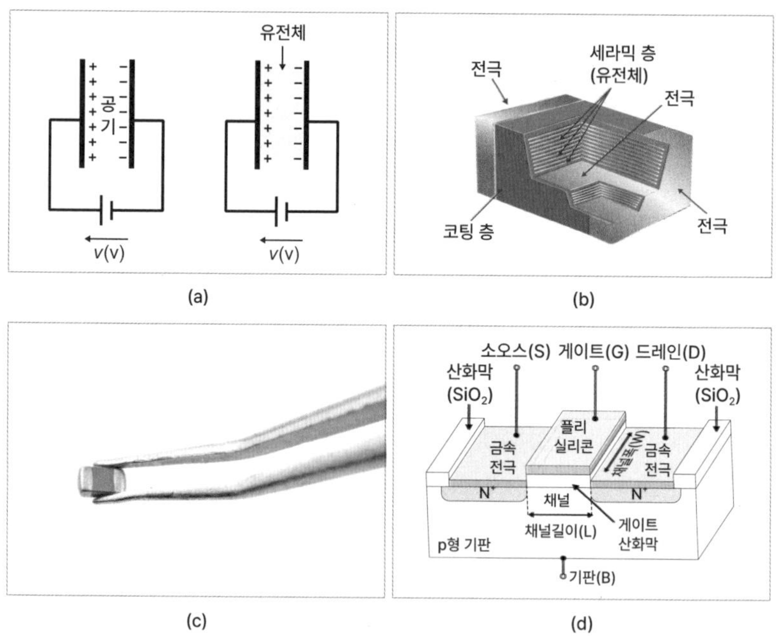

그림 22. (a) 축전기에 전압을 인가하여 충전 (b) 적층세라믹콘덴서(MLCC)의 구조 (c) 1mm 크기의 적층세라믹콘덴서 (d) 전계효과 트랜지스터의 구조

가지는 고유전율(high-k) 물질들이 사용되고 있다. 고유전율 물질을 사용하여 소자의 크기를 줄이는 것과 함께 소비전력을 최소화하는 것이 가능하게 되었다.

산화니켈(NiO)과 같은 유전체 소재에 높은 전압을 인가하면 유전체 소재는 절연파괴가 되면서 〈그림 23(a)〉와 같이 유전체 소재 내에 전류가 잘 흐르게 하는 전도성 필라멘트 채널이 형성된다. 이 전도성 필라멘트는 전극과 전극 사이에 전류가 잘 흐르게 하는 역할을 하며, 외부에서 특정한 전압을 인가하면 〈그림 23(b)〉와 같이 전도성 필라멘트 일부가 끊어지면서 전도성 필라멘트는 전류가 잘 흐르지 못하는 채널로 된다. 이 전도성 필라멘트는 외부 전압에 의해서 연결되고 끊어지는 등의 조절이 되며, 이 상태는 오랜 시간 동안 유지되므로 이를 활용하여 플래시 메모리와 같은 비휘발성 메모리 소자를 만드는 것이 가능하다. 이와 같이 유전체의 전도성 필라멘트를 활용한 메모리 기술이 저항변화메모리(resistive random access memory, RRAM) 기술이다.

〈그림 24〉와 같이 결정 상태와 비정질 상태에서 저항변화를 일으키는

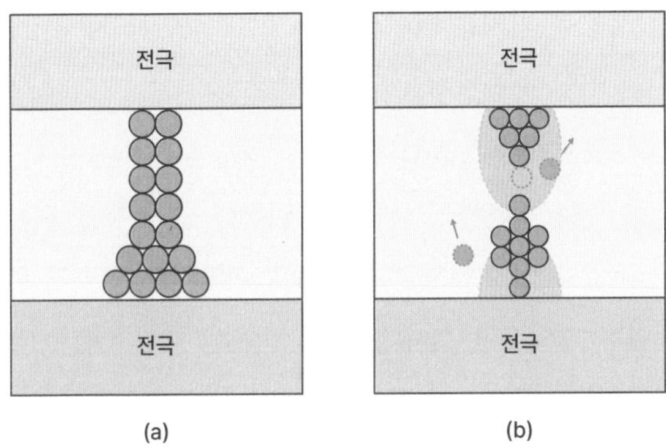

그림 23. (a) 전도성 필라멘트가 형성된 저항변화메모리의 내부 (b) 전도성 필라멘트가 부분적으로 끊긴 저항변화메모리 내부

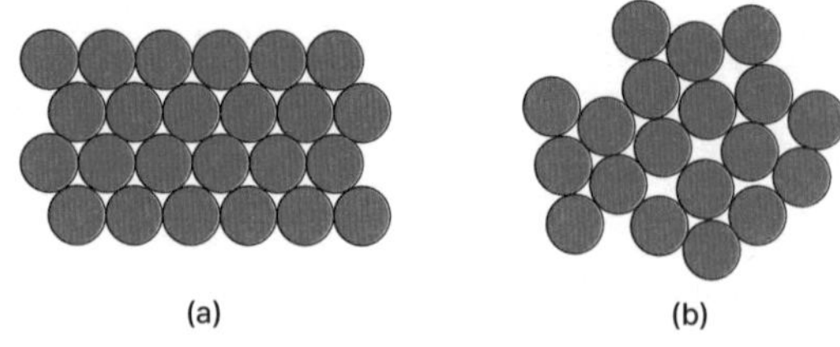

그림 24. (a) 유전체 소재의 결정화 상태 (b) 유전체 소재의 비정질 상태

상변화물질은 상변화메모리(phase-chage memory)로 활용될 수 있으며, 최근 미국의 I사에서 상변화메모리를 상용화하는 데 성공하였다. 상변화물질에 열을 가하여 천천히 냉각시키면 결정 상태가 되면서 저항이 낮아지며, 반대로 열을 내리는 속도를 빠르게 하면 비정질 상태로 되면서 저항이 높아진다. 이 저항변화를 이용해서 비휘발성 메모리를 만드는 것이 상변화메모리기술이다.

유전체에 속하는 압전체는 전기석(tourmaline), 석영, 토파즈(topaz), 설탕 및 로셸 염(Rochelle salt) 결정들을 외부 힘으로 변형시킬 때 전기를 발생시킨다. 이와 같은 압전체의 압전 현상은 1880년 프랑스의 물리학자 자크 퀴리(Jacque Curie)와 피에르 퀴리(Pierre Curie) 형제들이 발견하였다. 그 후 우수한 압전 성능을 가지는 $Pb(Zr, Ti)O_3$ (PZT), $(K, Na)NbO_3$, $NaNbO_3$ 및 $BaTiO_3$와 같은 다양한 압전체들이 개발되었다.

압전체는 상유전체와 강유전체를 모두 포함하고 있으며 〈그림 25(a)〉와 같이 외부에서 힘을 가해서 압전체를 늘리거나 수축시키면 압전체를 구성하는 전하들의 분포가 변화하면서 외부에 전압이 인가되게 한다. 반대로 압전체에 전압을 걸어주면 길이 변화를 일으킨다. 압전체에 외부 힘을 줄 때 형성되는 전압을 활용하여 동작감지센서와 압전발전소자 등으로 활용할 수 있다. 반대로 압전체에 전압을 인가할 때 일어나는 길이 변화를 활용하여 전기로 움직이는 액추에이터(actuator) 등으로 활용할 수 있다.

외부 전압에 의한 압전체의 길이 변화를 활용하여 〈그림 25(b)〉와 같은 압전체 스피커를 만들 수 있으며, 일반적인 스피커에 비해서 작은 크기의 소형 스피커로 만들어서 스마트폰 등의 모바일 기기에서 사용하고 있다. 〈그림 25(c)〉와 같이 작은 크기의 모터를 만들 수 있으며, 최근 μm 크기보다 작은 모터를 만드는 것도 가능해졌다. 압전체 외부에서 순간적으로 큰 힘을 가하면 만 볼트 정도의 높은 전압이 유도될 수 있으며, 이를 활용해서 소형 라이터에 불을 붙이는 것이 가능하다. 그래서 소형 라이터에는 〈그림 25(d)〉와 같은 압전체 점화기를 많이 사용한다. 이와 같이 외부 힘으로 전기를 만들 수 있는 압전체의 특성을 활용해서 압전발전소자를 만드는 것이 가능하며, 70kg인 성인의 신발에 압전발전소자를 달면 70W 정도의 전력을 만드는 것도 가능하다. 압전발전기술은 태양광 발전과 같이 신재생 에너지 기술로 많은 연구들이 진행되고 있다.

디램(dynamic random access memory, DRAM)과 같은 메모리 소자는 컴퓨터나 스마트폰에 CPU의 연산에 필요한 정보들을 저장하는 역할을 하며,

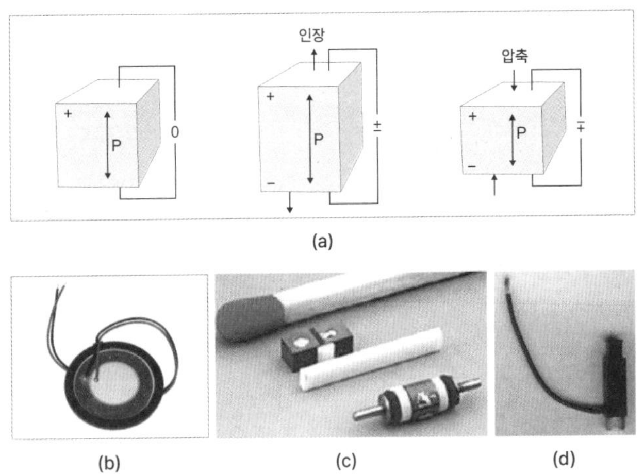

그림 25. (a) 압전체의 길이 변화에 따른 전압 형성 (b) 압전체 스피커 (c) 압전체 모터 (d) 압전체 점화기

빠른 속도를 가지지만 전원이 제거되면 정보들이 지워지는 휘발성 메모리 소자이다. 전원이 제거된 후에도 정보들을 저장하기 위해서 만든 것이 비휘발성 메모리 소자이며, 가장 많이 사용되는 비휘발성 메모리 기술이 플래시 메모리 기술이다. 플래시 메모리 트랜지스터는 〈그림 26(a)〉와 같은 구조이며, 게이트 아래에 있는 플로팅 게이트에 전자들이 주입되거나 제거된 상태에 의해서 정보를 저장하게 된다. 플로팅 게이트에 전자들이 주입, 제거되는 과정이 반복될 때에 플로팅 게이트를 감싸고 있는 산화물이 오염되며 수명이 줄어드는 현상을 일으킨다. 플래시 메모리 소자들은 십만 회 정도의 쓰고 읽기 수명을 가지며, 1ms 정도의 비교적 낮은 쓰기 속도를 가지므로 이를 대체할 수 있는 새로운 비휘발성 메모리 기술이 필요하다.

앞에서 언급한 저항변화메모리 기술과 상변화메모리 기술은 차세대 비휘발성 메모리 기술들로 플래시 메모리 기술에 비해 천에서 백만 배 정도의 월등히 빠른 속도를 가진다. 플래시 메모리와 유사한 구조를 가지는 강유전체 메모리 기술은 〈그림 26(b)〉와 같은 구조를 가지며, 플로팅 게이트의 위치에 강유전체 소재가 사용된다. 유전체에 속하는 강유전체는 외부의 전압을 주지 않아도 스스로 전하들이 분리되는 자발분극현상을 보이며, 이 분극은 외부 전압을 통해 방향을 제어할 수 있다. 외부에서 전압을 주어 강유전체 내부의 분극의 방향을 〈그림 26(b)〉의 왼쪽과 같이 아래로 향하게 할 수 있으며, 반대로 전압을 주어서 오른쪽 그림과 같이 분극이

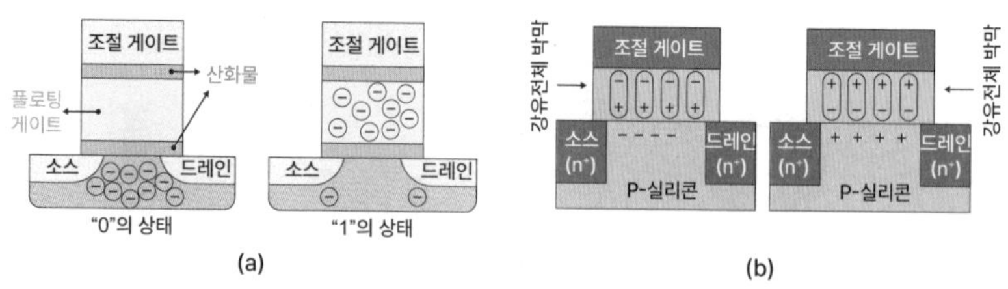

그림 26. (a) 플래시 메모리 트랜지스터의 구조 (b) 강유전체 메모리 트랜지스터의 구조

위를 향하게 할 수 있다.

이와 같이 분극이 위를 향할 때에는 플로팅 게이트에 전자들이 충전된 것과 같은 상태로 트랜지스터에 전류가 흐르는 동작을 한다. 반대로 분극이 아래를 향하는 경우에는 플로팅 게이트에 전자가 제거된 상태와 같이 전류가 잘 흐르지 않은 상태로 트랜지스터가 동작한다. 분극의 방향이 외부 전압에 의해서 제어된 상태에서 외부 전압이 없어도 분극의 방향은 변화되지 않으므로, 이를 활용하여 비휘발성 메모리로 활용하는 것이 가능하다. 강유전체 소재들은 비휘발성 메모리 기술로 활용될 뿐만 아니라 적외선 센서, 에너지 저장 소자, 고밀도 축전기, 광도파관 등의 다양한 기술에 활용될 수 있다.

8-5. 반도체

도체와 부도체 사이의 전기전도도를 가지는 실리콘과 같은 반도체 소재들은 부도체에 비해 작은 밴드 갭을 가진다. 부도체와 같이 반도체의 전도대는 비어 있어서 전류가 잘 흐르지 않는다. 절대영도에서 반도체의 전도대는 완전하게 비어 있는 상태가 되어서 전류가 전혀 흐르지 않는 상태가 된다. 그러나 온도가 올라가면 반도체의 가전자대에 있는 전자들이 〈그림 27(a)〉와 같이 전도대로 이동한다. 이렇게 전도대로 이동한 전자들은 반도체에 전류가 흐르게 한다. 특히, 반도체의 전도대로 이동한 전자들의 수는 도체의 자유전자들에 비해 매우 작기 때문에 반도체에서는 도체에 비해 더 작은 전류가 흐른다. 가전자대에서 전자들이 빠진 자리에는 양전하가 형성되면서 양전하를 띠는 홀(hole)들이 형성된다.

〈그림 27(b)〉와 같은 구조로 배터리를 전구와 물속에 담긴 두 개의 전극들로 연결된 상태를 생각해보자. 물속에 소금이 들어 있지 않을 때에는

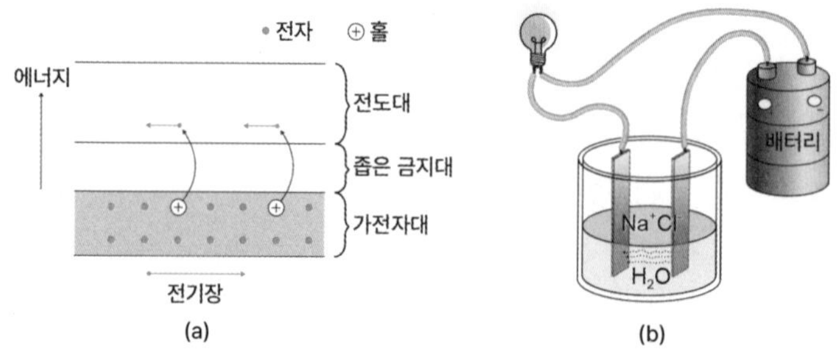

그림 27. (a) 반도체 내 전자들이 가전자대에서 전도대로 이동할 때의 에너지 밴드 다이어그램 (b) 물에 희석된 소금에 의한 전류의 흐름

전류가 잘 흐르지 않아서 전구에 불이 들어오지 않는다. 이는 물의 비저항이 약 18.5MΩ·cm으로 반도체인 실리콘에 비해 만 배 정도로 크기 때문이다. 소금(NaCl)을 물에 녹이면 Na^+와 Cl^-로 양이온과 음이온이 분리된 상태로 물속에 존재하며, 이들의 이동에 의해서 전류가 흐르게 된다. 이처럼 물속에 섞여 있는 소량의 이온에 의해서 전기전도도가 조절될 수 있으며, 이물질을 넣는 이 과정을 도핑(doping)이라고 한다. 물속에 음이온만 들어 있으면 음이온들은 양극에 연결된 전극으로 이동하면서 전류를 흐르게 한다. 반대로 양이온만 있으면 양이온은 양극이 연결된 전극의 반대 방향으로 이동하면서 전류를 흐르게 한다. 이와 같이 물속에 들어 있는 양이온과 음이온은 전류를 흐르게 하는 캐리어의 역할을 하게 된다. 반도체의 경우에도 이와 유사하게 불순물을 넣어서 양이온 및 음이온과 유사한 캐리어를 형성하는 것이 가능하다.

4족 원소인 실리콘은 주변의 원자들과 두 개의 전자들을 공유하는 공유결합을 한다. 〈그림 28(a)〉와 같이 5족 원소인 인을 도핑할 때 도핑된 인 원자들은 공유결합을 하며, 이때 인 원자 하나당 하나의 전자가 남게 되고 이는 전류를 흐르게 하는 캐리어가 된다. 이와 같이 5족 원소들을 도너(donor)라고 하며, 도너의 도핑에 의해서 전자들이 캐리어로 형성된 반도체를 n형 반도체라고 한다. 〈그림 28(b)〉와 같이 3족 원소인 보론이 도핑될 때 보론 원자 하나당 하나의 전자가 모자란 상태에서 공유결합을 형성하며, 그 결과 보론 원자 하나당 하나의 전자가 비어지는 양이온 상태와 유사한 홀(hole)이 형성된다. 보론과 같은 3족 원소들을 억셉터(accepter)라고 하며, 엑셉터의 도핑에 의해서 홀이 캐리어로 형성된 반도체를 p형 반도체라고 한다. n형과 p형 반도체들은 음전하인 전자들과 양전하인 홀들이 캐리어로 형성되어 물속에 있는 Na^+와 Cl^-의 양이온, 음이온과 같이 전류가 흐르는 데 기여하게 된다. 실리콘에 도핑을 하지 않으면 2.3KΩ·cm 정도의 비저항을 가지며 도핑에 의해서 n형 또는 p형 반도체가 될 때 비저항은 백만 배까지 줄어들어 약 10^{-3}Ω·cm 정도가 된다. 마이크로프로세서를 구성하는 부품 중 저항을 만들 때 반도체에 일정한 농도의 도핑에 의해서 비저항을 조절한다. 실리콘, 게르마늄, GaAs 등과 같은 다양한 반도체 소재 중에서 실리콘은 주변에 있는 돌이나 바위를 구성하는 산화규소에서 산소를 제거하여 만들어지기 때문에 다른 반도체 소재들에 비해 경제성과 대량생산에 적합하다는 장점으로 가장 많이 사용된다.

1880년대 토머스 에디슨(Thomas Edison)이 진공관을 개발하기 시작하

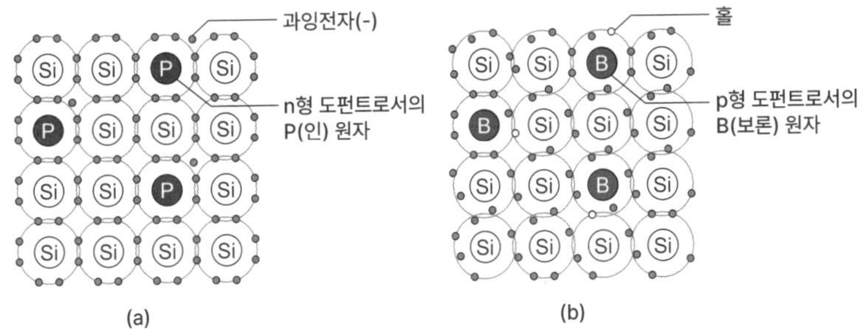

그림 28. (a) 실리콘 내에 인(P)이 들어간 n형 도핑 (b) 실리콘 내에 보론(B)이 들어간 p형 도핑

였으며, 1900년 초에 영국의 전기공학자 존 플레밍(John Fleming)이 2극 진공관을 발명한 후 3극, 4극 및 5극 진공관들이 발명된다. 진공관은 백열등과 같이 진공으로 된 유리 내에 텅스텐 필라멘트를 넣어서 이 필라멘트에서 발생하는 전자들의 흐름을 다른 전극들로 제어하여 소자로 사용한다.

2극 진공관은 〈그림 29(b)〉와 같이 진공관 내에 필라멘트와 하나의 전극이 있는 구조를 가진다. 필라멘트에 전류를 흘리면 필라멘트에 고열이 발생하여 열전자들이 방출된다. 전자들은 필라멘트에서 반대편 전극 방향으로 흐를 수 있지만, 반대 방향으로는 흐르지 못한다. 그래서 2극 진공관은 한쪽 방향으로만 전류를 흐르게 하는 소자인 다이오드(diode)로 사용될 수 있다. 3극, 4극 그리고 5극 진공관들은 입력된 신호를 더욱 크게 증폭시킬 수 있는 기능이 있으며, 이는 아주 작은 신호를 크게 만들어 준다. 진공관을 사용한 진공관 앰프는 잡음이 거의 없는 고급 앰프들

(a)

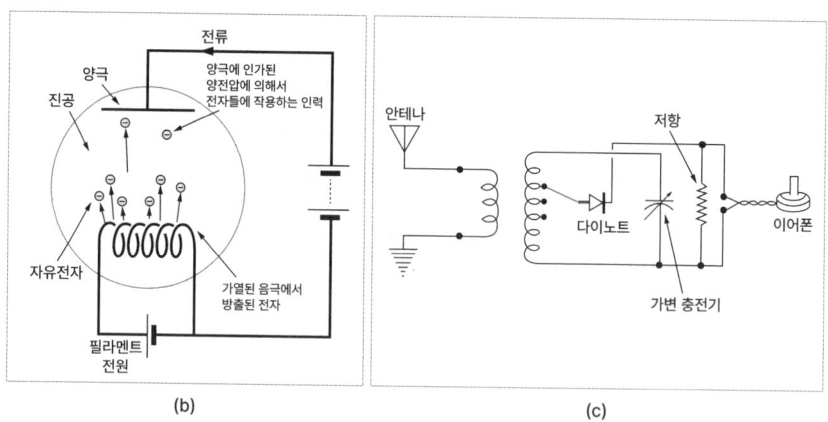

(b) (c)

그림 29. (a) 다양한 모양의 진공관들 (b) 2극 진공관의 작동원리 (c) 간단한 구조의 AM 라디오 회로도

로 최근까지도 고급 오디오에 사용된다.

〈그림 29(c)〉는 간단한 구조를 가지는 AM 라디오의 회로도이다. 안테나, 가변 코일, 가변 축전기를 통해 원하는 주파수로 튜닝한 다음 다이오드에 의해서 반파 정류를 한다. 이렇게 정류된 신호는 음파로서 앰프에 의해 증폭된 후 소리로 전달된다. 세계 최초의 방송은 1920년 11월에 미국 피츠버그의 KDKA 방송국에서 시작하였으며, 한국은 1927년 2월 경성방송국에서 개시되었다. 이 당시 라디오와 방송국 장비들은 모두 진공관으로 만들어졌으며, 1960년대 반도체 기술이 등장하기 전까지 주를 이루었다.

2극 진공관을 대체할 수 있는 pn 접합 다이오드는 〈그림 30(a)〉와 같이 p형 실리콘과 n형 실리콘이 접합하여 만들어진다. pn 접합 다이오드는 전원이 없을 때 〈그림 30(c)〉와 같은 에너지 밴드 모양을 가진다. 노란색 띠는 전도대이며 파란색 띠는 가전자대이다. 왼쪽의 p형 반도체 내에는 홀들이, 오른쪽 n형 반도체 내에는 전자들이 캐리어로 존재한다. 왼쪽에 있는 전자들은 오른쪽으로 갈 때 기울어진 경사면을 만나므로 쉽게 이동하지 못한다. 반대로 홀의 입장에서는 전자가 느끼는 것과 반대로 경사를 느끼기 때

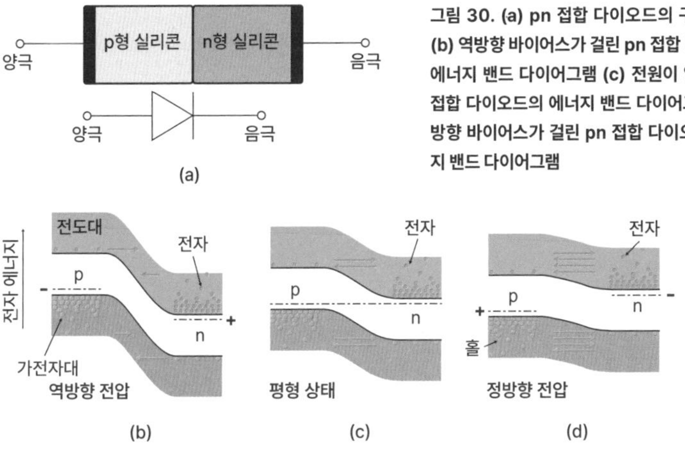

그림 30. (a) pn 접합 다이오드의 구조와 기호 (b) 역방향 바이어스가 걸린 pn 접합 다이오드의 에너지 밴드 다이어그램 (c) 전원이 없을 때 pn 접합 다이오드의 에너지 밴드 다이어그램 (d) 순방향 바이어스가 걸린 pn 접합 다이오드의 에너지 밴드 다이어그램

문에 왼쪽에서 오른쪽으로 이동할 때 기울어진 경사는 이동을 방해한다. 그래서 홀 또한 이동이 힘들다. 이 상태에서 〈그림 30(b)〉와 같이 전압을 인가하면 경사면의 기울기는 더욱 커져서 홀과 전자들은 더욱더 반대편으로 이동하는 것이 힘들어지며, 이 방향의 전압을 역방향 바이어스라고 한다. 〈그림 30(d)〉와 같이 p형 반도체에 +전압을 n형 반도체에 -전압을 인가할 때는 순방향 바이어스라고 하며, 이때에는 경사면의 기울기가 줄어들어 오른쪽에 있는 전자들은 쉽게 왼쪽으로 이동하며, 홀들도 잘 이동한다. 그 결과 pn 접합 다이오드는 순방향 바이어스에 대해서는 전류가 잘 흐르며, 반대로 역방향 바이어스에 대해서는 전류가 잘 흐르지 않는 특성을 보인다. 이와 같이 pn 접합 다이오드는 한쪽 방향으로만 전류를 흐르게 하는 2극 진공관과 유사한 기능을 나타낸다. pn 접합 다이오드는 2극 진공관에 비해서 크기가 매우 작으며, 소비전력 또한 작아서 소형화된 전자제품을 만드는 것을 가능하게 하였다.

pn 접합 다이오드에 순방향 바이어스가 걸리면 전류가 잘 흐르게 되며 전자들은 n형 반도체에서 p형 반도체의 방향으로 흐르게 된다. 일반적인 pn 접합 다이오드에서는 전자들은 n형 반도체의 전도대에서 p형 반도체의 전도대로 이동하면서 전류를 흐르게 한다. 빛을 발산하는 발광다이오드(light emitting diode, LED)에서는 순방향 바이어스가 인가될 때 n형 반도체의 전도대에 있는 전자들이 p형 반도체에 있는 홀들과 결합하면서 빛을 방출한다. LED에서 방출되는 빛의 색깔은 LED를 구성하는 반도체의 밴드 갭으로 조절될 수 있으며, 다양한 밴드 갭을 가지는 반도체 소재들이 개발되었다.

pn 접합 구조에 의해서 다이오드를 만들 수 있으며, npn 접합 구조에 의해서는 접합 트랜지스터를 만들 수 있다. 접합 트랜지스터는 npn 또는 pnp 구조로 만들 수 있으며, npn 접합 트랜지스터의 에너지 밴드 다이어그

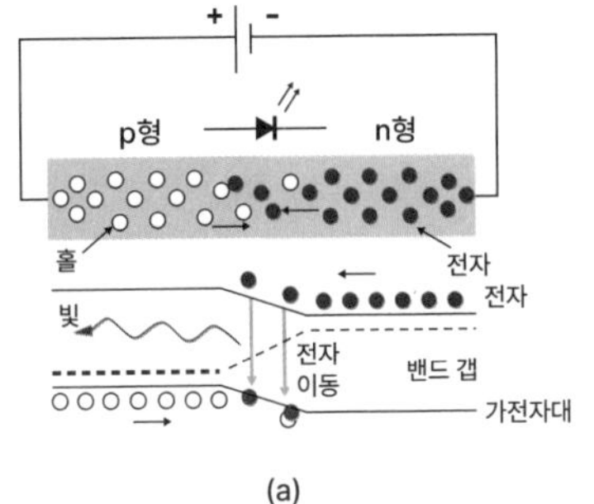

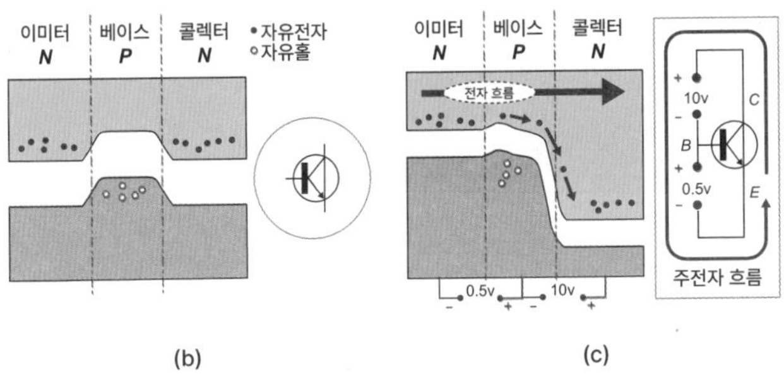

그림 31. (a) 발광다이오드(LED)의 작동원리 (b) npn 접합 트랜지스터의 에너지 밴드 다이어그램 (c) npn 접합 트랜지스터가 작동할 때의 에너지 밴드 다이어그램

램은 〈그림 31(b)〉와 같다. 왼쪽과 오른쪽에 있는 n형 반도체 내에 있는 전자들은 가운데 있는 p형 반도체가 만드는 장벽에 의해서 이동하지 못한다. 〈그림 31(c)〉와 같이 p형 반도체와 오른쪽의 n형 반도체 사이에 역방향 바이어스를 높게 가하면 밴드는 큰 값의 기울기로 기울어진다. 이때 왼쪽의 n형 반도체와 p형 반도체 사이에 순방향 바이어스를 인가하면 전자는 p형 반도체로 이동하게 된다. 이렇게 p형 반도체로 이동한 전자들은 p형 반도체와 n형 반도체 사이에 걸린 역방향 바이어스가 만든 기울기가 큰 경사면을 따라 급격히 가속되면서 높은 전류를 흐르게 한다. 작은 순방향 바이어스에 작은 신호를 입력하면 큰 역방향 바이어스에 의해서 작은 신호가 증폭되는 효과가 나타나며, 이를 활용하여 앰프를 만드는 것이 가능하다. npn 접합 트랜지스터는 전자가 출력되어 출력 전압이 음이 되며, pnp 접합 트랜지스터에서는 홀이 출력되어 출력 전압이 양이 된다. 따라서 pnp와 npn 접합 트랜지스터 둘을 함께 사용한다.

접합 트랜지스터들로 만들어진 마이크로프로세스들은 전력소비가 크기 때문에 고집적화가 힘들며, 이를 극복하기 위해서 전계효과 트랜지스터(field effect transistor, FET)가 개발되었다. 〈그림 32(a)〉는 n채널 FET의 구조를 나타내며, 게이트에 양전압을 인가가면 p형 반도체 내에 있는 홀들이 밀려나면서 채널을 열리게 한다. 〈그림 32(b)〉는 p형 채널 내에 형성된 채널을 통해서 전자들이 이동하면서 전류를 흐르게 하며, 게이트 전압에 의해서 FET가 온 상태가 되는 것이다. p채널 FET는 n형 반도체 내에 p형 반도체를 소스와 드레인으로 형성하여 만들어지며, p형 채널을 통해서 홀들이 이동한다. n채널 FET에서 출력되는 전압은 음전압이며, p채널 FET에서 출력되는 전압은 양전압이므로, 일반적으로 n채널과 p채널을 함께 사용한다. FET를 이루는 채널이 짧으면 전자 또는 홀 캐리어가 소스에서 드레인까지 도달하는 시간이 짧아지며, FET의 동작 속도는 빨라지게 된다. 최근 만들어진 마이크로프로세스에 사용되는 FET의 채널 길이는 매우 짧은 크기로 설계된다. 이와 같이 반도체 소자의 크기는 해마다 줄어들고 있으며, 인텔의 설립자 고든 무어(Gorden E. Moore)는 반도체의 크기가 2년마다 반으로 줄어든다고 하는 무어의 법칙을 만들었다. 반도체 소자의 크기는 최근 수 nm의 수준까지 줄어들면서 그 한계에 접어들고 있다.

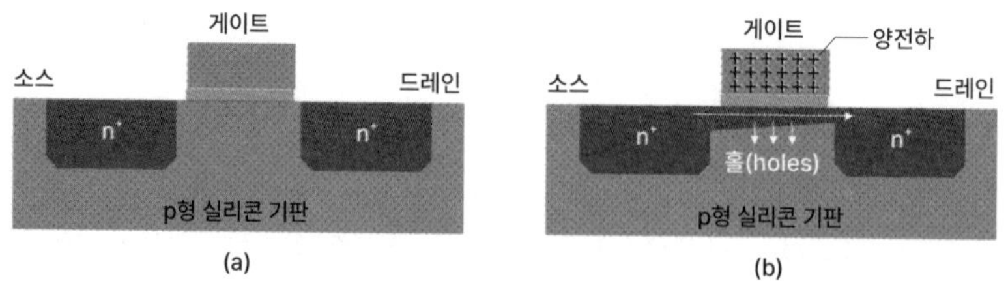

그림 32. (a) 오프 상태의 n채널 전계효과 트랜지스터 (b) 온 상태의 n채널 전계효과 트랜지스터

● **예제**

8-1. 두 물체가 마찰을 일으키면 전자들이 한쪽 방향으로 이동하면서 양전하와 음전하가 분리되어 마찰전기가 유도된다. <그림 2>의 오른쪽 그림과 같이 노란색 원자가 음전하로 대전되면 파란색 원자는 양전하로 대전된다. 온도가 변화할 때 두 물체의 전하들은 어떤 상태를 유지할지 논의해보자.

8-2. 전류는 전하들이 단위시간당 얼마나 흘러가는지를 나타낸다. <그림 9(b)>와 같이 물통에서 물이 흘러나갈 때 물통의 높이와 넓이에 따른 물의 흐름에 대해 논의해보자.

8-3. 고체를 이루는 원자 사이 간격이 변화할 때 에너지 밴드의 크기는 변화하게 된다. 밴드 갭이 약 1.1eV인 실리콘이 외부의 압력 변화에 의해서 원자들의 간격이 변화한다면 에너지 밴드의 폭과 밴드 갭에는 어떤 변화가 일어나는지 논의해보자.

8-4. 초전도체를 자석 위에 올리면 자석에서 들어오는 자기장을 막기 위해서 초전도체 내에는 전류가 형성된다. 이 전류는 초전도체에 들어오는 자기장과 반대 방향의 자기장을 형성하여 초전도체가 공중 부양하게 한다. 이때 자석을 제거하면 초전도체 내의 전류가 어떻게 변화하는지 논의해보자.

8-5. 압전체는 외부에서 힘을 주어 변형시키면 외부로 전기를 발생한다. 그래서 압전발전기를 운동화에 달아서 발전을 하는 것이 가능하다. 몸무게가 70kg인 사람의 운동화에 압전발전기를 달면 얼마나 많은 에너지가 발생할 수 있는지 논의해보자.

8-6. 비가 많이 내리는 날 가로등 근처에서는 감전 사고의 위험이 높다. 바닷가에서 태풍에 의해 가로등 근처에 바닷물이 범람할 때 누전과 비에 의한 누전이 발생할 때의 위험도 차이에 대해 논의해보자.

8-7. 접합 트랜지스터는 베이스, 이미터 그리고 콜렉터로 구성된다. <그림 31>과 같이 이미터와 베이스에 정방향 바이어스가 형성될 때 베이스와 콜렉터 사이에 가해인 역방향 전압의 크기에 따라 전류가 얼마나 크게 형성될 수 있는지 논의해보자.

8-8. 전계효과 트랜지스터(FET)는 <그림 32>와 같이 소스, 드레인, 게이트 그리

고 채널로 구성된다. <그림 32>에는 p채널 FET가 그려져 있으며 전자들이 채널로 흐른다. 그러면 n채널 FET는 어떻게 구성되며 캐리어가 어떻게 형성되는지 논의해보자.

8-9. 실리콘과 같은 반도체 소재 내에서 전자들은 1V의 전압이 인가될 때 1초 동안 1,400cm^2 정도 확산되어 이동하는 특성을 나타낸다. 그러면 n채널 FET의 채널의 길이가 10nm일 때 이 FET의 최대동작속도가 어떻게 될지 논의해보자.

● 참고문헌

"강유전체 물리", 김성철 등 저, 대웅출판사, 1998년

"교양인을 위한 물리지식", 이남영 · 정태문 저, 반니, 2017년

"기본부터 알아가는 전기전자재료", 아오야기 미노루 저, 홍릉과학출판사, 2020년

"기초 초전도 물리학", A.C.Rose-Innes 등 저, 겸지사, 1996년

"리튬이차전지의 원리 및 응용", 박정기 저, 홍릉과학출판사, 2010년

"반도체 공학", 김동명 저, 한빛아카데미, 2017년

"반도체 특강 : 소자 편", 진종문 저, 한빛아카데미, 2022년

"신세대 전자기학", 김기원 저, 청문각(교문사), 1995년

"전기와 자기", 곽영직 저, 동녘, 2008년

"전자기학 이론과 연습", 이재희 저, 북스힐, 2017년

"정보저장기기의 기초와 응용", 김수경 외 공저, 홍릉과학출판사, 2002년

"초전도란 무엇인가?", 오쓰카 다이이치로 저/김병호 역, 전파과학사, 2020년

"최신 전기전자재료", 한병성 · 구할본 · 이현수 저, 동일출판사, 2022년

"핵심이 보이는 전자기학", 김성중 저, 한빛아카데미, 2021년

"Neamen의 반도체 물성과 소자", Donald A. neamen 저/김광호 역, 한국맥그로힐, 2019년

9 자성

9-1. 자석과 자기장

자성을 띠는 자철광은 사산화삼철(Fe_3O_4)로 구성되며, 자성(magnetism)을 통해 철을 끌어당기거나 자석들 사이에 인력이나 척력의 자기력(magnetic force)을 작용한다. 자철광과 같이 자성을 띠는 물질을 자석이라고 하며 BC 25세기 중국에서 자석을 처음 발견했다고 알려져 있다. 양전하와 음전하에서 발생하는 전기장과 유사하게 자석에는 자기장이 형성된다.

〈그림 1(b)〉는 막대자석 주변에 철가루를 뿌린 후 자기장의 모양을 관찰한 것이다. 자기장은 막대자석의 N극에서 나와서 S극으로 들어가는 모양을 보인다. 자석은 N극과 S극이 분리되지 않고 언제나 두 극이 쌍을 이루며, N극 또는 S극이 홀극으로 존재하지는 않는다. 자성을 띠는 자석은 실에 매달아 놓으면 한쪽 방향을 지시하는 특성을 보였으며, 이를 활용하

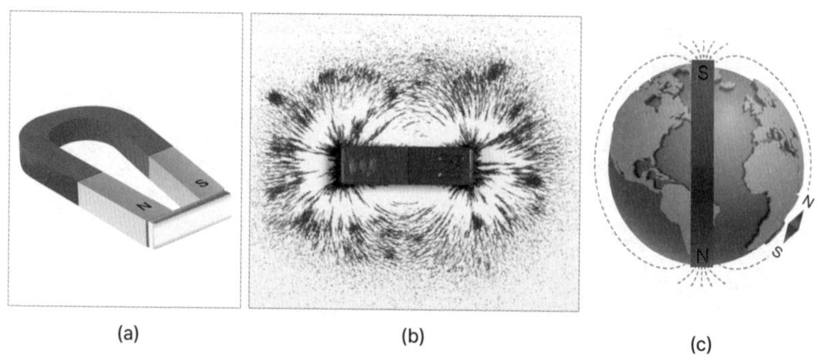

(a) (b) (c)

그림 1. (a) 말굽자석에 붙어 있는 직사각형 모양의 철 조각 (b) 막대자석 주변에 철가루를 뿌려 자기장 형성을 확인 (c) 지구가 가지고 있는 자기장을 막대자석으로 표현하여 나침반의 원리를 도식화

여 나침반이 만들어졌다. 나침반을 이용해서 방향을 알 수 있었던 것은 지구 자체가 자석과 같이 자기장을 형성하기 때문이다. 〈그림 1(c)〉와 같이 지구 내부에는 막대자석이 들어 있는 것처럼 남극에는 N극이, 북극에는 S극이 있는 것과 같은 자기장이 형성된다. 그래서 작은 자석으로 만들어진 나침반 지침의 N극은 남극에서 오는 자기장의 방향과 나란한 방향으로 놓이며, 북극을 향하는 방향을 지시하게 된다. 이처럼 나침반을 활용해서 북쪽을 확인할 수 있으며, 지도에서 북극을 기준으로 하여 항해를 할 때 편리함을 준다.

라모(J. Larmor)는 1920년 지구가 가지는 자기장이 지구 내부에 있는 핵을 구성하는 유체운동에 의해서 일어난다는 다이나모 이론을 설명하였다. 지구 내부에 있는 철이나 니켈은 주변의 온도가 높아서 자성을 나타내기는 힘들기 때문에 지구를 구성하는 자성물질들에 의해서라고 보기는 힘들다. 지구외핵은 전기전도도가 큰 철과 니켈로 구성되었으며, 이들은 유체 상태로 존재한다. 지구외핵은 온도 차이에 의한 대류운동을 하며, 이를 통해 유동성을 가진 철과 니켈은 유도전류를 형성한다. 이 유도전류에 의해서 자기장이 만들어진다는 것이 다이나모 이론이다. 태양에서 생성된 빛을

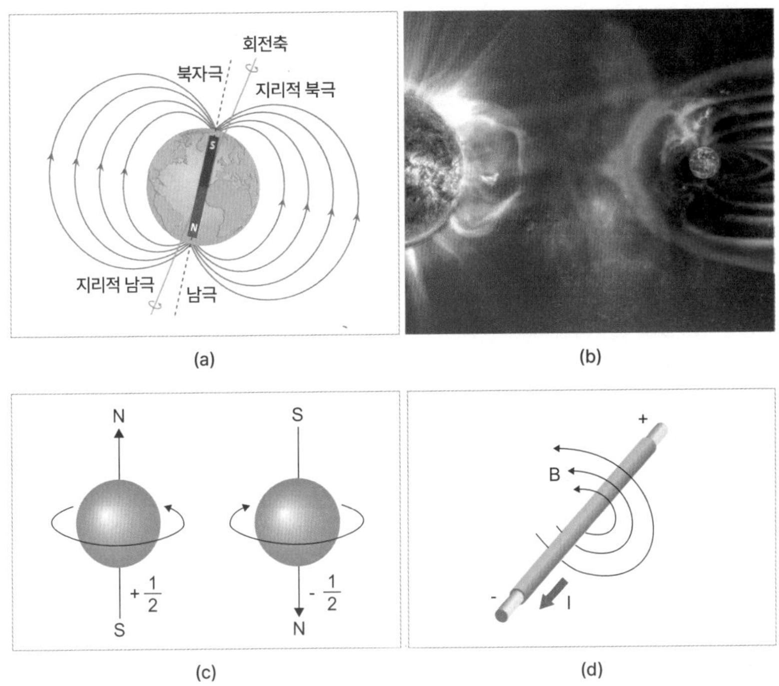

그림 2. (a) 지구의 자전에 의한 자기장의 형성 (b) 태양풍을 막아주는 지구자기장의 모양 (c) 전자의 스핀 방향에 따른 자기장의 형성 (d) 도선의 전류에 의한 자기장

포함한 전자, 양성자, 헬륨원자들로 이루어진 대전입자들의 흐름을 태양풍이라고 하며, 평균속도는 초속 500km에 이른다. 태양 표면에서 폭발이 발생하면 초속 2,000km 속도의 이온화가스가 지구로 날아갈 수 있다. 태양풍이 지구로 날아올 때 지구의 자기장은 〈그림 2(b)〉와 같이 태양풍을 막아주는 역할을 한다. 지구가 자전을 하지 않아서 자기장이 없어지면 지구상의 생물들은 모두 멸종할 수 있을 정도의 높은 에너지를 태양풍이 가지고 있다. 전자(electron)는 음전하를 띠는 기본입자로 -1.6×10^{-19}C의 전하량과 9.1×10^{-31}kg의 질량을 가진다.

모든 전자들은 회전축을 중심으로 회전하는 상태이며, 이를 전자의 스핀이라고 한다. 지구의 자전에 의한 자기장의 형성과 유사하게 전자의 스핀은 자기장을 형성하며, 〈그림 2(c)〉와 같이 회전축에 대한 화살표의 방향을 N극이 되는 방향으로 자기장이 형성된다. 반대로 스핀이 뒤집힌 상태에는 N극의 위치도 반대 방향으로 놓이게 된다. 사산화삼철(Fe_3O_4)과 같은 자성체를 구성하는 Fe 원자들은 최외각에 있는 전자가 스핀을 가지고 있으며, 이 전자의 스핀 정렬에 따라 자석의 특성, 즉 자성을 나타내게 된다.

1820년 암페어(Ampere)는 전류가 흐르는 도선 주변에 자기장이 형성되는 것을 발견하였으며, 암페어의 법칙으로 전류에 비례하고 도선과의 거리의 제곱에 반비례하는 자기장을 설명하였다. 전류는 단위시간당 얼마나 많은 전하가 이동하는지를 나타내므로, 전자 하나가 움직이는 경우에도 전류가 흐른다고 할 수 있다. 그러므로 전자가 정지할 때에 스핀에 의한 자기장이 형성되며, 또한 이동할 때에는 전류에 의해서 자기장이 형성될 수 있다. 여기서 전자는 전하를 띠고 있으므로 전자가 정지한 상태에서는 전기장과 자기장이 동시에 발생한다는 것을 알 수 있다. 핵을 구성하고 있는 양성자의 전하량은 1.6×10^{-19}C이며 전자와 크기가 같고 양의 전하량을 가진다. 핵 내에 자리잡고 있는 양성자는 스핀을 가지고 있으며, 이 스핀에 의해서 자기장을 형성한다. 그래서 핵자기공명(nuclear magnetic resonance)에 의해서 원자핵의 스핀들과 자기장의 상호작용을 분석하여 어떤 원자의 핵인지 구별되며, NMR에 의해서 시료에 손상을 주지 않고 RNA, DAN 그리고 단백질의 특성을 분석할 수 있다.

막대자석은 사산화삼철과 같은 자성체로 만들어지며 자성체 내부에는 전자들이 스핀을 가지고 배열되어 있다. 그러므로 자석을 〈그림 3(a)〉와 같이 둘로 나눌 때 N극과 S극이 분리되지 않고, N극과 S극이 모두 있는 두 개의 자석들로 나뉜다. 이는 사산화삼철을 구성하는 가장 작은 결정구조 하나를 떼어내도 전자의 스핀은 일정한 방향으로 자기장을 형성하게 되며,

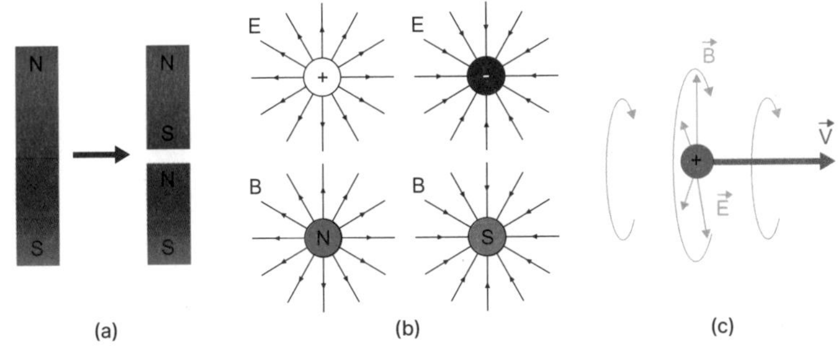

그림 3. (a) 막대자석을 둘로 나눠서 만든 두 개의 자석 (b) 양과 음의 전기홀극과 N극과 S극의 자기홀극 (c) 이동하는 양전하 주변에 형성되는 전기장과 자기장

전자 하나가 N극과 S극을 모두 포함한다는 것이다. 그러므로 자석을 둘로 나눠서 N극과 S극을 분리하는 것은 불가능하다. 〈그림 3(b)〉와 같이 양전하와 음전하는 각각 나가는 또는 들어가는 방향의 전기장을 가지는 전기홀극들로 존재할 수 있다. 그러나 N극과 S극이 분리된 자기홀극들은 만들어질 수 없으며, 〈그림 3(c)〉와 같이 양전하가 움직이는 경우에도 그 이동방향에 감싸는 방향으로 자기장이 형성된다. 이 자기장은 날아가는 방향에 수직인 원을 형성하므로 N극과 S극이 분리되어 있지 않은 상태로 자기장은 형성된다.

9-2. 자기장과 전류의 상호작용

전류가 흐르는 도선 주변에 자기장이 형성되는 것과 유사하게 전자 또는 양전하를 띠는 양이온이 이동할 때도 자기장이 형성된다. 이와 같이 전류 또는 전하의 이동으로 형성되는 자기장은 주변의 자기장과 상호작용하며 힘을 발생시킨다. 〈그림 4(a)〉와 같이 전류가 흐르는 도선이 자기장 속에 있을 때 전류에 의한 자기장과 자석에 의한 자기장의 상호작용에 의해

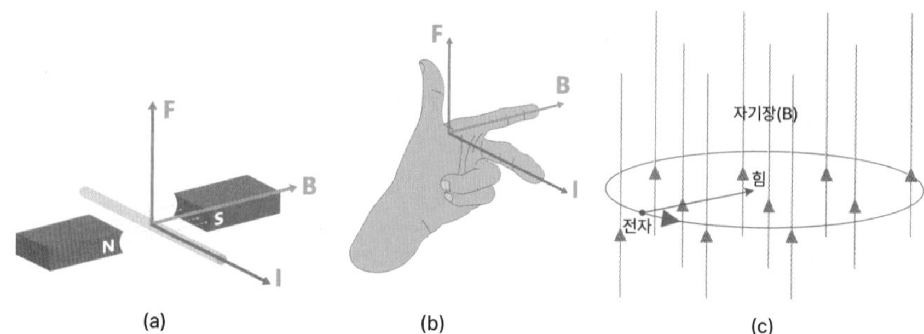

그림 4. (a) 전류가 흐르는 도선이 자기장 내에서 받는 로렌츠 힘 (b) 오른손 법칙 (c) 비스듬히 본 자기장 내 전자 운동

서 도선은 힘을 받게 되며, 이 힘을 로렌츠 힘(Lorentz force)이라고 한다. 전류, 자기장 그리고 힘의 관계는 〈그림 4(b)〉의 오른손 법칙을 따르며, 자기장과 전류의 방향이 나란할 때는 힘이 0이 된다. 도선에 흐르는 전류뿐만 아니라 전자 또는 양이온이 자기장 속에서 이동할 때도 로렌츠 힘이 작용한다. 〈그림 4(c)〉와 같이 전자가 자기장 속에 있을 때 전자의 이동 방향은 전류의 방향과 반대로 볼 수 있다. 이에 전자의 이동 방향과 반대 방향을 생각해서 오른손 법칙을 적용하며, 전자는 원의 중심으로 향하는 로렌츠 힘을 받아 자기장 내에서 원운동을 하게 된다. 이때 자기장의 크기가 클수록 원의 반지름은 작아지며, 속도가 빠를수록 원의 반지름은 증가한다. 양이온의 경우에는 이동하는 방향이 전류의 방향이 되며, 전자와 유사하게 자기장 내에서 원운동을 하게 된다.

자기장 내에서 운동하는 전하들은 로렌츠 힘에 의해서 원운동을 할 수 있으며, 이를 활용하여 입자들을 가속시키는 사이클로트론을 만드는 것이 가능하다. 〈그림 5(a), (b)〉와 같은 구조의 사이클로트론은 전하가 이동하는 방향과 수직으로 자기장이 가해지는 구조를 가진다. 〈그림 5(b)〉에서 자석 내에 놓이는 두 전극에 전압을 인가하면 두 전극 사

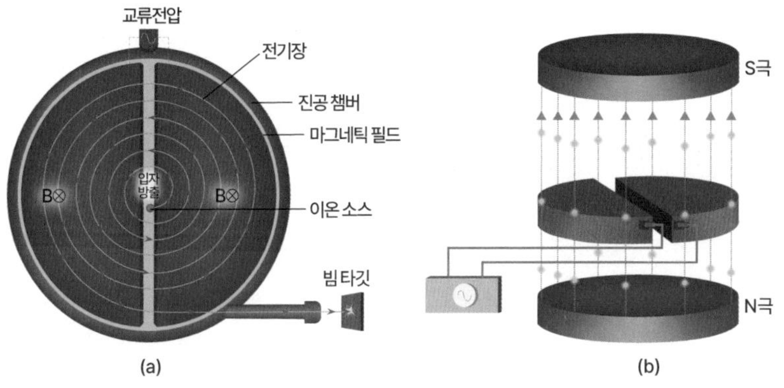

그림 5. (a) 사이클로트론의 원리 (b) 비스듬히 본 사이클로트론의 구조

이에는 전기장이 형성되고 이 전기장은 전하를 두 전극이 떨어진 간격 사이에서 가속시킨다. 가속된 전하는 자기장을 받아 원운동을 하여 반 바퀴를 돌면 다시 두 전극 사이에서 전기장을 통해 가속한다. 이렇게 전하를 가속시키기 위해서는 두 전극 사이에 전압을 전하의 회전주기에 맞춰 교류로 변환해야 하며, 최적의 주파수와 전압이 주어지면 전하는 최대로 가속된다. 전하의 속도가 증가하면 반지름이 증가하므로 적당한 크기의 자기장을 형성하여 반지름을 조절할 수 있다. 지름의 크기가 수백 m가 되는 사이클로트론을 만들어서 다양한 입자들을 가속시켜 충돌하는 등의 실험을 할 수 있는 대형 입자가속기를 만들 수 있다.

〈그림 6(a)〉와 같이 양이온들이 두 전극과 자기장 사이를 일정한 속도로 이동할 때 두 전극에 전압이 인가되지 않으면 양이온은 위로 휘어진다. 속도가 느리면 더 많이 휘어지고 속도가 빠르면 조금 휘어진다. 이와 같은 상태에서 두 전극 사이에 〈그림 6(a)〉와 같은 전압을 인가가면 양이온은 아래로 힘을 받게 되며, 로렌츠 힘과 전기장에 의한 힘이 같으면 양이온은 휘어지지 않고 직선으로 이동한다. 전기장과 자기장이 동시에 인가된 상태에서 양이온을 화살표 방향으로 쏘아주면 특정한 속도를 가진 양

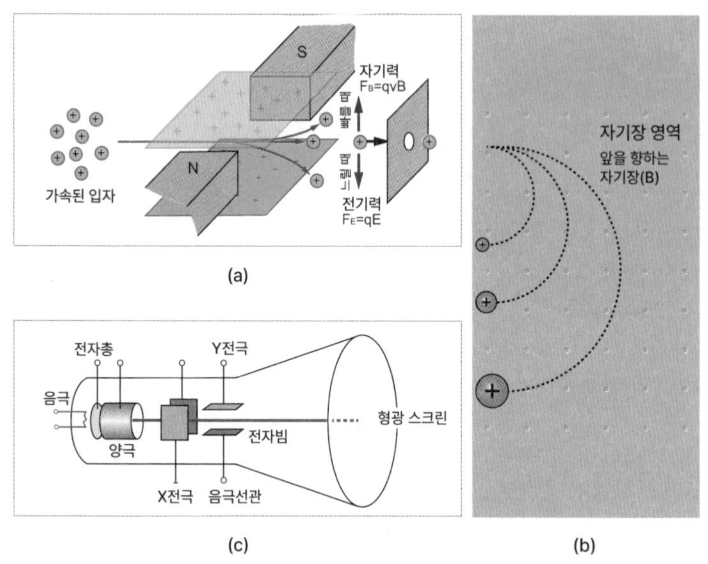

그림 6. (a) 입자속도분류기 (b) 질량분석기의 원리 (c) 브라운관 내 전자총의 구조

이온만 직선으로 이동하여 오른쪽 구멍을 빠져나가게 된다. 이를 활용하여 일정한 속도를 가진 양이온만을 골라내게 하는 입자속도분류기를 만들 수 있다. 다양한 질량의 양이온은 자기장 내에서 이동할 때 로렌츠 힘에 의해서 원운동을 하게 된다. 같은 속도로 자기장 내로 입사하는 양이온들이 〈그림 6(b)〉와 같이 원형으로 휘어질 때 반지름은 양이온들의 질량에 비례한다. 이 반지름으로부터 양이온들의 질량을 측정할 수 있으며, 이를 활용한 질량분석기 제조가 가능하다. 전자 또는 양이온이 이동할 때 자기장 또는 전기장을 통해 경로를 바꿀 수 있으며, 원하는 속도를 가진 전자 또는 양이온을 선택하는 것 또한 가능하다. 브라운관은 초기에 모니터에 많이 사용되었으며 〈그림 6(c)〉와 같은 전자총이 내부에 들어 있는 구조를 가진다. 텅스텐 필라멘트로 된 캐소드(cathod)에서 전자들이 방출되면 전자총에서 전기장을 통해 가속된 전자들이 방출된다. 이 방출된 전자들은 전기장이 인가된 두 전극 사이의 전기장에 의해서 휘어지도록 제어되며, 두 쌍의 전극들에 인가된 전압을 제어하여 전자들은 형광물질이 발라진 스크린의 원하는 위치에 충돌시킬 수 있다. 이렇게 제어된 전자들이 충돌한 스크린의 표면에 발라진 형광물질은 빛을 방출하면서 디스플레이의 기능을 하게 된다.

자기장 내 전하들은 자기장의 영향을 받아서 경로가 바뀌는 현상을 일으키는 것과 유사하게 정지하고 있는 전자들은 이동하는 자기장 또는 변화하는 자기장의 힘을 받아서 이동하게 된다. 패러데이 법칙(Faraday's law)은 자기장의 변화에 의해서 도선 내에 자유전자들이 이동하면서 전류를 형성한다는 것을 나타내는 전자기 유도에 관한 것이다. 〈그림 7〉과 같이 N극 자석이 도선이 감긴 솔레노이드 내로 들어갈 때 도선 내에 있는 자유전자들은 N극이 들어오는 것을 방해하는 방향으로 전류를 형성한다. 반대로 N극이 솔레노이드 안에서 밖으로 나갈 때에는 N극이 나가는 것을 방해하는 방향으로 전류가 형성된다. S극에 대해서도 유사하게 들어갈 때에는 들어오지 못하게, 나갈 때에는 나가지 못하는 방향으로 전류가 형성된다. 이와 같은 전자기 유도 현상은 자석의 움직임에 의해서 전류, 즉 전기를 만들 수 있으므로 발전기의 원리로 활용된다.

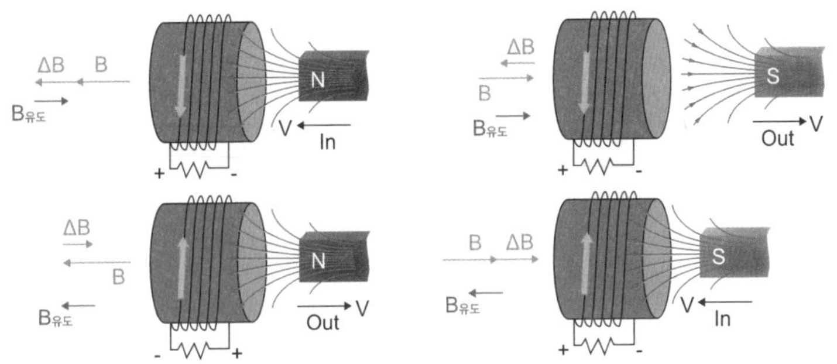

그림 7. 패러데이 법칙에 의한 전자기 유도

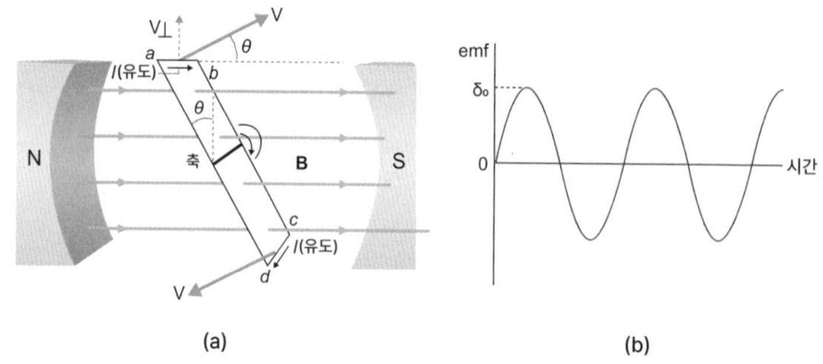

그림 8. (a) 간단한 구조의 발전기 (b) 출력전압

〈그림 8(a)〉는 간단한 구조의 발전기이며, 사각 도선을 회전시켜서 도선 내에 전류를 형성시키는 전자기 유도 과정이 지속되는 회전에 의해서 반복적으로 일어난다. 사각 도선이 한 바퀴 회전할 때 전압은 한 주기의 파동을 형성하며, 지속적으로 회전할 때 〈그림 8(b)〉와 같이 시간에 따라 횡파와 같은 모양을 형성하는 교류전압이 출력된다. 사각 도선을 회전시킬 때 도선에 흐르는 전류는 도선이 회전하는 것을 방해하는 방향으로 형성되며, 외부 힘에 의해서 도선을 회전시킬 수 있는 에너지를 주게 된다. 이렇게 주어진 외부 힘으로 도선은 회전하면서 전기에너지를 만들게 되며, 전기로 변환되는 효율은 크지 않다. 〈그림 8(a)〉의 발전기는 도선이 하나로 되어 있으며, 도선이 두 번 감겨 있는 구조에서는 전압이 두 배, n번 감겨 있으면 전압은 n배가 된다. 도선의 감긴 횟수에 비례해서 발전기를 돌리는 힘 또한 배로 증가한다.

〈그림 9(a)〉와 같은 변압기는 철심에 1차 도선과 2차 도선을 감아놓는 구조를 가진다. 1차 도선의 감긴 횟수와 2차 도선의 감긴 횟수의 비에 의해서 1차 도선에 가해진 전압에 대해 2차 도선에 형성되는 전압의 비가 조절될 수 있다. 1차 도선에서 인가된 전압에 의해서 형성된 자기장은 2차 도선에 유도전압을 형성하며, 2차 도선의 감긴 횟수에 비례해서 유도전압이 형

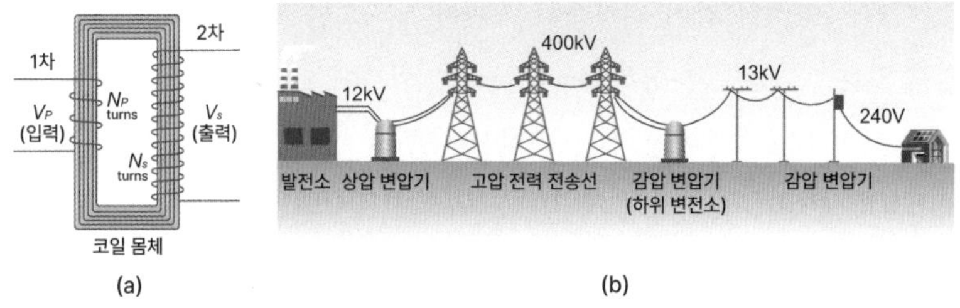

그림 9. (a) 변압기의 구조 (b) 발전소에서 가정까지 전기의 이동 경로

성된다. 그래서 1차 도선의 감긴 횟수에 비해 2차 도선에 감긴 횟수가 2배가 되면 전압은 두 배가 된다. 반대로 2차 도선의 감긴 횟수가 1/2이면 전압은 1/2이 된다. 따라서 1차 도선과 2차 도선의 감긴 횟수를 조절해서 변압기에서 출력되는 전압을 높게 또는 낮게 하는 것이 가능하다.

〈그림 9(b)〉는 발전소에서 만들어진 전기가 가정까지 오는 동안의 경로를 나타낸 것이다. 전기를 먼 거리까지 전달할 때 전압을 400kV 정도로 높게 형성하면 전선에서 소모되는 전력을 최소화하는 것이 가능하다. 그래서 발전소에서 만들어진 12kV 정도의 전압을 가진 전기는 변압기를 통해 400kV 정도로 승압되어 고압선을 따라 이동한 후 주거지 근처의 변압기로 240V까지 감압되어 가정으로 전달된다.

9-3. 자성체와 정보저장매체

전자의 스핀은 자기장을 형성하므로 스핀 방향이 다른 두 전자들이 쌍을 이룰 때에는 총스핀은 0이 되어서 자기장을 발생시키지 않는다. 물질 내에 전자들이 쌍을 이루면 비자성체가 되며, 자기적 특성을 나타내지 못한다. 전자들이 물질 내에서 쌍을 이루지 않을 때 이들은 〈그림 10〉과 같이 다양한 스핀 배열을 가지며, 이에 따라 다양한 자기적 특성이 발현된다.

〈그림 10(a)〉와 같이 전자들의 스핀이 무작위한 방향으로 정렬이 전혀 되지 않은 상태인 상자성체(paramagnet)는 외부에 자기장을 방출하지 못한다. 상자성체는 외부에서 강한 자기장을 주면 스핀들은 외부에서 가해진 자기장의 방향과 나란하게 정렬된다. 이렇게 정렬된 상자성체는 자기장이 오는 방향으로 인력을 받는다. 비자성체 내에는 스핀이 없으므로 자기장이 가해져도 아무런 반응을 하지 않으며, 인력이나 척력도 형성되지 않는다.

〈그림 10(b)〉와 같이 물질 내 스핀들이 잘 정렬되면 외부로 자기장을 방출하는 강자성체(ferromagnet)의 특성을 나타낸다. 이와 같이 외부로 자기장을 방출하므로 강자성체와 강자성체 사이에 인력과 척력을 발생시킨다. 사산화삼철과 같은 자석은 강자성체이며, 이 자기적 특성의 상태가 지속되므로 영구자석이라고 부른다.

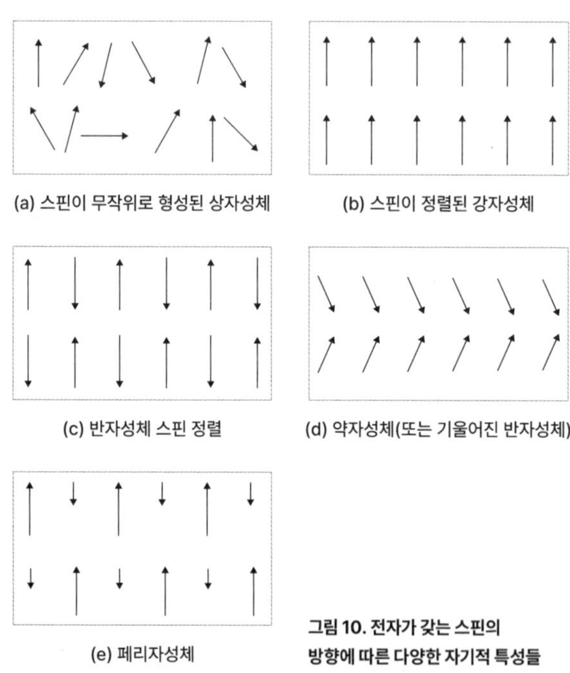

그림 10. 전자가 갖는 스핀의 방향에 따른 다양한 자기적 특성들

강자성체의 스핀 배열은 온도가 올라가서 퀴리(Curie) 온도보다 높아지면 스핀 배열이 깨져 상자성체와 같은 스핀 배열이 된다. 이와 같이 스핀 배열이 깨진 상태에서 온도를 퀴리 온도보다 낮춰주면 다시 스핀들은 강자성체의 스핀 배열로 돌아가 강자성 특성을 나타낸다. 강자성체의 스핀 배열이 특정 방향으로 정렬된 상태에서 일정 크기 이상의 자기장을 인가하면 스핀 배열의 방향을 조절하는 것이 가능하며, 스핀 배열의 방향이 바뀐 다음에는 그 상태가 유지된다. 이와 같이 스핀들이 정렬된 상태를 자화되었다고 한다. 외부 자기장에 의해서 제어되는 스핀 배열을 활용해서 하드디스크와 같이 정보저장을 할 수 있는 매체를 만드는 것이 가능하다.

〈그림 10(c)〉와 같이 전자들의 스핀 방향이 서로 반대인 반강자성체(anti-ferromagnet)는 외부로 자기장을 방출하지 않는다. 반강자성체가 강한 외부자기장에 노출될 때 스핀들은 외부자기장의 방향과 나란하게 정렬된다. 〈그림 10(d)〉와 같이 스핀들이 마주보는 상태가 되면 반강자성체와 유사한 스핀 배열이 되지만 스핀들이 기울어진 상태에서 아주 약한 강자성 특성을 보인다. 이를 약한 강자성체라고 부른다. 〈그림 10(e)〉와 같은 스핀 정렬에서는 반강자성체의 특성이 나타나지만 외부 자기장에 의해서는 반강자성체와 조금 다른 반응이 나타난다. 이와 같은 스핀 정렬을 가지는 물질을 페리자성체(ferrimagnet)라고 한다.

강자성체 내의 스핀들은 외부의 자기장으로 조절될 수 있으며 〈그림 11(a)〉에 나타난 강자성체의 자기이력곡선과 같이 외부 자기장에 반응한다. 외부에서 오른쪽 방향으로 자기장을 강자성체에 인가하면 스핀들은 오른쪽으로 정렬된 상태로 자화되며, 자기장을 인가하지 않으면 스핀들은 오른쪽으로 정렬된 자화 상태를 지속적으로 유지한다. 이 상태는 외부에서 자기장을 인가하지 않으면 변하지 않는다. 이 상태에서 자기장을 왼쪽으로 인가하면 스핀들은 왼쪽 방향으로 정렬되어 자화되며, 이는 외부 자기장이

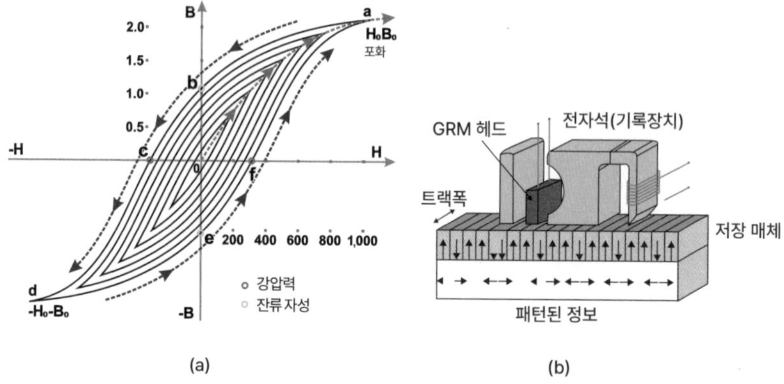

그림 11. (a) 강자성체의 자기이력곡선 (b) 강자성체로 만들어진 자기 디스크 위에 놓인 거대 자기저항 헤드

없을 때 유지된다.

이와 같은 강자성체의 특성을 활용하여 고용량을 가지는 하드디스크와 같은 고밀도 저장매체들을 만드는 것이 가능하다. 하드디스크를 구성하는 디스크 표면에는 강자성체로 된 얇은 막이 형성되어 있으며, 헤드를 구성하는 작은 크기의 전자석에 의해서 강자성체로 된 디스크 표면의 스핀들을 정렬시켜서 원하는 정보를 저장하게 된다. 이렇게 저장된 자기(magnetic) 정보들의 자화 상태는 자기저항(magneto-resistance, MR), 거대자기저항(giant magneto-resistance, GMR) 그리고 터널링자기저항(tunneling magneto-resistance, TMR) 헤드를 통해 읽을 수 있다.

하드디스크의 용량이 수백 MB 정도일 때 MR 헤드를 많이 사용하였다. 금속의 저항이 외부 자기장에 의해서 증가하는 현상이 MR 효과이며, 금속으로 된 MR 헤드를 활용하여 하드디스크 표면에 형성된 자화들의 상태를 읽는 것이다. 하드디스크의 용량이 작을 때에는 저장되는 정보의 크기가 수백 μm이므로 MR 헤드에 의해서도 이를 쉽게 감지할 수 있다. 그러나 하드디스크의 용량이 1T 정도로 증가할 때는 정보의 크기가 수백 nm 정도이므로 MR 헤드로 이를 감지하는 것은 불가능해진다. 이는 정보의 크기가 작아지면 자화되는 자성체의 부피가 작아지므로 자성체 스핀들의 정렬에 의한 자화를 통해 방출되는 자기장이 작아지기 때문이다. 이와 같이 작은 자기장을 측정하기 위해서 GMR과 TMR 헤드가 개발되었다.

GMR 헤드는 〈그림 12(a)〉와 같이 화살표의 자화를 가지는 두 강자성체 사이에 아무런 화살표를 가지지 않는 금속층을 두는 구조를 가진다. 두 강자성체의 자화 방향이 같을 때에는 낮은 저항 상태가 되지만, 두 강자성체의 자화 방향이 다를 때에는 아주 높은 저항 상태가 된다. 강자성체의 자화, 즉 전자의 스핀이 같은 방향일 때에는 한쪽 강자성체에서 스핀들이 다른 강자성체로 이동할 때 같은 방향의 스핀들을 만나므로 전류가 쉽게 흐른다. 그런데 반대의 스핀들이 강자성체로 들어갈 때에는 쉽게 들어가지 못하고 경계에서 산란되어 튕겨 나오게 된다. 이에 강자성체의 스핀들이 다른 방향을 가질 때에는 높은 저항 상태가 된다. 이와 같은 GMR 헤드는 아주 작은 크기의 자기장을 감지할 수 있으며, 최근 12T 정도의 용량을 가지는 고용량 하드디스크에도 GMR 헤드가 사용된다. GMR 기술은 1988년 알베르 페르(Alvbert Fert)와 피터 그륀베르크(Peter Grunberg)가 개발

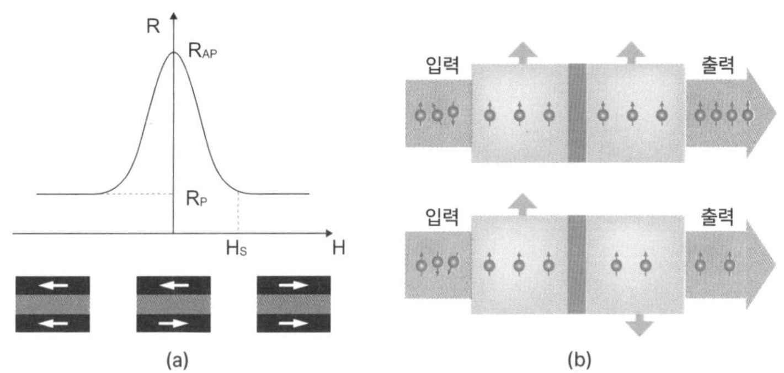

그림 12. (a) 거대자기저항 헤드 (b) 터널링자기저항 헤드

했으며, 2007년 노벨물리학상을 받게 된다. GMR 헤드는 두 자성체 사이에 금속을 두어서 전자들이 스핀을 가지고 경계를 넘어갈 때 스핀들의 상호작용에 의한 저항변화를 활용하는 것이다.

GMR 헤드와 유사한 구조로 만들어지는 TMR 헤드는 두 강자성체 사이에 얇은 절연체 층이 있다. TMR 헤드에 전류를 흘리면 터널링에 의한 전류가 흐르게 된다. 이 터널링 전류는 강자성체들의 스핀 상태에 큰 영향을 받으며, 〈그림 12(b)〉와 같이 스핀들이 같은 방향일 때에는 아주 큰 터널링 전류가 형성된다. 반대로 스핀들이 다른 방향을 가질 때에는 터널링 전류는 급격히 작아진다. TMR 헤드는 GMR 헤드보다 감도가 우수하지만 GMR 헤드로도 충분히 최근 하드디스크의 용량을 커버할 수 있을 정도의 감도를 가지므로 TMR 헤드는 언제 등장할지 알 수 없다.

강자성체를 활용한 상용화된 정보저장매체들은 플로피디스크, 자기테이프 그리고 하드디스크 등으로 다양하며, 강자성체로 구성된 정보저장매체들에 특정한 정보를 기록한 후 원하는 정보들을 읽어내는 방식을 가진다. 이와 같은 구조에서는 정보를 찾는 것과 찾은 정보를 읽는 데 많은 시간이 소요된다. DRAM이나 플래시 메모리와 같은 구조를 가지는 메모리 기술들은 하드디스크에 비해 더욱 빠른 속도를 가지며, 1960년대에 IBM에서 〈그림 13(a)〉와 같은 구조의 MRAM 초기 모델이 제시되었다. 링 모양의 강자성체들이 자화되어 있을 때에는 링 가운데를 지나는 도선은 자기장의 영향을 받아서 전류가 잘 흐르지 않는 자기저항효과를 보인다. 반대로 강자성체에 자화를 제거하면 전류는 잘 흐르게 된다. 링 모양 자성체의 자화를 제어함으로써 정보를 저장하는 방식은 초기 MRAM 기술에서 활용하였다.

근래에는 플래시 메모리 기술을 대체하기 위한 PRAM과 RRAM 기술 등의 다양한 차세대 비휘발성 메모리 기술과 함께 MRAM 기술이 다시 등

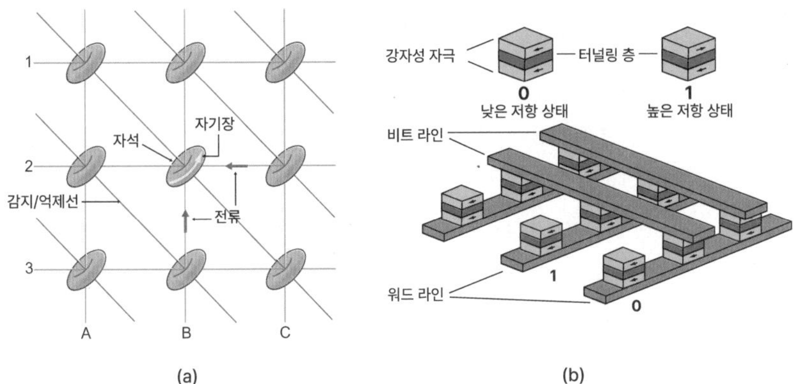

그림 13. (a) 1960년대에 개발된 자기저항 메모리의 구조 (b) 최근 개발된 MRAM의 구조

장하였다. 최근 MRAM 기술에서 사용하는 소자의 구조는 〈그림 13(b)〉와 같은 GMR 헤드와 유사하다. 비트라인과 워드라인에 신호를 주어 원하는 위치의 MRAM 소자의 상태를 확인하게 된다. 두 강자성체의 자화 방향이 같으면 전류가 잘 흐르고, 반대 방향이면 전류가 잘 흐르지 않는다. 이 전류 상태를 체크하여 정보를 확인하게 된다.

예제

9-1. 자석은 N극과 S극이 하나의 쌍을 이루며 이를 자기 쌍극자라고 부른다. N극과 S극을 가지는 하나의 막대자석을 둘로 쪼개면 N극과 S극이 어떻게 형성되는지 전자의 스핀과 연결하여 논의해보자.

9-2. 두 전자가 90°의 각도를 이루며 일정한 속도로 날아가고 있을 때, 하나의 전자에서 발생하는 자기장에 의해서 나머지 하나의 전자가 받는 로렌츠 힘은 어떤 방향으로 주어지는지 논의해보자.

9-3. 자성체 내 전자들의 스핀이 한쪽 방향으로 잘 정렬된 상태에서 자성체는 밖으로 자기장을 발생하는 강자성 특성을 나타낸다. <그림 10(b)>와 같이 스핀들이 잘 정렬된 상태에서 n개 중 하나의 스핀이 반대 방향으로 향하게 될 때 n의 값이 2, 3, 4, 5로 증가하게 되면 자기적 특성은 어떻게 변화될지 논의해보자.

9-4. 자성체에서 발생하는 자기장의 크기는 중력과 같이 거리가 두 배 증가하는 4분의 1로 줄어든다. 그래서 자기디스크 내에 형성된 자기 정보들을 읽기 위한 헤드가 자기디스크 표면에 가까울 때 더 큰 신호를 얻게 된다. 정보 크기와 헤드 높이의 상관관계에 대해 논의해보자.

9-5. 전자의 스핀을 정보로 활용하는 양자컴퓨터가 등장하여 아주 빠른 컴퓨팅을 가능하게 하고 있으며, 전자의 스핀들의 상호작용을 활용하는 GMR 헤드 TMR 헤드 그리고 자기메모리 소자들이 등장하고 있다. 이와 같이 다양한 소자에서 전자들의 스핀을 활용할 때 어떤 차이점이 보이는지 논의해보자.

참고문헌

"나노기술의 세계", 이봉진 저, 문운당, 2016년

"나노의 과학과 기술", 쓰가다 카쓰 저/정해상 역, 겸지사, 2002년

"나노테크놀러지", 김희봉 역, 야스미디어, 2004년

"신재생 에너지 기술", 이영재 저, 이비락, 2021년

"신재생 에너지", 조용덕 · 이상화 공저, 이담북스, 2011년

"훤히 보이는 신재생 에너지", 주무정 · 이규석 · 손충열 · 최순욱 공저, 전자신문사, 2010년

10
나노과학과 신재생 에너지 기술

10-1. 나노과학

1960년대에 개발된 반도체 기술은 트랜지스터의 등장과 함께 집적회로에 의한 마이크로프로세스의 등장을 가져왔다. 1970년대에 마이크로프로세스가 대량생산될 수 있는 체계가 만들어진 후 인텔의 설립자인 고든 무어(Gordon Moore)가 예언한 무어의 법칙에 따라 소자의 크기는 시간이 흐름에 따라 점차로 줄어들었다. 1990년대에 들어서 카본나노튜브(CNT)가 등장하였으며, CNT와 함께 실리콘 나노선과 나노점들이 기존 기술의 한계를 극복할 수 있는 나노기술을 이끌어내었다. CNT와 실리콘 나노점들은 소재 합성 조건에 따라 스스로 합성되는 자기조립(self-assembly)에 의해서 대량으로 만들어지는 특징을 가진다. 그래서 나노기술에서 제작하는 대부분의 나노소재들은 비교적 저렴한 비용으로 만들어진다. 자기조립에 의해서 제작되는 나노소재들은 크기 제어와 위치 제어가 힘들다는 단점이 있다. 이와는 다르게 반도체 산업에서 사용하는 포토리소그래피(photo-lithography) 기술은 원하는 패턴의 소자들을 원하는 위치에 제작하게 해주며, 비교적 많은 비용이 사용된다. 2000년대에 접어들어서 소자의 크기는 100nm 수준으로 내려왔으며, 최근에는 10nm 정도로 줄어들었다. 이는 포토리소그래피를 통해 수 nm 크기의 나노소재들을 원하는 위치에 형성할 수 있다는 것을 의미한다. 그래서 나노 크기를 가지는 반도체, 도체(금속), 부도체 등의 다양한 나노소재들을 원하는 위치에 형성하여 원하는 디자인의 소자들을 제작하는 것이 가능해졌다.

나노 크기를 가지는 소재 내에서 전자들이 어떤 상태인지 이해하기 위해서 〈그림 2(a)〉와 같이 무한대의 높이를 가지는 1차원 우물을 고려해보자. 벽의 높이가 무한대이므로 전자가 이 공간에 있을 때 외부로 빠져나갈 수 있는 확률은 거의 없다. 그리고 이 공간의 크기 L이 줄어 나노 크기로 작아지면 전자는 일반적인 거동을 하지 않으며, 이와 같은 전자들의 상태를 이해하는 것은 나노소재의 물리적 특성에 대한 이해를 줄 수 있다. 슈뢰딩거 방정식을 통해 이 공간 내 전자들의 에너지와 파동함수에 대한 정

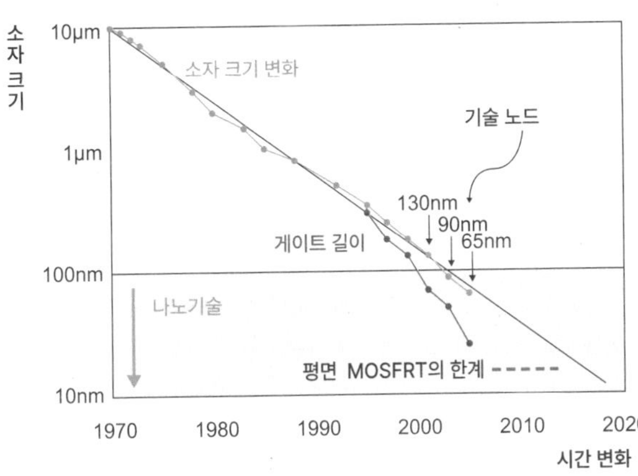

그림 1. 시간의 흐름에 따른 마이크로프로세스를 구성하는 트랜지스터 소자의 크기 변화

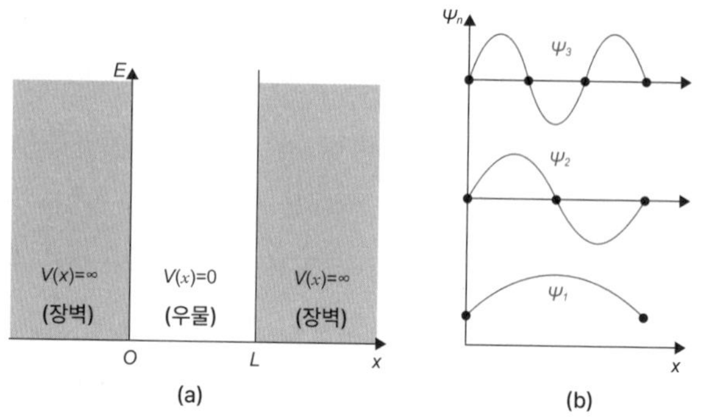

그림 2. (a) 무한대의 높이를 가지는 1차원 우물 (b) 1차원 우물 안에 든 전자들의 파동함수

보를 얻을 수 있다. 전자들의 에너지는 L의 제곱의 역수에 비례하며, L값이 작아지면 전자들의 에너지는 엄청나게 증가하게 된다. 우물 안에 있는 전자들은 벽에서 발견될 확률보다는 가운데 부분에서 발견될 확률이 더 높다. 그래서 전자들의 파동함수는 벽 근처에서는 0이 되며, 〈그림 2(b)〉와 같은 파동의 형태를 가진다. 또한 에너지가 증가하면 파장은 줄어드는 모양을 가진다. 이와 같이 파동함수들은 일정한 공간을 차지하고 있으며, 공간의 크기가 줄어들어 0에 가까워지면 파동함수는 더 이상 이 공간에 있을 수 없게 된다. L이 0에 가까워지면 전자들의 에너지는 급격히 증가하며, 이는 전자가 이 공간에 있을 수 없음을 나타낸다. 또한 이때 파동함수도 그 공간에 자리를 잡을 수 없게 된다. 이는 소재의 크기가 작아져 특정 크기 이하가 될 때 전자가 그 공간에 있을 수 없다는 것을 의미한다. 실리콘의 경우에는 60nm 정도의 비교적 큰 크기의 공간에서 전자들의 파동함수가 존재할 수 없는 상태가 된다.

〈그림 3〉과 같은 3차원 소재 내에 있는 전자는 3차원 공간 내에서 파동함수로 존재하게 된다. 이때 한쪽 길이를 줄여서 아주 얇은 길이로 만들어 두께가 전자들의 파동함수가 차지하는 공간보다 더 작아지면 파동함

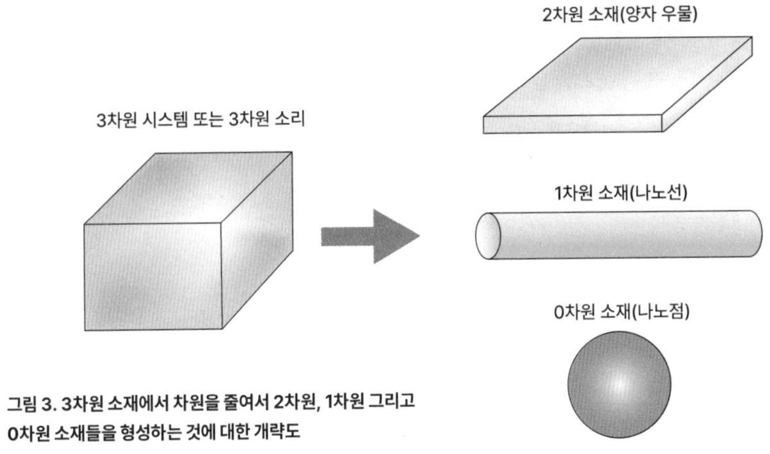

그림 3. 3차원 소재에서 차원을 줄여서 2차원, 1차원 그리고 0차원 소재들을 형성하는 것에 대한 개략도

수는 작아진 그 차원에서는 존재할 수 없게 된다. 이때 전자들은 넓은 2차원 공간에 한정되어 3차원 공간에 있을 때와 다른 거동을 보인다. 실리콘의 경우 두께가 60nm 이하가 되는 얇은 박막을 형성할 때 2차원 소재의 특성을 나타내게 된다. 2차원 소재에서 또 하나의 차원을 파동함수가 들어갈 수 없게 작아지면 1차원 소재로 된다. 지름이 60nm보다 작은 실리콘 나노와이어 내에 있는 전자들은 1차원 소재의 특성을 나타내는 것이다. 1차원 소재들에서 또 하나의 차원을 없애면 0차원 소재가 되며, 이를 나노점이라고 한다. 특히 실리콘과 같은 반도체 소재로 나노점을 만들 때 이를 양자점(quantum dot)이라고 부른다. 양자점들은 수 nm의 크기에서 양자제한효과에 의해서 밴드 갭이 증가하는 현상을 보이며, 양자점들을 활용한 LED를 만드는 것도 가능하다.

대표적인 2차원 소재는 〈그림 4(a)〉와 같이 탄소원자들이 벌집구조로 연결된 그래핀이다. 그래핀과 같이 원자들의 결합 구조에 의해서 2차원 소재들이 형성되는 물질을 2차원 물질이라고 하며, GaN, BN, MoS_2 그리고 TiO_2 등의 다양한 2차원 물질들이 개발되었다. 2차원 물질 내 전자들은 유

그림 4. (a) 탄소 원자들이 벌집구조로 연결된 2차원 소재인 그래핀 (b) $SrTiO_3$과 $LaAlO_3$의 경계에 형성된 2차원 전자가스의 개념도

효질량이 작아지면서 아주 빠르게 움직이는 특성을 나타낸다. 반도체의 캐리어가 얼마나 빠르게 움직이는지를 나타내는 것은 캐리어 이동도(carrier mobility)이며, 그래핀의 경우에는 실리콘에 비해 캐리어 이동도가 천 배 정도 빠르다. 그래핀과 유사하게 2차원 물질 내에서 홀이나 전자들이 캐리어로 높은 이동도를 보이므로 최근 2차원 물질들을 활용한 트랜지스터, 솔라셀, LED 등의 다양한 소자들에 대한 연구가 진행되고 있다. 2차원 물질은 구조적으로 원자들이 하나 또는 둘 정도로 형성된 얇은 소재들로 자연적으로 만들어지거나 인공적으로 합성될 수 있다. 2차원 물질과 다르게 물질의 표면 또한 2차원 소재의 특징을 나타내기도 하며, 위상절연체(topological insulator)는 2차원인 표면에는 전류가 잘 흐르지만 3차원인 내부에는 절연체의 특성을 나타내는 특이한 물질이다. 〈그림 4(b)〉와 같이 $LaAlO_3$와 $SrTiO_3$와 같은 두 절연체 사이의 경계에는 2차원 전자가스(2DEG)가 형성되기도 한다. 두 절연체 사이에 형성된 2DEG는 그래핀과 유사한 정도의 높은 캐리어 이동도를 가지며, $LaAlO_3$와 $SrTiO_3$이 아닌 다른 절연체들에 대한 연구도 활발하게 전개되고 있다.

탄소나노튜브(carbon nanotube, CNT)는 대표적인 1차원 물질로 2차원 소재인 그래핀을 말아서 빨대 모양의 길쭉한 튜브를 만든 모양을 가진다.

CNT의 지름은 1nm 정도이며 길이는 수 m 이상이 제작될 수 있다. CNT는 탄소들이 어떻게 말려 있는지에 따라 대표적으로 암체어(armchair), 지그재그(zig-zag) 그리고 카이랄(chiral)의 3가지 구조를 가진다. 이들 중 지그재그 구조의 CNT만이 반도체의 특성을 보이며, 나머지 암체어와 카이랄 구조들의 CNT는 금속의 특성을 보인다. 그래서 CNT를 100개 만들 때 CNT는 3가지 구조가 고르게 형성되므로, 반도체가 되는 CNT는 약 33.3% 정도의 지그재그 구조이다. 또한 나머지 66.6% 정도의 CNT는 모두 금속의 특성을 가지는 암체어와 카이랄 구조이다. CNT를 합성할 때 원하는 특성의 CNT만을 자발적으로 형성할 수 없다는 것이 CNT 연구에서 가장 큰 난제라고 할 수 있다. CNT 외에도 BN과 같은 다른 소재들로 만들어진 나노튜브들도 지속적으로 개발되었다. CNT는 화학기상증착(chemical vapor deposition, CVT)을 활용하는 VLS(vapor-liquid-solid) 성장 법에 의해서 만들어지며, VLS를 활용하여 〈그림 5(b)〉와 같은 구조를 가지는 실리콘 나노선(silicon nanowire)을 제작할 수 있다. 실리콘 나노선은 수직 트랜지스터, 바이오센서, 솔라셀 등의 다양한 소자들로 활용될 수 있는 가능

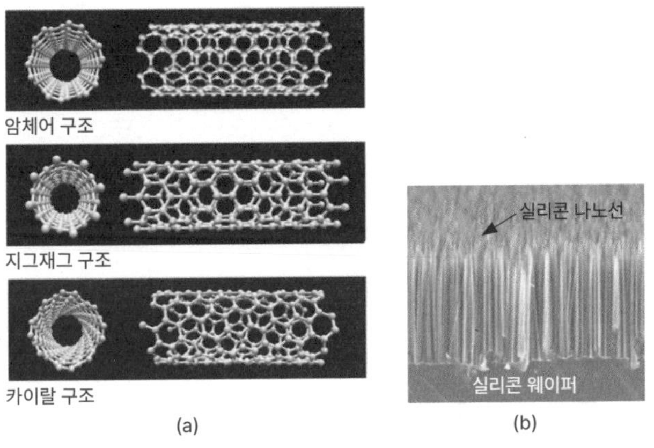

그림 5. (a) 다양한 구조의 탄소나노튜브 (b) 실리콘 웨이퍼 위에 형성된 실리콘 나노선의 전자현미경 사진

성을 보였다.

실리콘과 같은 반도체 소재들로 만든 나노점(nanodot)을 양자점(quantum dot)이라고 하며, 양자점들은 대표적인 0차원 소재이다. 실리콘 양자점들은 크기가 작아질수록 밴드 갭의 크기가 증가하는 현상을 보인다. 이와 같이 실리콘 양자점의 크기가 작아질 때 일어나는 현상을 무한대의 높이를 가지는 1차원 우물로부터 이해할 수 있다. 우물 폭의 감소에 따른 전자들의 에너지 증가와 파동함수가 존재할 수 있는 공간이 제한된다. 에너지의 증가는 밴드 갭의 크기를 증가시키며, 이를 양자제한효과(quantum confinement effect)라고 부른다. 6nm 이상의 크기를 가지는 실리콘 양자점은 붉은색 빛을 발생시킬 수 있는 밴드 갭을 가진다. 양자제한효과에 의해서 실리콘 양자점의 크기를 줄이면 실리콘 양자점이 방출하는 색은 노란색, 초록색 그리고 파란색까지 다양하게 변화한다. 이는 1.1eV 정도의 밴드 갭을 가지는 6nm 크기의 실리콘 양자점의 크기가 2nm로 줄어들 때 밴드

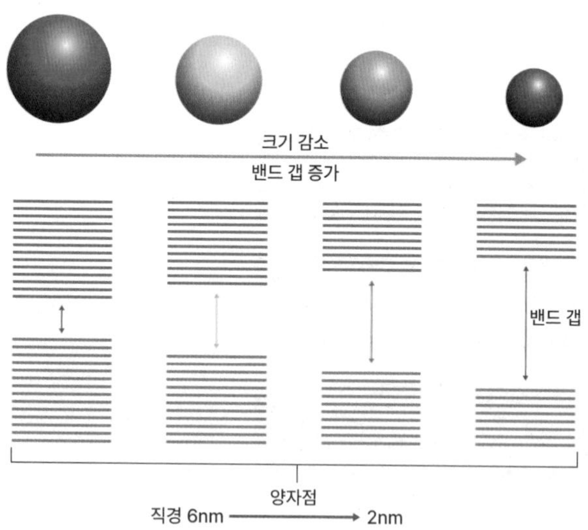

그림 6. 실리콘 양자점의 크기에 따른 밴드 갭의 변화

갭이 3.4eV로 증가하게 된다는 것을 나타낸다. 이와 같은 크기에 의존하는 실리콘 양자점의 특성을 활용해서 빛의 삼원색인 빨간색, 초록색 그리고 파란색의 LED를 만들어서 실리콘 양자점 텔레비전(quantum dot TV)을 만드는 것이 가능하다.

0차원 소재인 양자점을 활용하는 응용분야 중에 단전자 트랜지스터(single-electron transistor)는 비휘발성 메모리로 활용될 수 있는 소자이다. 단전자 트랜지스터는 〈그림 7(a)〉와 같이 하나의 양자점 주변에 소스, 게이트 그리고 드레인의 3개의 전극들을 형성하는 구조를 가진다. 게이트에서 양자점 내에 전자들을 넣거나 뺄 수 있으며, 〈그림 7(a)〉와 같이 양자점에 전자가 없을 때에는 소스에서 드레인으로 전자를 이동시킬 때 전자가 잘 이동하게 된다. 반대로 〈그림 7(b)〉와 같이 게이트에서 전자를 양자점에 넣

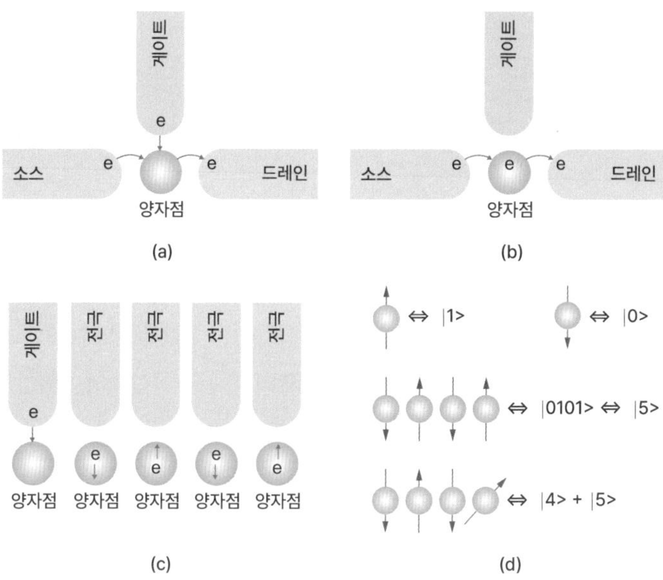

그림 7. (a), (b) 양자점에 의한 단전자 트랜지스터의 구조 (c) 양자점에 의한 양자 컴퓨터의 구조 (d) 양자 계산에서 전자 스핀의 상태와 연산

어주면 소스에서 드레인으로 이동하는 전자의 흐름이 막히게 되어, 소자는 높은 저항을 보인다. 양자점에 전자가 들어 있는지에 따라 정보를 저장할 수 있으며, 양자점의 크기가 수 nm 수준이므로 고밀도의 정보저장매체를 만드는 것 또한 가능하다. 단전자 트랜지스터는 메모리 소자뿐만 아니라 CPU의 트랜지스터로 설계될 수 있다는 장점이 있기도 한다.

한편 CPU의 처리속도 향상을 위해서 개발된 기술 중 양자 컴퓨터(quantum computer) 기술은 양자점들과 전자들의 스핀을 활용하는 차세대 기술이다. 〈그림 7(c)〉와 같이 양자점들이 배열되어 있는 구조를 가지며, 외부 전극에 의해서 전자들을 양자점에 넣어서 원하는 전자들이 스핀을 가지도록 외부에서 제어한다. 이 전자들은 양자점이 놓이는 위치의 변화에 따라 상대적인 거리차가 생기며, 이 차이에 의해서 상호작용을 하게 된다.

양자점 내 전자의 스핀 상호작용을 양자 얽힘(quantum entanglement)이라고 한다. 이 양자 얽힘에 의해서 원하는 연산들이 수행되며, 기존 컴퓨터가 천 년 동안 계산할 수 있는 것을 약 4분 정도에 계산할 수 있을 정도로 연산속도가 빠르다. 전자 20개의 스핀들에 의해서 양자계산을 할 때 220, 즉 104만 8,576개의 상태를 한 번에 계산할 수 있다. 하나의 양자점이 하나의 큐비트(quantum bit, qubit)가 되며, 1997년 2큐비트 양자컴퓨터를 처음 만들었다. 이후 IBM은 16큐비트 양자 컴퓨팅 플랫폼을 초전도체를 활용해서 만들었으며, 이를 대중들에게 제공하고 있다. 2011년 128큐비트 프로세스를 갖춘 세계 최초의 상용화 양자컴퓨터가 등장하였으며, 2013년 512큐비트 프로세스를 구글(Google) 등의 업체에서 사용하게 되었다.

10-2. 신재생 에너지와 나노소재

인류가 에너지를 사용하기 시작한 것은 추위를 피하기 위한 난방이나 음식을 만들기 위한 불의 사용 등이 중심이 된 생활을 하면서부터이다. 문명이 발달하면서 생활이 다양해지고 자동차, 공장, 전등, 전자기기 등의 여러 분야에서 석유에너지, 전기에너지 등의 에너지원이 사용되었다. 그중 석유, 석탄 그리고 천연가스 등의 에너지원은 연소에 의해서 에너지를 발생하며, 그 과정에서 이산화탄소가 방출된다. 〈그림 8(b)〉와 같이 시간이 흐름에 따라 인류가 방출하는 이산화탄소의 양은 지속적으로 늘어나고 있다. 이와 같이 이산화탄소가 지속적으로 배출되면 지구는 온난화현상에 의한 이상기온을 나타내게 된다. 이상기온 현상에 의해서 50℃를 초과하는 이상 고온이 발생하거나 초속 50m를 초과하는 허리케인과 같은 강력한 바람에 의한 피해가 발생하였다. 이에 이산화탄소를 발생시키지 않는 에너지원들에 대한 개발이 지속적으로 이뤄졌으며, 기존의 수력과 원자력에 대한 의존도가 높아지고 있다.

최근 태양광, 태양열, 바이오, 풍력, 연료전지, 수소에너지, 압전, 파력

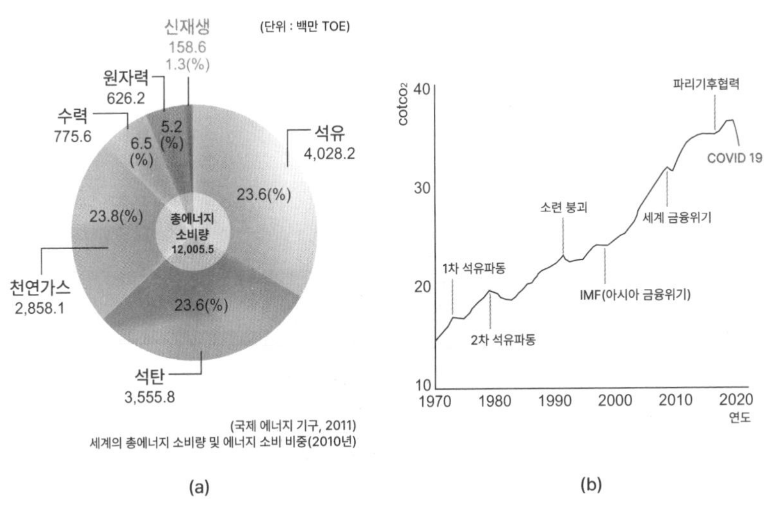

그림 8. (a) 에너지원들의 비율 (b) 굴뚝에서 배출되는 매연 (c) CO_2 배출량의 변화

(a) (b) (c)

그림 9. (a) 태양광 발전 (b) 풍력 발전 (c) 파력 발전

등의 다양한 신재생 에너지 기술이 등장하였으며, 지속적으로 신재생 에너지의 비율을 높여서 이산화탄소 배출을 억제하기 위한 노력을 하고 있다. 이와 같이 다양한 신재생 에너지 기술은 이산화탄소를 배출하지 않는다는 장점이 있지만, 기존 화력발전 등의 에너지원에 비해서 높은 비용이 필요하다는 단점이 있다. 이는 신재생 에너지 기술들이 비용 대비 효율이 떨어진다는 것을 나타낸다. 이에 신재생 에너지 기술의 효율을 극대화하기 위해서 나노점(nanodot), 나노튜브(nanotube), 나노막대(nanorod) 그리고 나노선(nanowire) 등의 다양한 나노소재를 도입하고 있다.

나노소재들은 일반적인 소재에 비해서 높은 표면/부피 비율, 양자효과 그리고 높은 촉매 효율 등의 특징이 있다. 나노튜브와 나노선이 형성될 때

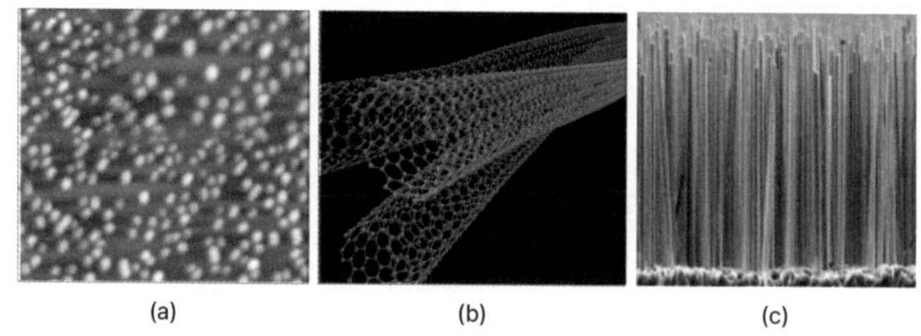

(a) (b) (c)

그림 10. (a) 무작위로 형성된 나노점 (b) 탄소나노튜브 (c) 반도체 나노선

높은 표면/부피 비율이 생기며, 이를 활용해서 높은 밀도를 가지는 에너지 저장장치를 만드는 것이 가능해진다. 축전기의 경우에도 전극의 표면적이 넓어지면 저장용량이 늘어나는 효과를 얻는다. 반도체 양자점이나 금속 나노점은 양자 크기 효과에 의해서 크기에 따른 밴드 갭의 변화를 보이는데, 이를 이용하여 솔라셀을 만들면 흡수되는 에너지 영역을 조절할 수 있고, 고효율의 솔라셀을 만드는 것이 가능해진다. 금속 나노점이나 나노선은 높은 촉매 효율을 가지므로, 이는 화학반응이 일어날 때 필요한 에너지를 줄여주는 역할을 한다. 이와 같은 촉매는 연료전지 내에서 물 분자가 수소와 산소로 분리될 때 필요한 에너지를 줄여주며, 나노소재로 촉매를 만들면 더 작은 에너지로 수소와 산소를 분리할 수 있게 된다.

태양에서 오는 빛은 〈그림 11ⓐ〉와 같은 스펙트럼을 가지고 있으며, 가시광 영역에서 높은 비율을 보인다. 붉은색의 빛을 잘 흡수하고 다른 파장들에 대한 흡수가 힘든 실리콘 기반의 솔라셀로는 효율 높은 솔라셀을 만드는 것이 어렵다. 그래서 다양한 밴드 갭을 가지는 나노소재들로 형성된 솔라셀은 다양한 파장의 광자들을 흡수하여 에너지로 변환할 수 있어서 높은 효율을 가지게 된다. 이와 같이 다양한 파장의 빛을 흡수하는 나노소재 기반의 솔라셀은 이론적으로 90%에 가까운 높은 효율을 가지며, 이는 현재 개발된 실리콘 기반의 솔라셀이 보이는 20% 이하의 낮은 효율에 비해서 아주 높은 값이다. 솔라셀에 빛을 쪼이면 내부에 있는 전자와 홀이 분리된다. 이들이 전극까지 도달하기 위해서는 수백 nm 정도로 먼 거리를 가는 동안 살아 남아야 하는데, 많은 비율의 전자와 홀은 전극에 도달하지 못하고 없어진다. 그래서 나노점을 이용하여 전자와 홀이 전극에 잘 도달할 수 있게 함으로써 높은 효율을 얻거나, 〈그림 11ⓒ〉와 같이 나노선 구조에 의해서 빛으로 만들어진 전자와 홀이 전극에 도달하는 거리를 최소로 하여 효율을 극대화시킨다.

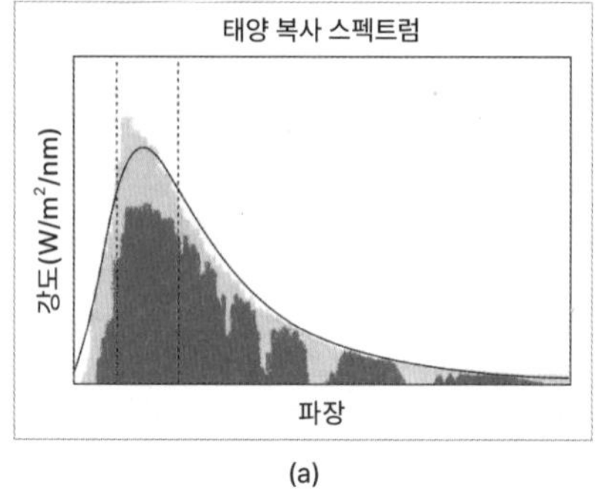

(a)

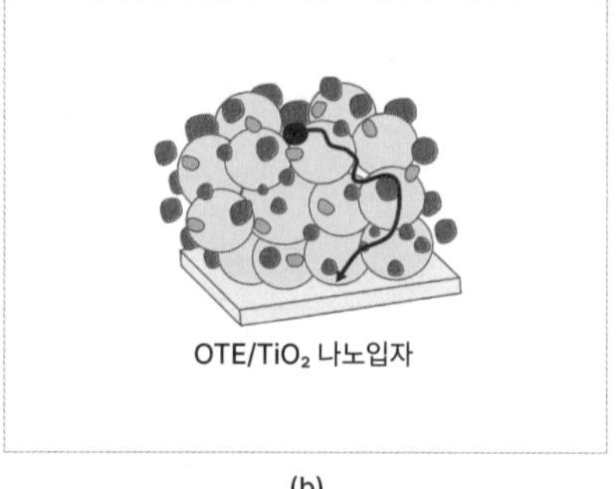

(b)

(c)

그림 11.
(a) 태양광의 파장에 따른 스펙트럼
(b) 나노점 기반의 솔라셀
(c) 나노선 기반의 솔라셀

연료전지는 〈그림 12(a)〉와 같은 구조를 가지며, 연료를 연소시킬 때 고온에서 발생하는 수소와 산소가 결합하면서 전기를 발생시키게 된다. 연료의 연소 시 발생하는 수소와 산소의 온도를 낮춰 에너지 효율을 극대화시키기 위해서 백금 전극과 같은 금속촉매를 사용한다. 금속촉매를 나노 크기로 줄이면 촉매효율이 증가하므로 연료전지의 동작 온도를 최소로 낮추는 것이 가능해진다. 연료전지 내에서 연료가 연소하면서 수소와 산소가 발생하는 동시에 이산화탄소가 발생하므로 이것은 연료전지의 단점에 해당할 수 있다. 일반적인 연료전지와는 다르게 수소연료전지라는 수소를 활용한 에너지 기술이 등장하였으며, 물을 전기분해하는 과정에서 수소를 만들어 저장하고, 저장된 수소를 에너지로 사용하게 된다. 수소연료전지를

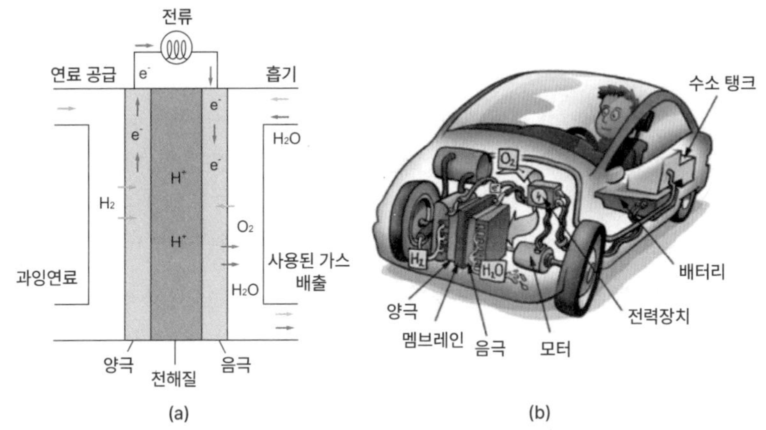

그림 12. (a) 연료전지의 동작 원리 (b) 연료전지를 사용하는 수소 자동차

사용하는 수소자동차는 저장된 수소를 단순하게 산소와 결합시키는 과정에 발생하는 전기를 활용하여 자동차를 구동하게 된다. 그러나 수소자동차는 차 내에 수소를 보관해야 하는 안전상의 문제가 있다. 수소는 강한 폭발성을 가지므로 이를 저장할 수 있는 안전한 용기의 개발이 요구되는 가운데, CNT와 같은 나노소재들이 가지는 높은 표면/부피 비율을 활용한 수소저장기술들이 개발되고 있다.

예제

10-1. 실리콘 반도체 내에서 전자는 1볼트 전압을 인가하면 1초 동안 1,450cm^2 확산되지만 홀은 450cm^2 확산된다. 이는 n채널 FET와 p채널 FET 중 n채널 FET의 속도가 더 빠르다는 것을 나타낸다. FET의 채널 길이가 20nm에서 10nm로 줄어들 때 속도가 얼마나 증가하는지 논의해보자.

10-2. 1차원 우물 안에 전자가 들어 있을 때 우물의 폭이 1/2배로 줄어들 때와 2배로 늘어날 때 전자의 에너지는 어떻게 변화하는지 논의해보자.

10-3. 그래핀과 같은 2차원 소재들은 대표적인 반도체인 실리콘에 비해 1,000배 정도 높은 캐리어 이동도를 가진다. 그래핀과 같은 소재를 사용하여 10nm의 채널을 가지는 FET를 만들면 속도가 얼마나 변화할지 논의해보자.

10-4. 1.1eV 정도의 밴드 갭을 가진 실리콘은 붉은색을 방출하지만, 실리콘 양자점의 크기가 2nm로 줄어들면 밴드 갭이 3.4eV로 늘어나면서 푸른색을 방출하게 된다. 이와 같은 실리콘 양자점으로 빛의 삼원색을 만들기 위해서 실리콘 양자점의 크기를 어떻게 조절하면 되는지 논의해보자.

참고문헌

"나노기술의 세계", 이봉진 저, 문운당, 2016년

"나노의 과학과 기술", 쓰가다 카쓰 저/정해상 역, 겸지사, 2002년

"나노테크놀러지", 김희봉 역, 야스미디어, 2004년

"신재생 에너지 기술", 이영재 저, 이비락, 2021년

"신재생 에너지", 조용덕 · 이상화 공저, 이담북스, 2011년

"훤히 보이는 신재생 에너지", 주무정 · 이규석 · 손충열 · 최순욱 공저, 전자신문사, 2010년

찾아보기

ㄱ

ㄴ

ㅂ

ㅅ

ㅇ

ㅈ

ㅊ

ㅎ

기 타